高等院校信息技术系列教材

计算机网络基础与应用

孙永科　王晓林　熊飞　胡坤融　曹涌　赵友杰　赵璠 ◎ 编著

清華大学出版社
北　京

内 容 简 介

本书按照网络分层模型的顺序介绍网络信号传输涉及的相关知识，主要内容包括信号传输介质、数据编码方法、交换机基本工作原理、IP 地址和路由、路由器基本工作原理、网络拥塞控制、常见网络应用程序和网络安全基本知识。本书基于数学公式阐述算法的基本原理，通过实例分析介绍算法产生的背景，配合图例介绍数据的传输和转发过程，旨在使用通俗易懂的方式阐述计算机的基本概念和原理。为了提高解决日常网络问题的能力，书中对网络命令进行了介绍，并详细演示了常用命令的使用方法。

本书可以作为高等院校的计算机网络入门教材，也可以作为网络技术专业人员的学习参考书。

图书在版编目（CIP）数据

计算机网络基础与应用 / 孙永科等编著. -- 北京：清华大学出版社，2025.4.

(高等院校信息技术系列教材). -- ISBN 978-7-302-68610-1

I. TP393

中国国家版本馆 CIP 数据核字第 20256HE527 号

责任编辑： 白立军　薛　阳
封面设计： 何凤霞
责任校对： 郝美丽
责任印制： 宋　林

出版发行： 清华大学出版社

网　　址：https://www.tup.com.cn，https://www.wqxuetang.com
地　　址：北京清华大学学研大厦 A 座　　　邮　　编：100084
社 总 机：010-83470000　　　邮　　购：010-62786544
投稿与读者服务：010-62776969，c-service@tup.tsinghua.edu.cn
质 量 反 馈：010-62772015，zhiliang@tup.tsinghua.edu.cn
课 件 下 载：https://www.tup.com.cn，010-83470236

印 装 者： 三河市龙大印装有限公司
经　　销： 全国新华书店
开　　本： 185mm×260mm　　**印　　张：** 16.25　　**字　　数：** 389 千字
版　　次： 2025 年 5 月第 1 版　　**印　　次：** 2025 年 5 月第 1 次印刷
定　　价： 59.00 元

产品编号：087000-01

本书内容兼顾了计算机专业和网络工程师认证考试的内容，适合高校专业学生和网络工作者入门使用。本书主要内容包括信号传输介质、数据编码方法、交换机基本工作原理、IP 地址和路由、路由器基本工作原理、网络拥塞控制、常见网络应用程序和网络安全基本知识。本书的编写参考了谢希仁老师的《计算机网络》、冯博琴老师的《计算机网络》和 Andrew S.Tanenbaum 的 *Computer Networks* 等国内外优秀的教材。编者借鉴和吸收了这些教材中优秀的内容，结合实际教学经验，增加了一些贴近生活的示例，对协议进行类比和说明，使用简单的例子类比协议的基本工作过程，从不同的角度对网络知识点进行阐述。

本书对国内外主要教材中的知识点进行了总结和梳理，结合编者教学经验和网络的发展现状对知识结构进行了重新编排，剔除了已经被淘汰的知识点；强化了常用网络设备交换机和路由器的原理介绍；加入了网络安全相关内容，包括防火墙，加密方法和中间人攻击等。本书吸收了优秀教材中的经典示例图，结合书中讲解对经典示例图做了修改和重新绘制，提高了网络协议工作基本原理的可视化效果，便于读者更容易理解协议工作过程。

本书共 7 章，建议授课学时如表 1 所示。教师可以根据学校实际情况进行调整。

表 1　建议学时安排

章	32 学时	48 学时
第 1 章　计算机网络概述	2	4
第 2 章　物理层	4	8
第 3 章　数据链路层	6	8
第 4 章　网络层	8	10
第 5 章　传输层	6	10
第 6 章　应用层	4	4
第 7 章　网络安全	2	4

教学资源包括教学课件及课后习题解答等内容，全部公开共享，欢迎大家访问超星慕课平台。本书结构和内容虽然经过了多次讨论和修改，但仍难免有不当之处，欢迎广大读者批评指正。

编者

2025 年 2 月

目录

第 1 章 计算机网络概述

本章要点

(1) 掌握网络的定义和功能。
(2) 了解网络发展历史。
(3) 理解网络的分类。
(4) 理解网络的分层模型。
(5) 掌握 Nyquist，Shannon 公式的计算。
(6) 掌握常见的网络拓扑结构。
(7) 了解移动网络的发展历史。

计算机网络是一种将相互独立的计算机连接起来，以实现资源共享的系统。该系统使用通信技术将数据从一台计算机传输到另一台计算机，其主要目的是实现软件资源和硬件资源共享[1]。在计算机网络出现之前，人们使用磁带和软盘等物理媒介来传输数据，传输速度取决于人的物理移动速度，速度非常慢。随着计算机网络技术的出现，数据可以直接通过通信信道传输，传输速度得到极大提升。如今，家用网络传输速度已经达到每秒 1Gb 的速度。

计算机是联网的主要设备，它们之间可以通过有线连接（如双绞线、同轴电缆和光纤）或无线连接（如 WiFi、蓝牙和红外技术）进行通信。通过网络把计算机互联，我们可以共享软件资源，如音频文件和视频文件，还可以共享硬件资源，如 CPU、GPU 和打印机等。

早期的计算机是一个非常庞大的设备，需要一个很大的空间来放置，而且操作复杂，该计算机制造成本、管理和维护的成本都很高。因此，计算机数量较少，相互交换数据的需求比较少。当需要在计算机之间传输数据时，由操作员把数据复制到软盘上，人工携带软盘到达目的地，将软盘插入目标计算机内进行复制，完成数据的转移过程。在这种人工的传输方式中，数据传输速度的快慢依赖操作人员移动的速度，传输效率低。后来随着计算机制造技术发展，计算机体积减小、成本降低、数量增加，计算机之间进行数据交换的需求也越来越多，依靠人工转移数据的速度已经不能满足计算的需求。为了满足大规模数据共享需求，人们开始探索和研究数据自动传输技术，该技术不断发展和

积累，逐渐形成了今天的计算机网络。今天的计算机网络实际是由许多技术有机组合而成的，因此，计算机网络技术也可以看作一系列相关技术的集合，这些技术分别负责不同的功能，组合在一起共同完成数据传输过程。

通信过程中为了确保接收方能够正确接收和理解对方数据，双方需要遵守一系列的规则和约定，这些规则和约定的集合称为计算机网络协议[2]。例如，二进制数据“1”使用什么样的电压表示。如果收发双方使用电压不一致，接收方使用 +5V 的电压表示“1”，使用 −5V 表示“0”，而另发送方使用 −5V 表示“1”，使用 +5V 表示“0”。那么当发送方发送数据“101”时，接收方就会认为对方发送的数据是“010”，数据传输就出现错误，不能完成正常的信息传送。因此，需要对信号的表示和解析方法进行规范。统一发送方和接收方的方法，使用同样的电压表示数据。通信过程中除了电压需要统一之外，数据发送的时长、数据字符的比特长度、字符表示方法等也都需要统一。

1.1 网络的发展历史

1957 年，苏联发射了第一颗人造地球卫星 Sputnik，这颗人造卫星成功地进入预定轨道展示了苏联具有远程投射的能力。如果在卫星推进器前面安装一个炮弹，苏联就可以对远程军事目标进行打击。当时美、苏正处在冷战时期，该卫星的发射对美国造成了极大的军事威胁。为了对抗苏联的军事威胁，美国国防部组建了高级研究项目局（Advanced Research Projects Agency，ARPA）也开始研究远程导弹。为提高不同部门间数据共享能力，提高导弹研发速度，1969 年，ARPA 内部建立了一个小型网络 ARPANET，通过该网络可以快速地把数据从一个部门传输到另外一个部门，实现数据快速共享。随着技术的不断进步和完善，该网络逐渐从 ARPA 的少数部门扩展到多数部门，从军用领域扩展到民用领域，并最终演变成了今天的 Internet。

早期加入 ARPANET 的教育机构只有 4 个，第一个是加利福尼亚大学洛杉矶分校，连接的是 SDS Sigma 7 计算机。第二个是斯坦福研究所（现为 SRI 国际）的扩增研究中心，连接的是 SDS 940 NLS 计算机。第三个是加利福尼亚大学圣巴巴拉分校（UCSB）与 Culler-Fried Interactive 数学中心的 IBM 360/75 计算机。第四个是犹他州大学法学院，连接的是 DEC PDP-10 计算机[5-6]。这四个节点的计算机主机不同，选择它们的一个原因就是想解决不同类型主机联网的兼容问题。随着网络技术的成熟，加入 ARPANET 的机构越来越多，到 1975 年，ARPANET 接入了 100 多台主机，通过了不同设备的互连测试，网络由 ARPA 移交美国国防部国防通信局正式运行。

1983 年，ARPA 和美国国防部通信局成功研制出了用于异构网络的 TCP/IP①，美国加利福尼亚伯克莱分校把该协议集成到 BSD UNIX 中，使得该协议开始流行起来，从而诞生了真正的 Internet。同年，ARPANET 被拆分为两部分：ARPANET 和纯军事用的 MILNET。随着美国国家科学基金会（National Science Foundation，NSF）的建立，NSF 在全美国建立了按地区划分的计算机广域网，并将这些地区网络和超级计算机

① TCP/IP：Transmission Control Protocol/Internet Protocol，传输控制协议/网际协议。

中心互联起来，形成了 NSFNET。1990 年 6 月，NSFNET 彻底取代了 ARPANET 而成为 Internet 的主干网。

计算机网络大事件如下。

1969 年，美国国防部创建 ARPANET。

1983 年，TCP/IP 称为 ARPANET 的标准协议。

1985 年，NSFNET 创建。

1990 年，ARPANET 宣布关闭。

1991 年，NSFNET 开始对外收费接入。

1992 年，成立 Internet 协会。

1995 年，NSFNET 宣布关闭。

1998 年，谷歌公司推出搜索引擎。

2003 年，谷歌公司推出视频分享平台 YouTube。

2021 年，5G 网络正式商用。

1.2 网络标准化组织

计算机网络是一个复杂的系统，涉及设备的种类和型号繁多且存在差异。如果没有统一的标准，不同厂家生产的设备几乎不可能进行数据通信。例如，网络通信双方的电压如果不一致，发送方使用 +15V 电压发送数据，而接收方能够承受的最高电压是 +5V，在这种情况下不仅不能正常地传输数据，而且过高的电压还会损坏接收设备。因此，通信双方需要统一传输信号的电压。在网络中不仅电压需要统一，其他很多的处理都需要统一，如信号传输形式、数据校验方式、流量控制方式等都需要进行统一。制定相关的网络标准不仅可以解决不同设备互联问题，而且也有利于厂家进行标准化生产[1]。

网络标准化组织是一个联盟机构，由多个国际组织组成，包括 ITU①，ISO②，IEEE③，IRTF④和 IETF⑤等。其中，ITU 的三个主要分支机构分别负责电话通信标准、无线电通信标准和新技术研发。ISO 是一个非政府组织，发布的标准涵盖的范围非常广泛，包括螺母、电线杆、渔网、衣服外套等，其中也包括了网络中的一些标准，如网线、网卡接口等。IEEE 是电子工程和通信领域最专业的国际组织，局域网的很多标准都是该组织提出的。IRTF 负责研发新的网络技术。IETF 负责解决工程应用过程中的技术问题。IRTF 和 IETF 提出的技术报告都公布在 Request For Comments（RFC）网站。

---

① ITU：International Telecommunication Union，国际电信联盟。

② ISO：International Organization for Standardization，国际标准化组织。

③ IEEE：Institute of Electrical and Electronics Engineers，国际电气与电子工程师协会。

④ IRTF：Internet Research Task Force，因特网研究组。

⑤ IETF：Internet Engineering Task Force，因特网工程任务组，其主要任务是负责因特网相关技术规范的研发和制定。

1.3 中国网络的发展

1987 年 9 月 14 日，北京计算机应用技术研究所的工作人员利用一台西门子 7760 大型计算机发送了第一封源自中国的电子邮件（如图1.1所示），这封电子邮件的内容以英、德两种文字书写，中文译为“跨越长城，通向世界”[7]。当时，中国还不是国际计算机数据通信网（CSnet）的成员，邮件只能先通过德国的卡尔斯鲁厄大学中转之后再和国际互联网连接。这封邮件花费 6 天时间，最终穿越半个地球才到达德国。与今天的网速相比，这个速度几乎已经达到了无法忍受的程度。发送这封邮件的费用非常高，将近 50 元[8]。当时中国普通工人一个月的工资差不多也就 150 元，当年网络的特点就是“网速慢，费用高”。

```
DATE:    MON, 14 SEP 87 21:07 CHINA TIME
FROM:    "MAIL ADMINISTRATION FOR CHINA" <MAIL@ZE1>
TO:      ZORN@GERMANY, ROTERT@GERMANY, WACKER@GERMANY, FINKEN@UNIKA1
CC:      LHL@PARMESAN.WISC.EDU, FARBER@UDEL.EDU,
         JENNINGS%IRLEAN.BITNET@GERMANY, CIC%RELAY.CS.NET@GERMANY, WANG@ZE1,
         RZLI@ZE1

SUBJECT: FIRST ELECTRONIC MAIL FROM CHINA TO GERMANY

"UEBER DIE GROSSE MAUER ERREICHEN WIE ALLE ECKEN DER WELT"

"ACROSS THE GREAT WALL WE CAN REACH EVERY CORNER IN THE WORLD"

DIES IST DIE ERSTE ELECTRONIC MAIL, DIE VON CHINA AUS UEBER RECHNERKOPPLUNG
IN DIE INTERNATIONALEN WISSENSCHAFTSNETZE GESCHICKT WIRD.

THIS IS THE FIRST ELECTRONIC MAIL SUPPOSED TO BE SENT FROM CHINA INTO THE
INTERNATIONAL SCIENTIFIC NETWORKS VIA COMPUTER INTERCONNECTION BETWEEN
BEIJING AND KARLSRUHE, WEST GERMANY (USING CSNET/PMDF BS2000 VERSION).

   UNIVERSITY OF KARLSRUHE             INSTITUTE FOR COMPUTER APPLICATION OF
-INFORMATIK RECHNERABTEILUNG-          STATE COMMISSION OF MACHINE INDUSTRY
          (IRA)                                  (ICA)

PROF. WERNER ZORN                      PROF. WANG YUN FENG
MICHAEL FINKEN                         DR. LI CHENG CHIUNG
STEFAN PAULISCH                        QIU LEI NAN
MICHAEL ROTERT                         RUAN REN CHENG
GERHARD WACKER                         WEI BAO XIAN
HANS LACKNER                           ZHU JIANG
                                       ZHAO LI HUA
```

图 1.1 中国第一封电子邮件

关于中国第一封电子邮件还有另外一种说法。中国科学院高能物理研究所的吴为民在北京 710 所的一台 IBM 的 PC 上通过卫星链接发送了中国的第一封电子邮件，是中国互联网第一人[9]。也有人说中国第一封电子邮件是王运丰教授发送的。目前在互联网上找到的最早的电子邮件原文如图1.1所示，可以看到王运丰教授的名字，因此这个说法可信度相对更高。

多数的教科书认为 1987 年是中国人第一次使用网络，从那时起，中国就慢慢地进入了互联网时代。1989 年 10 月，中关村地区教育与科研示范网络（National Computing

and Networking Facility of China, NCFC）立项，建立一个连接中科院、清华大学、北京大学三个单位的地区网络。但是当时网速很慢，发送电子邮件（Electronic Mail，E-mail）需要花费很长时间，有时候还不如骑着自行车亲自跑一趟。那时，中国虽然已经连接到了网络，但是美国担心中国将互联网用于军事或政治目的，不对中国开放互联网，中国还无法加入直接互联网。为了申请加入互联网，中国科学家在国际上进行大量的周旋和公关工作。中国科学院计算机网络信息中心研究员钱华林同志回忆说，中国的科技工作者联系了一些资深的专家和管理网络的官员（具体细节没有找到文献资料），争取了一切可能的机会，经过多次沟通和协调，最终在 1993 年底得到美国国家科学基金会同意接入互联网。在此之前，中国人连接互联网需要通过其他国家进行代理中转。

中国网络发展主要经历了以下大事件。

1994 年 4 月，NCFC 工程通过美国 Sprint 公司连入互联网的 64K 国际专线开通，实现了与互联网的全功能连接，从此中国成为真正拥有全功能互联网的国家。

1995 年 3 月，中国科学院完成上海、合肥、武汉和南京四个分院的远程连接，使用 IP/X.25 技术，迈出了将 Internet 向全国扩展的第一步。

1995 年 7 月，中国教育和科研计算机网（CERNET）开通了第一条接连美国的 128K 国际专线，这条专线连接了北京、上海、广州、南京、沈阳、西安、武汉和成都 8 个城市的 CERNET 主干网 DDN[①]。其信道速度为 64Kb/s，实现了与 NCFC 的互联。

1997 年 2 月，瀛海威（前身为北京科技有限责任公司）全国大网开通，连接了北京、上海、广州、福州、深圳、西安、沈阳和哈尔滨 8 个城市，成为中国最早最大的民营 ISP[②]。

1997 年 5 月，国务院信息化工作领导小组办公室发布《中国互联网络域名注册暂行管理办法》，授权中国科学院组建和管理中国互联网络信息中心 (China Internet Network Information Center，CNNIC)，授权中国教育和科研计算机网网络中心与 CNNIC 签约管理二级域名.edu.cn。

1999 年 1 月，中国电信和国家经贸委经济信息中心牵头、联合四十多家部委 (办、局) 信息主管部门在京共同举办“政府上网工程启动大会”，倡议发起了“政府上网工程”，政府上网工程主站点 www.gov.cn 开通试运行。

2000 年 1 月，CNNIC 推出中文域名。

2001 年 1 月，互联网“校校通”工程开始实施。

2002 年 5 月，中国移动率先在全国范围内推出 GPRS[③]业务。同年 11 月，中国移动通信与美国 AT&T wireless 公司联合宣布，两公司 GPRS 国际漫游业务开通。

2003 年 8 月，一种名为“冲击波”（WORM_MSBlast.A）的计算机蠕虫病毒从境外传入国内，短短几天内影响到全国绝大部分地区的用户。该病毒刷新了病毒历史纪录，成为病毒史上影响最广泛的病毒之一。

---

① DDN：Digital Data Network，数字数据网。

② ISP：Internet Service Provider，因特网服务提供商，如中国移动、中国电信、中国联通等。

③ GPRS：General Packet Radio Service，通用数据包无线服务。

2004 年 12 月，我国国家顶级域名.CN 服务器的 IPv6 地址成功登录到全球域名根服务器，CN 域名服务器接入 IPv6 网络，支持 IPv6 网络用户的 CN 域名解析，我国国家域名系统进入下一代互联网。

2005 年 8 月，雅虎宣布以 10 亿美元和雅虎中国的全部资产换取阿里巴巴 40% 的股份及 35% 的投票权，雅虎在中国的全部业务交给阿里巴巴经营管理，开创了国际互联网巨头的中国业务交由中国本地公司主导经营的先例。

2005 年，以博客（Blog）为代表的 Web 2.0 概念推动了中国互联网的发展，催生出了一系列社会化的新事物，比如 Blog、Wiki、RSS、SNS 交友网络等，Web 2.0 概念的出现标志着互联网新媒体发展进入新阶段。

2006 年 1 月，中华人民共和国中央人民政府门户网站（www.gov.cn）正式开通。该网站是国务院和国务院各部门，以及各省、自治区、直辖市人民政府在国际互联网上发布政务信息和提供在线服务的综合平台。

2007 年 5 月，千龙网、新浪网、搜狐网、网易网、TOM 网、中华网等 11 家网站举办“网上大讲堂”活动，以网络视频授课、文字实录及与网民互动交流等方式，传播科学文化知识。

2007 年，腾讯、百度、阿里巴巴市值先后超过 100 亿美元。中国互联网企业跻身全球最大互联网企业之列。

2008 年 6 月，我国网民总人数达到 2.53 亿人，首次跃居世界第一。7 月，CN 域名注册量达到 1218.8 万个，成为全球第一大国家顶级域名。

2009 年 1 月，工业和信息化部向中国移动通信集团、中国电信集团公司和中国联合网络通信有限公司发放第三代移动通信 (3G) 牌照，中国开始进入 3G 网络时代。2009 年下半年，新浪网、搜狐网、网易网、人民网等门户网站开启微博功能，吸引了社会名人、娱乐明星、企业机构和众多网民加入，微博成为 2009 年热点互联网应用之一。

2009 年 12 月，中国网民规模达到 3.84 亿人，互联网普及率达到 28.9%。宽带网民规模达到 3.46 亿人。网络购物用户规模达 1.08 亿人，网络购物市场交易规模达到 2500 亿元。手机网民规模达 2.33 亿人，一年增加 1.2 亿人。IPv4 地址数达 2.32 亿个，域名总数达 1682 万个，其中.CN 域名数为 1346 万个，网站数达 323 万个，国际出口带宽达 866 367 Mb/s。

2011 年 5 月，中国人民银行下发首批 27 张第三方支付牌照（《支付业务许可证》）。2011 年底，我国手机网民规模为 3.56 亿。工业和信息化部数据显示，截至 2011 年底，我国 3G 用户达到 1.28 亿户，全年净增 8137 万户，3G 基站总数 81.4 万个。此外，三大电信运营商加速宽带无线化应用技术的建设，截至 2011 年底，全国部署的无线接入点（无线 AP）设备已经超过 300 万台。3G 和 WiFi 的普遍覆盖和应用，推动中国移动互联网进入快速发展阶段。

2012 年 12 月，微信用户数量进一步快速增长，注册用户达 2.7 亿。

2015 年 6 月，我国网民规模达 6.68 亿，半年共计新增网民 1894 万人。互联网普及率为 48.8%，整体网民规模增速放缓[10]。

图1.2显示中国的网民数量增加迅速，中国网络普及率的明显提升。从 2011 年到 2019 年，中国的网民数量和网络普及率都几乎翻了一倍。截至 2021 年 12 月，中国的网民数量已达 103 196 万人，网络普及率已达 73%[11]。

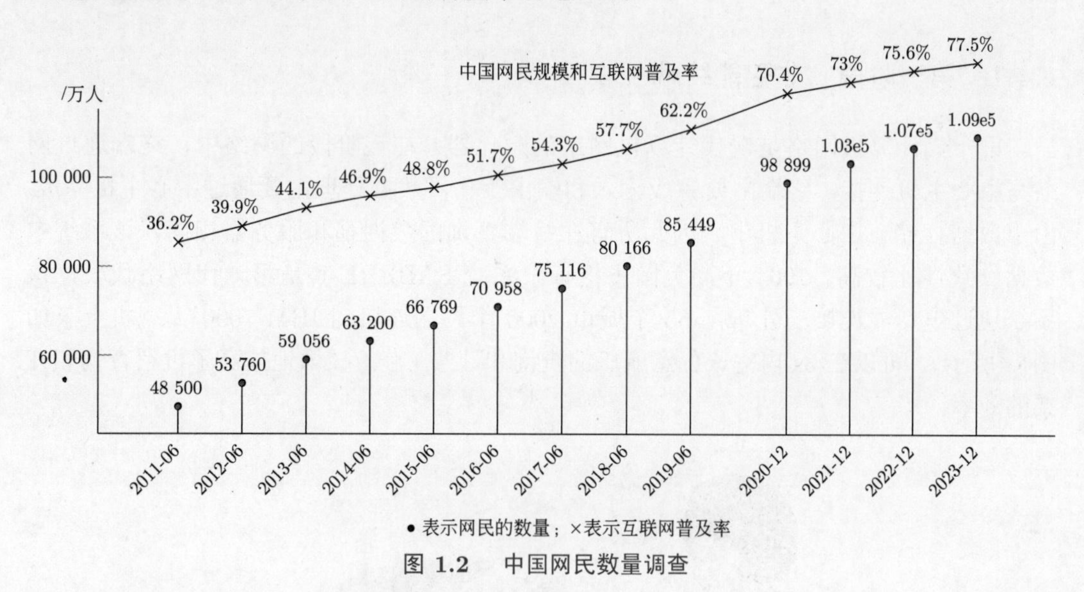

图 1.2 中国网民数量调查

1.4 计算机网络发展的三个阶段

在计算网络出现以前，人们使用磁带和软盘来转移数据。先把数据从计算机复制到软盘上，然后人工携带软盘到目的地，将软盘插入目标计算机，复制数据到目标机的硬盘，完成数据传输工作。这种工作方式，传输速度完全依赖于人的移动速度，速度慢。软盘容量小，仅有 1.44 MB，不便于转移大的数据文件（如图1.3(a) 所示）。软盘寿命也很短，持续读写时间大约为 1.2h，软盘在读写过程中经常出现坏盘的现象，数据容易丢失，严重影响传输的质量。

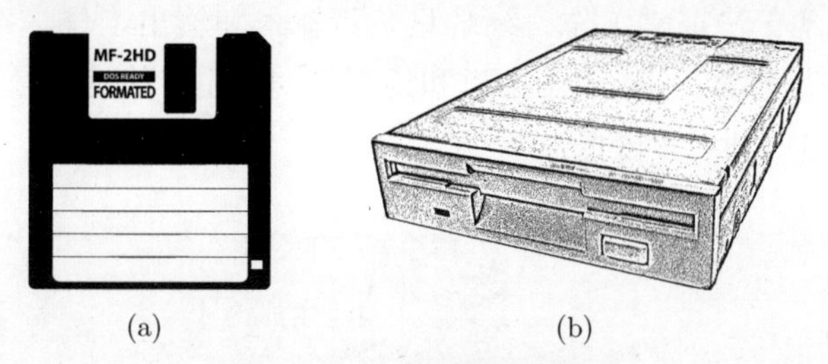

(a) (b)

图 1.3 软盘和软盘驱动器

(a) 3½ 英寸① 软盘，容量 1.44MB；(b) 3½ 英寸软盘驱动器

计算机网络诞生后，数据通过线路直接传输，速度和可靠性比软盘传输提高了很多。随着网络的发展和技术进步，在网络发展过程中出现了一些重要的技术革新，它们

① 英寸：1 英寸 =2.54 厘米。

明显地提升了网络性能。根据组网设备和协议的不同，网络发展可以分为三个阶段，第一阶段是非智能终端互联网络，第二阶段是智能终端互联网络，第三阶段是标准化互联网络。

1.4.1 第一阶段 非智能终端互联

第一代计算机网络是现代计算机网络的孵化器，在该阶段的网络中，终端通过网络与中心主机连接，终端主要完成输入和输出工作，数据处理主要通过中心主机完成。由于数据存储在中心主机中，因此所有在终端查询的数据都和服务器相同，该系统中数据一致性比较高。1964 年，美国飞机订票系统 SABBRE-1 是第一代网络代表，该系统通过电话线连接了分布在 65 个城市 2000 个终端连接到 IBM 7090 大型机上（如图1.4所示），可以在 3s 内完成任意航班的查询和订票工作，极大地提高了机票查询和订票的效率。

图 1.4 SABBRE-1 中使用的计算机终端

第一阶段的网络结构如图1.5所示，中心主机和多个终端连接，并为它们提供计算、存储和查询服务。在这种结构中，中心主机的负荷较重，一旦中心主机发生故障就会导致系统所有终端设备无法正常工作。终端只负责输入和输出工作，不能独立进行计算，因此称为非智能终端互联。同时由于主机和终端之间使用专线连接，一条专线只为一个终端服务，因此线路的利用率较低。

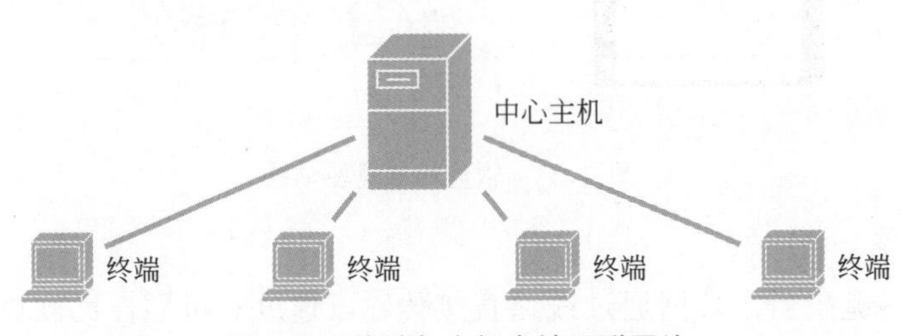

图 1.5 终端与主机直接互联网络

1.4.2 第二阶段 智能终端互联

第二个阶段为智能终端与智能终端互联阶段，主要提高了广域网通信线路复用的效率。该阶段提出的分组交换技术可以让多个终端共同使用同一个信道传输数据，提高了网络传输效率。分组交换技术规范了数据包的传输格式、数据校验方法和信号响应方法，为不同类型智能终端之间的相互通信提供了标准的接口，实现了不同型号设备之间的通信，也实现了不同速度终端之间的通信。

在网络发展的第二阶段，中心服务器的一部分计算工作转移到了用户终端，降低了中心服务器的计算负担，因此，网络能容纳更多的设备，网络规模变得更大。该时期开发了传输控制协议（Transmit Control Protocol，TCP），实现了不同速度、不同操作系统、不同设备之间的互联。TCP 是一个健壮的网络协议，直到今天仍然是网络数据传输的主要协议。

第二阶段和第一阶段网络架构的主要区别如图1.6所示，图1.6(a) 所示为网络发展的第一阶段，终端通过线路与主机相连，每一个终端都有一条链路到达中心主机，终端之间不能直接通信，通信必须依靠中心主机中转。图1.6(b) 所示为网络发展的第二阶段，非智能终端设备被更换为具有更强处理功能的主机，主机可以更多地分担中心主机的计算任务。主机和中心服务器之间使用分组技术通信，主干信道为多个主机同时提供服务，实现了信道的复用，极大地提高了主干线路的有效利用率。

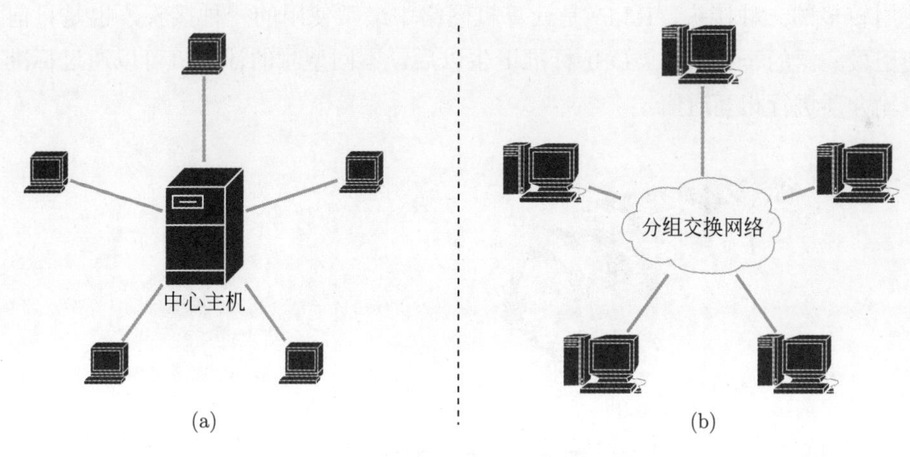

图 1.6 第一阶段网络与第二阶段网络架构的区别

(a) 第一代网络；(b) 第二代网络

1.4.3 第三阶段 标准化互联

标准化指网络中各种协议的标准化，是网络发展到第三个阶段的重要产物。计算机发展的开始阶段缺少统一的网络接口标准，不同厂家生产的硬件，接口、形状、大小及使用的电压都不一样。在一个大型的公司里面，如果 A 部门使用 DEC 公司的设备组建了一个网络，B 部门使用 Apple 公司的设备组建了另外一个网络，那么，这两个部门之间是无法通过网络来共享信息的。

网络协议最初也同样存在标准不统一的问题，例如：有些操作系统发送二进制数据时，先发送高数据位；有些先发送低数据位。例如，对于数据 1100，有的机器按照先高位后低位的顺序（从左到右）发送，发送的顺序是 1，1，0，0；有些机器按照先低位后高位的顺序（从右到左）发送，发送的顺序是 0，0，1，1。发送的顺序不一样，解析得到的结果就不一样。数字发送顺序相反，发送方发送 1100，接收方就会错误地解读为 0011，传输的数据就出现了错误。

为了统一网络数据传输过程中的各种软硬件接口，IBM 公司提出了 SNA 标准；Digital 公司提出了 DNA 标准，这些标准在公司内部比较统一，但是公司之间互联仍然存在障碍。为了解决不同厂家的设备互联问题，行业龙头联合起来成立了 ISO，并制定了开放系统互连（Open System Interconnection，OSI）标准。

OSI 标准规范了网络传输中涉及的所有硬件，包括网络设备的形状、尺寸及信号的表示方法，如网线的材料、电阻、尺寸等。同时 OSI 标准也对相关软件协议做了规范。网络设备和网线的标准公布以后，更多的公司开始参与标准化生产，使得这些设备的制作技术在短时间内得到大幅度地提高，生产成本也大大降低，客观上加快了网络普及的速度。图1.7所示是 ISO 规定的一些网络接头，其中 BNC 接头是早期电话网络交换系统中使用较多的一种接头，RJ45 是计算机网络中最常使用的一种接头，也是目前局域网中使用最广泛的一种接头。OSI 标准诞生以后，不同型号的计算机可以通过标准化的信号传输介质进行相互通信。

(a) (b)

图 1.7 常见网线接头

(a) BNC 接头；(b) RJ45 水晶头

ISO 提出的“开放式系统互连参考模型”（Open System Interconnection Reference Model）是网络进入标准化的标志。至此，计算机网络进入了为企业提供信息共享服务的信息服务时代。该时期，美国国家科学基金会的 NSFNET（1985 年成立）为网络标准化制定工作提供了很多支持。网络标准化主要解决了不同硬件设备之间的兼容性和互操作性问题，实现了不同软件系统之间数据传输和解析。

1.5 分层模型

网络数据传输是一个非常复杂的过程，其中涉及硬件和软件，以及字符的标识、数据校验、流量控制、拥塞控制、错误处理等，这些处理过程之间还存在着不同程度的依赖关系。为了方便维护和管理，网络管理机构按照一定的逻辑梳理各处理之间的关系，并把它们有机地进行归类，最后得到的分类结果就是网络分层模型。

网络的分层和软件开发中的分模块非常类似，目的是把庞大、复杂的任务分解成若干个小的容易实现的任务，降低开发难度。软件开发中采用模块化设计，把复杂的软件项目分为若干个复杂度低的、小的功能模块。把开发团队也分为若干开发小组，每个小组负责一个功能模块的开发工作，各个开发小组独立开发，互不影响。子模块是一个独立的黑匣子，小组内部开发者知道其中的设计细节，小组外的人员不需要关心该模块的工作过程，只要知道怎样使用它就行。这种模块划分可以简化大型项目的组装复杂度，降低组装难度。网络分类也类似修建房屋时的分工，有些人专门负责制砖，有些人专门负责做门窗，有些人专门做玻璃。建筑工人使用制作好的砖头进行砌墙，而不是先使用黏土自己烧制砖头，然后再砌墙。工人都是直接购买门窗进行安装，而不是去砍树、挖矿、冶铁，然后制作门窗，自己烧制玻璃。如果所有的工作都从最基本的材料开始，意味着建筑工人必须掌握制砖、采矿、冶铁等与修建房屋相关的所有技术。这样高要求的技术工人在短时间内是不可能培养出来的，房屋建造将变得困难且难以完成，而且成本非常高。

计算机网络系统是一个非常复杂的系统，其数据传输过程涉及电学知识、数学知识、加密解密知识、统计学知识等。分层把这个复杂的过程按照一定的原则分解为若干小的功能模块，由不同的专业技术人员完成。分层有利于网络系统建设，降低网络系统开发难度。

网络分层设计同样也是一种模块化的设计，它在模块化的基础上融入了层次化思想，把各模块一层一层地垒起来，形成一个“栈”。与普通软件模块思想不同的是，软件各模块之间的通信比较自由，可以按需进行，但是在网络分层协议栈中，分层按照一定顺序堆叠，只有相邻层之间可以通信，跨层不能直接进行通信。

分层之间通信时需要遵守一定的规则，这些规则称为协议栈，它是由若干分层协议组成的，在通信过程中这些协议遵守栈的规则，它们的工作顺序同样是固定的，只能和邻居进行通信，不能跨过邻居和其他模块通信。

分层设计不仅在计算机数据交流中使用，在人们的交流过程中同样也在使用。图1.8所示是分层模型在人们交流中应用的一个场景。美国人和韩国人进行国际交流，他们每人都需要有这样一个协议栈：栈分为老板、翻译、秘书三层，上层向下层请求服务，下层为上层提供服务。美国老板将他关于世界和平的语言用英文传达给他的翻译，美国翻译官把英文翻译为中文（这里我们认为中文是双方翻译官都掌握的共通语言）。翻译后的中文稿件交由美国秘书发传真给对方的秘书。韩国秘书收到传真，此时收到的是一篇用中文书写的稿件。该稿件被交给韩国翻译，由翻译将它译成韩文，再交给韩

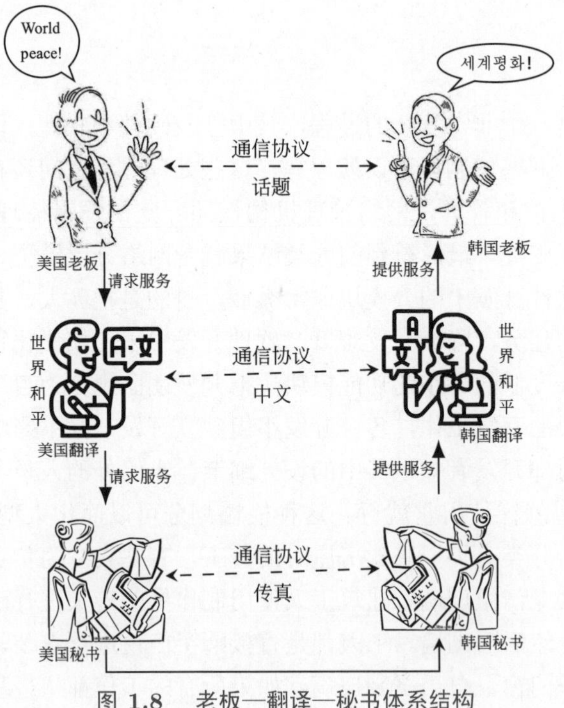

图 1.8　老板—翻译—秘书体系结构

国老板。韩国老板就能理解美国老板的信件内容。两位老板之间的物理信息传输渠道如下：

美国老板 ⇌ 美国翻译 ⇌ 美国秘书 ⇌ 传真 ⇌ 韩国秘书 ⇌ 韩国翻译 ⇌ 韩国老板

翻译和通信的过程中，两位老板未必（也不必）知道通信的具体过程，他们只需要把写好的信交给翻译。过不多久，翻译就会把对方的回信送回来。只要翻译和发送的“协议”一致，他们就可以彼此交流。系统中两个翻译之间的协议必须保持一致，秘书之间也要采用相同的协议，比如，对外沟通时都使用中文，这样沟通才能进行。如果美国翻译把稿件翻译成意大利语，韩国翻译不认识，韩国老板就没有办法收到翻译后的稿件，通信就不能完成。这个例子中双方的翻译处在对等的分层，对等层之间使用相同的协议。在协议栈中，各层的工作相对独立，互不干扰。如果两位秘书把传真机升级成了计算机，其他层也不必知道。

网络协议栈也是如此，对等层之间采用相同的协议，上下层之间是服务与被服务的关系，上层向下层请求服务，下层为上层提供服务。各层相对独立，互不干扰。图1.9中列出的几个协议栈都遵从这一设计原则。网络通信是一个复杂的过程，分层的目的是利用层次结构把开放系统中复杂的信息交换问题分解成一系列容易解决和控制的小问题，分给不同的企业和研发团队去解决。任何一层的内部如何工作，通常交由该层的开发者自己去考虑，开发者可以根据需要独立进行修改或扩充功能，这样可以给企业产品升级提供最大的灵活性、自主性。上下层之间使用标准化的接口进行通信，这样有利于不同厂家的设备互联。

ISO 于 1977 年推出了 OSI 参考模型，如图1.9所示。这是一个不拘于具体机型、

具体操作系统或具体公司的网络体系结构设计模型。这一参考模型把网络架构分成了7层。

应用层	⇒	提供应用程序间通信，如Web服务、邮件服务等
表示层	⇒	处理数据格式、数据加密等
会话层	⇒	建立、维护和管理会话
传输层	⇒	建立主机端到端连接，流量控制，拥塞控制
网络层	⇒	寻址和路由选择，在广域网转发数据
数据链路层	⇒	提供介质访问、链路管理等，局域网转发数据，错误检测
物理层	⇒	比特流传输，信号识别

图 1.9 OSI 参考模型

1. 物理层（physical layer）

物理层是 OSI 分层结构体系中最基础的一层，它直接和传输媒介相连，负责建立、维护和拆除物理连接。物理层只接收和发送一串比特（bit）流。物理层规定了网络设备的机械特性、电气特性。机械特性规定了网络连接时所需接插件的规格尺寸、引脚数量和排列情况等。电气特性规定了在物理连接上传输比特流时线路上信号电平的大小、阻抗匹配、传输速度和距离限制等。

2. 数据链路层（data link layer）

数据链路层在物理层之上，不直接与网络设备接触。它在物理层的基础上建立、撤销和标识逻辑链接，并实现链路复用及差错校验等功能。

3. 网络层（network layer）

网络层负责帮助数据寻找合适的路径，这个寻找路径的过程又称“路由”（routing），并将数据包发送到目的地。网络层像是一个十字路口的检查员，它检查每一个数据包的目的地，并负责把这些数据包投递到合适的方向，让它们继续传输。

4. 传输层（transport layer）

传输层为上层提供端到端（应用程序之间）的、可靠的数据传输服务。在发送数据文件时，传输层负责把文件切分为若干个小的分组进行发送。传输层也负责流量控制，协调发送方和接收方的发送速度，当网络冲突较多时，传输层负责把发送的速度降低。当网络比较空闲时，传输层负责把发送的速度提高。

5. 会话层（session layer）

会话层为上层用户的会话交流提供链路管理功能，包括会话的建立、管理和断开，会话层的功能和传输层的功能有点类似，因此最容易出现混淆。会话开始时，会话层负责检查所需的资源是否可用，如果资源可用，就开启会话；如果资源不可用，就向对方发送一个错误信息。在老板 —秘书通信的例子中，秘书做的工作属于传输层的工作，他主要负责将数据可靠地送达到对方，会话层是老板需要做的工作，比如你和对方采用平和友善的半双工通信，还是使用全双工进行激烈的争吵；对方想远程登录你的系统，你该如何处理这个请求等。

6. 表示层（presentation layer）

表示层是为（在应用程序之间）传送的信息提供表示方法的服务，它关心的只是发出信息的语法与语义。表示层的主要功能包括不同数据编码格式的转换、数据压缩/解压缩、数据加密/解密等。

7. 应用层（application layer）

应用层是 OSI 的最高层，为网络用户之间的通信提供专用的程序。应用层的内容主要取决于用户的各自需要，这一层的设计主要涉及分布数据库、远程文件传输、电子邮件、终端电话及远程作业登录与控制等。

OSI 参考模型主要是从学术角度考虑网络架构的设计，不太注重工程实践中的问题，所以，它虽然具有极高的权威性，在学术研究领域广受欢迎，但因其纸上谈兵的味道过重，而在工程实践中逐渐被冷落。后来，在 OSI 参考模型的启发下，网络工程师、设计师们推出了一个更简单、实用的协议栈，这就是 TCP/IP 栈。如图1.10所示，OSI 参考模型与 TCP/IP 栈有极高的相似性，两者都采用了层次化设计，在网络层、传输层都提供了相似的功能。不同之处在于，TCP/IP 的应用层包含了 OSI 参考模型的会话层、表示层和应用层的功能。TCP/IP 的网络接口层包含了 OSI 参考模型的物理层和链路层的功能。

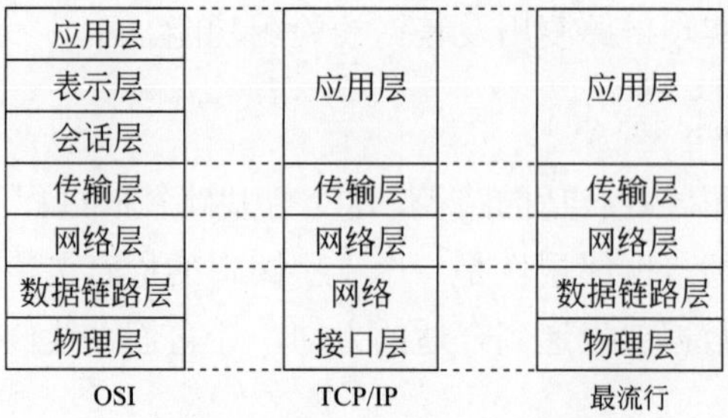

OSI	TCP/IP	最流行
应用层	应用层	应用层
表示层		
会话层		
传输层	传输层	传输层
网络层	网络层	网络层
数据链路层	网络接口层	数据链路层
物理层		物理层

图 1.10　网络协议的层次化设计

TCP/IP 从 20 世纪 70 年代诞生以后，成功赢得了大量的用户和投资。TCP/IP 的成功促进了互联网的发展，互联网的发展又进一步扩大了 TCP/IP 的影响。IBM、DEC 等大公司纷纷宣布支持 TCP/IP，局域网操作系统 NetWare、LAN Manager 争相将 TCP/IP 纳入自己的体系结构，数据库 Oracle 支持 TCP/IP，UNIX、POSIX 操作系统也支持 TCP/IP。TCP/IP 不仅在计算机产业中广受青睐，同时也在学术界赢得了大批用户。事实上，现在只要说起"互联网"，指的无疑就是 TCP/IP。当然，这只是从技术角度来看互联网。如果是应用角度，看法就太多了。我很喜欢一个说法，"当你听到'互联网'这三个字时，脑子里闪现出来的东西就是你的互联网"。我脑子里闪现出来的是 Google。你呢？

OSI 参考模型虽然是国际组织制定的标准，但是它却并不流行。因为 OSI 的分层存在一些不合理的地方，例如 OSI 参考模型中划分了会话层和表示层，但是这两层里面涉及的内容比较少，实际工作中难以区分。还有一些问题会重复的出现在每一层，如编址、流量控制和错误控制等。Saltzer 等认为这些功能应该在高层完成[12]。与复杂的 OSI 参考模型相比，早期的 TCP/IP 模型显得比较简单，而且它在 Berkeley UNIX 系统中一直运行得非常好。因此 TCP/IP 模型变得比 OSI 更加流行。接着人们吸取了 OSI 中一些好的设计思路，对 TCP/IP 模型加以改造，形成了最新的分层模型，共有 5 层。但是这个模型至今还没有统一的名字。

1.6 网络性能

衡量计算机网络性能的主要指标包括速度、带宽、吞吐量和时延。速度表示单位时间内传输数据的量，也就是数据传输的快慢；带宽表示发送数据的频带宽度，它与速度成正比例关系；吞吐量表示交换机、路由器等网络设备收发数据的能力；时延表示数据从发出设备到达目的设备所需的时间，时延越小速度越快。

1.6.1 传输速度

网络传输速度指每秒钟传送的数据量多少，常用单位是 b/s（比特每秒）。其他的速度单位从小到大有 Kilo、Mega、Giga、Tera、Peta、Exa、Zett、Yott 等。相邻单位之间都是 1000 倍的关系，具体如下。

- 1Kb/s = 1000b/s
- 1Mb/s = 1000Kb/s
- 1Gb/s = 1000Mb/s
- 1Tb/s = 1000Gb/s
- 1Pb/s = 1000Tb/s
- 1Eb/s = 1000Pb/s
- 1Zb/s = 1000Eb/s
- 1Yb/s = 1000Zb/s

使用传输速度可以估算文件传输需要的时间。例如，一个大小为 10Mb 的文件，通过 100Kb/s 的网络传输，其所需要的时间计算如下

$$t \approx \frac{10\text{Mb}}{100\text{Kb/s}} = \frac{10\text{Mb} \times 1000}{100\text{Kb/s}} = 100\text{s} \tag{1.1}$$

为什么是约等于（≈)？因为文件虽然是 10Mb，但发送出去的数据量绝对不止 10Mb。这很类似于我们寄快递，包装箱也是要算重量的。发送文件的时候，“文件袋”也是免不了的。在网络技术中，“文件袋”是指数据包的包头（header)，在以后的各章都会涉及，还会详细介绍。

1.6.2 带宽

在模拟信号中，带宽（bandwidth）本意指信号占用频带的宽度，是信号的最高频率与最低频率之差，因此又被称为信号带宽。例如，某模拟语音电话的信号工作频率范

围是 300～3400Hz，那么它的带宽是 $(3400-300)\text{Hz}=3100\text{Hz}$。如果把数据比作汽车，那么带宽就是道路的宽度。很显然道路越宽，汽车跑得越快。普通的城市道路通常都是双车道，限速约为 50km/h。在 8 车道的高速公路上，最高限速可以达到 120km/h。带宽和数据的最高传输速度之间是正比例关系，带宽越大对应的网速就越快。

在数字信号中，带宽是指传输信道的容量，也就是传递信息速度的最大值，单位是 b/s（比特每秒）。带宽是一个非常复杂的概念，在计算机网络中，带宽近似等同于数据传输速度[13-14]。

1．奈奎斯特定理

奈奎斯特（Nyquist）对上面的规律进行了总结，并给出计算式。在理想的状态下，二进制数据的最大数据传输率与信号频率之间存在如下的关系

$$C_{\max}=2W \tag{1.2}$$

式中：$C_{\max}$ 为最大传输速度，W 为信号频率。显然，速度 C 和带宽 W 是正比关系，带宽越大，网速越快。

Nyquist 定理的一般形式为

$$C=B\log_2 N$$

式中：

C——数据传输速度，b/s；

B——波特率，是单位时间内发送信号波的数量，Hz；

N——每个波特承载的信息量。

此处的波特（Baud）是发送设备发送信号的最小单元。发送设备发送数据一般不会一个比特一个比特的发送，因为这样效率低，也不方便同步，通常都是连续发送多个比特。每启动一次发射，称为发送了一个信号波，一个信号波中包含多个比特数据。单位时间（1s）内发送信号波的数量称为波特率，使用 Baud rate 表示。信号波又称码元，是发送编码数据的基本单元。码元和波特是网络设备发送数据的最小单元，发送码单元[15]。在网络传输设备中，多数设备的码元由 8 个比特信号组成。如果 1s 发送一个码元，则该设备的传输速度为 8b/s[16]。

信号承载信息量 N 是信号能够表示的数的最大范围，例如某信号波包含 0，1，$\cdots$，255，共有 256 种，则该称该波能够承载的信息量 N=256。如果使用二进制信号表示这组数据，共需要 $\log_2 256=8$ 个二进制信号。

例如：某通信系统种按照字符为最小单位传输数据，每个字符长度为 10 比特（1 个起始位，1 个结束位和 8 个数据位），则每一个波信号种包含 10 个比特，如果每秒可以发送 200 个字符，则该系统的波特率为 200Baud，该系统的比特率为 $200\times 10=2000\text{b/s}$。

若一个信号的波特率为 600Baud，采用幅度—相位复合调制技术发送信号，每次发送由 4 种幅度和 8 种相位组成的 16 种信息，那么该系统的通信速度计算如下

$$C=B\log_2 N=600\times\log_2 16=2400\text{b/s}$$

2. 香农（Shannon）定理

香农提出并严格证明了在被高斯白噪声[①]干扰的信道中，信道的最大传输速度可以使用式 (1.3) 计算

$$C = W \log_2 \left(1 + \frac{S}{N}\right) \tag{1.3}$$

式中：

W——信道的带宽，Hz；

S——信号的平均功率，W；

N——噪声的功率，W；

C——信号的传输速度，b/s。

香农公式中的 S/N 是为信号与噪声的功率之比，为无量纲单位，但是信噪比同时使用分贝（dB）表示。分贝与 S/N 的关系如式 (1.4) 所示，其中的 SNR 就是信噪比的分贝表示。

$$\text{SNR} = 10 \log_{10} \left(\frac{S}{N}\right) \tag{1.4}$$

对式 (1.4) 进行改造后，可以推导出式 (1.5)。

$$\frac{S}{N} = 10^{(\text{SNR}/10)} \tag{1.5}$$

例如，一个线路的带宽是 $W = 3\text{kHz}$，信噪比是 30dB，利用香农公式计算速度时，首先需要把分贝的信噪比转换为 S/N 的比值，然后再利用香农公式进行计算。计算的过程如下

$$\begin{aligned} &\frac{S}{N} = 10^{\frac{30}{10}} = 1000 \\ &C = (3 \times 10^3) \log_2(1 + 1000)(\text{b/s}) \approx 3 \times 10^3 \times 10(\text{b/s}) \approx 30 \times 10^3(\text{b/s}) \end{aligned} \tag{1.6}$$

最后该信道的传输速度大约为 30×10^3b/s，约 30Kb/s。

从香农公式中还可以推论出在信息最大速度 C 不变的情况下，带宽 W 和信噪比 S/N 可以互换，理论上，完全有可能在恶劣环境（噪声较大，信噪比较小）中，通过提高信号带宽（W）来维持或提高信道的通信性能。这个公式也说明，提高信道频率可以提高传输速度，这就是扩频通信的基本思想和理论依据。

1.6.3 吞吐量

吞吐量（throughput）就是单位时间内成功地传送数据的数量（比特数、字节数、数据包数等）。吞吐量和带宽是经常被搞混的两个词，也许是因为两者的单位都是 Mb/s。通信链路的带宽是指链路上每秒所能传送的比特数。它类似于马路的宽度、水管的粗细，

① 高斯白噪声：如果一个噪声，它的瞬时值服从高斯分布，而它的功率谱密度又是均匀分布的，则称它为高斯白噪声。

表示的是“宽敞的程度”。而吞吐量是说，单位时间内，有多少辆车经过了这段马路；有多少立方米的水流过了这段水管；有多少数据流过了这条网线。显然，带宽越大，吞吐量就应该越大，它们是正比关系。但马路宽不等于经过的汽车就一定多，因为前面可能出事故了；水管粗也不等于流量就一定大，因为今年可能干旱；带宽大也不等于吞吐量就一定大，因为你的 Windows 可能又蓝屏了。所以，吞吐量是一个实际测量值，它和带宽成正比，但还要受到其他很多因素的影响。

1.6.4 时延

时延是指数据包从网络的一端传送到另一端所需要的时间。它包括发送时延、传播时延、处理时延和排队时延。很显然

$$总时延 = 发送时延 + 传播时延 + 处理时延 + 排队时延$$

一般来讲，我们比较关心发送时延与传播时延。对于较大的数据包，发送时延是主要矛盾；对于较小的数据包，传播时延是主要矛盾。无论如何，别管收、发些什么东西，我们总是希望越快越好，所以时延通常不受欢迎。此外，时延还会造成回波，时延越长，计算机消除回波所要花费的时间就越多。传播时延由网络的路由（见4.3节）情况决定。在低速和拥挤的信道中，时延较长且数据包丢失概率较大。

Windows 和 UNIX/Linux 系统都提供了 ping 命令，我们可以用它来估算两台计算机之间数据传输的总时延。

```
ping www.swfu.edu.cn -t 4
```

```
----------------------------------------屏幕输出----------------------------------------
1 PING www.swfu.edu.cn (39.129.9.56): 56 data bytes
2 64 bytes from 39.129.9.56: icmp_seq=0 ttl=53 time=33.509 ms
3 64 bytes from 39.129.9.56: icmp_seq=1 ttl=53 time=20.387 ms
4 64 bytes from 39.129.9.56: icmp_seq=2 ttl=53 time=10.530 ms
5 64 bytes from 39.129.9.56: icmp_seq=3 ttl=53 time=28.132 ms
6
7 --- www.swfu.edu.cn ping statistics ---
8 4 packets transmitted, 4 packets received, 0.0% packet loss
9 round-trip min/avg/max/stddev = 10.530/23.140/33.509/8.646 ms
-----------------------------------------------------------------------------------------
```

利用 ping 命令，我们一共发出了 4 个测试数据包，并且收到了 4 个来自 www.swfu.edu.cn 的回应。ping 命令告诉我们从发出测试包到收到回应所经历的时间（Round-Trip Time, RTT）。四个 RTT 分别是 33.509ms、20.387ms、10.530ms 和 28.132ms。从最后一行可以看到，平均往返时间是 23.140ms。因此可以估算时延大概是 $23.140/2 = 11.570$ms。

ping 是操作系统自带的网络测试工具，使用非常简单。在 Windows 的命令控制台界面中直接输入命令 ping 目标 IP 地址/域名，就可以测试主机到目标网路是否连通。

参数 -t 用来指定 ping 的次数，-t 4 表示 ping 4 次后自动结束。如果 -t 后面不加数据，表示持续 ping 直到用户强行结束（按 Ctrl+C 组合键）才停止。-t 参数在排查网线故障时非常有用，网线断开时 ping 显示结果为 timeout，网线连通时会显示 RTT 时间。

1.7 网络拓扑结构

拓扑是英文 Topology 的音译词，拓扑学主要研究物体间的连接方式，而不考虑它们的形状和大小。在计算机网络中所有的设备都被看作节点，所有的信道都被看成连接线，由此构成的拓扑结构称为网络拓扑。常见的网络拓扑结构有星状、树状、总线型和环状。

1.7.1 星状拓扑

星状拓扑是指所有设备都直接连接到同一个中心设备上的网络结构，中心设备一般是交换机或者路由器。如图1.11(a) 所示，其中心设备是一个交换机，周围连接若干计算机。这种结构是典型的星状拓扑结构，其物理形式也非常像一个五角星。拓扑结构只考虑谁和谁连接，不考虑连线的长短和方向。图1.11(b) 中设备的排列方式虽然呈现线形，但其连接方式仍是计算机直接和中心设备连接，因此也属于星状拓扑结构。

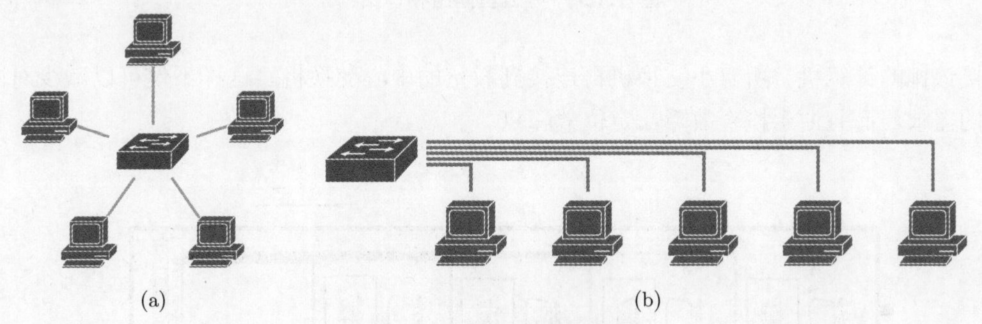

图 1.11 星状拓扑连接

办公室的小局域网通常使用交换机连接，其网络结构都是星状拓扑结构。当办公室规模较大时，一个交换机无法直接连接大量的计算机，这时可采用分而治之的思想进行网络连接，即把计算机和设备划分成若干小的区域，每个区域内部使用星状拓扑连接，然后每个小区域的交换机再按照星状的连接方式互相连接。这种结构称为树状拓扑。

图1.12是一个办公室的弱电[①]连接示意图。办公室的计算机通过网线连接到中心交换设备上。为了整齐美观，网线通常都隐藏在地板底下，或者天花板上面。为了方便以后的检查和维修，网络布线基本采用直线方式，且多数沿着墙壁走线。这种布线结构虽然比较复杂，但是其逻辑结构仍为星状拓扑结构。

计算机机房的网络拓扑结构通常也采用星状结构。图1.13是某机房的网络布线示意图。中心交换机放置在教室的前面，网线从交换机出来后顺着墙壁到达每一张桌子，再顺着桌子到达计算机。这种布线方式走线整齐，但是一旦线路出现故障，需要更换故障网线时，就会比较困难。为了便于检查和维护，可以在每一排安放一个小的交换机负责

① 强电：通常具有较高的电压，用来传输动力，照明电属于强电。弱电：通常电压较低，用来传输信号，网络、广播、对接、安防监控属于弱电。

图 1.12 办公室网络物理结构

连接该排的计算机。所有小交换机再连接到教室的中心交换机。这样不仅可以减少对网线的需求，而且便于检查故障、定位故障点。

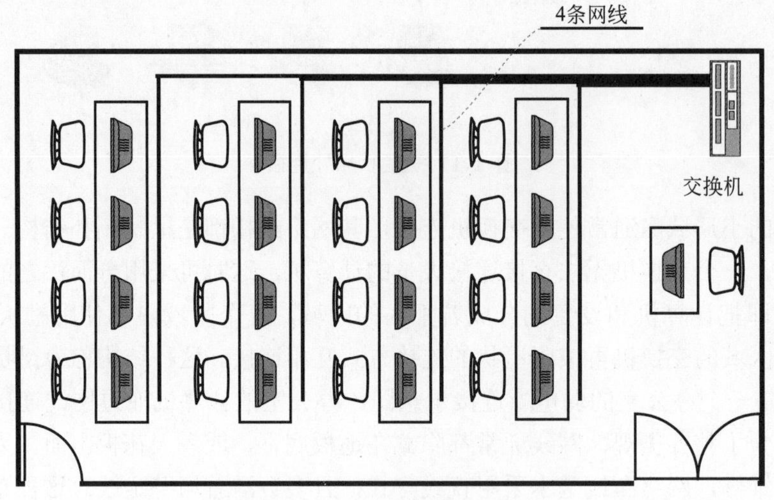

图 1.13 计算机机房网络结构

办公室的网络拓扑通常是星状，楼层的网络拓扑一般是树状。建筑每一层都有一个网络配线间，用来连接本层的所有房间，如果把每一间房看成一个节点，楼层配线间的中心交换机看成节点，那么楼层拓扑结构就是星状拓扑结构。

楼层中除了层内的交换机房之外，还有一个负责本建筑与外部连接的主配线间（建筑配线间）。如果把这个配线间看成一个中心交换节点，每一个楼层看成一个子节点，那么建筑内的主体网络拓扑结构也可以看成一个星状结构。

1.7.2　树状拓扑

如果把星状网络看成一个网络节点，若干网络节点按照星状的拓扑结构互连起来，就形成树状拓扑结构 (如图1.14所示)。把建筑内的所有交换机和计算机都画出来形成的结构，其实就是若干星状拓扑结构组成的复杂结构，这个结构称为树状拓扑结构。一层楼的网络结构是一个树状，一栋建筑的网络结构是树状，一个校园的拓扑结构也是树状。

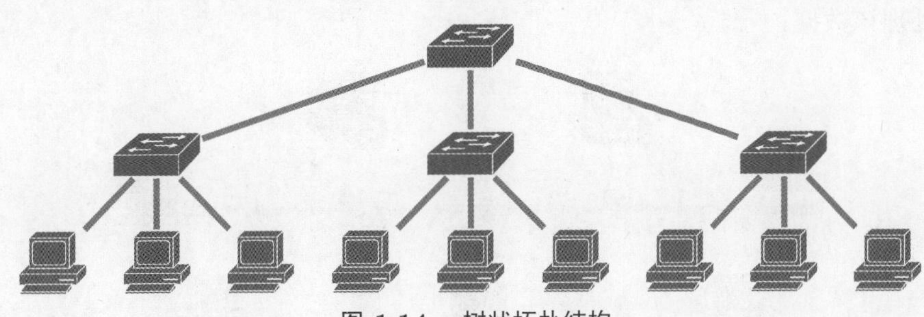

图 1.14　树状拓扑结构

规模较大的网络通常都采用树状拓扑结构，例如西南林业大学的校园网采用的就是树状网络拓扑结构，其中每一栋建筑的网络拓扑是树状结构，每一层的网络拓扑也是树状，若干小的树状网络结构连接起来就组成大的树状网络结构。

树状网络结构是由星状网络组成的，因此也具有星状网络结构的特点。网络中增加节点非常容易。例如，在网络中增加一台计算机，只需要使用网线把计算机的网络接口和交换机的网络接口连接起来就行，操作非常的简单，基本不需要对用户进行特殊的专业技能培训。网络中删除一个节点也很容易，拔掉网线就行。

但是星状、树状网络的运行过度依赖中心节点。在星状网络中，一旦中心交换机出现故障，会导致与其相连的计算机都无法通信。在树状网络中，如果中心交换机出现故障，则会导致与其相连的所有的设备和子设备都无法正常通信。如果楼层交换机出现故障，会导致本楼层内所有的计算机无法通信；如果一栋楼的楼宇交换机出现故障，会导致整栋楼的网络瘫痪；如果校园网的出口交换机出现故障，会导致整个校园无法访问因特网。

虽然星状网络和树状网络存在上述的缺点，但是因为其扩展性好，容易管理，所以应用广泛。目前多数的网络都是采用星状和树状结构。为了提高网络的稳定性，中心节点通常使用高性能的网络设备。在树状网络中，越靠近根位置，越应该选择性能好的设备。部分场合会使用冗余设备来确保网络的不间断服务。当一台设备发生故障时，系统会自动把所有的通信切换到备用设备上进行，从而保证网络通信不间断。

树状网络具有很好的故障隔离功能。如果某一台计算机发生了通信故障，也不会影响其他计算机通信。如果最末端的交换机发生了故障，则只会影响与它相邻的计算机的通信，其他计算机都不受影响。如果楼层内的交换机发生了故障，仅影响一层楼的通信不会影响其他楼层的网络；建筑内的主交换发生了故障，只影响一栋建筑的网络通信，故障定位和隔离都比较容易。

1.7.3 总线型拓扑

总线型拓扑结构中有一条公共的信道，所有的节点都通过接口连接在总线上，如图1.15所示。所有节点共享一根信道。总线型网络使用广播式传输技术，总线上的所有节点都可以发送数据到总线上，数据沿总线传播。为了避免冲突，同一时刻只允许一个站点发送数据，当一个节点发送数据时，其他的节点都可以收到该数据，收到数据后接收端要检查数据中的目的地址，通过目的 MAC 地址和 IP 地址决定是丢弃该数据，还是继续处理该数据。

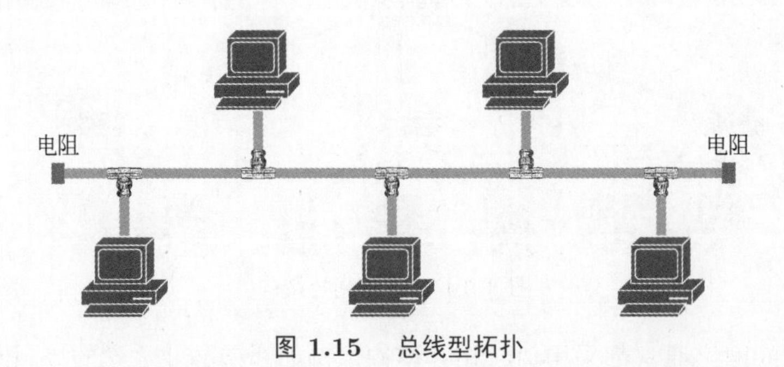

图 1.15 总线型拓扑

注：两端的电阻用来吸收电信号，减少信号在端头的反射。

总线型网络中节点使用 BNC 接头与总线相连，新增加节点时，需要将总线断开，然后使用 BNC 把节点和总线连接起来，每一次增加节点时网络都会被断开成两个独立的部分，因此总线型网络中增加节点比较麻烦。

总线中的信号传输到总线端点时，电信号在导体断面处会发生反射现象，因为断面是导体和空间两种不同密度物质的交界位置，电信号具有波的性质，因此会在这个位置发生反射。反射的信号会沿着总线反向传输，反射信号和导体中正常的信号在总线上会发生碰撞，破坏正常的信号。在总线的两端添加电阻，这个电阻就像“黑洞”一样吸收电信号，让信号有去无回，这样就避免了反射现象的发生。

1.7.4 环状拓扑

环状网络主要用在城域网中。环状网络的最大优点是容错性强，在信道发生故障的时候，仍然可以保证信息传输。环状网络因为投入的成本比较高，因此通常在公共网络和一些比较重要的网络中使用，城域网中的主干信道通常使用环状网络结构。

环状网络沿着固定的方向逐个转发数据。在图1.16中，数据沿着逆时针方向在网络中依次转发。如果网络中出现断路，环状网络就变成了总线型的拓扑结构，然后采用总线型的网络协议继续工作。因此，环状网络结构可以在一处网络故障的情况下继续工作。

为了让网络具有更高的容错性能，城域网通常会采用多环的网络结构，环与环之间也进行相连。这个多环结构非常类似城市中的环城路结构，例如北京城有五条环城路，有一个用户平时上下班走一环就可以从家里到达目的地，如果某一天一环出现了严重拥堵，他可以改走二环路，如果二环路也出现了严重拥堵，他可以改走三环。如果二环和

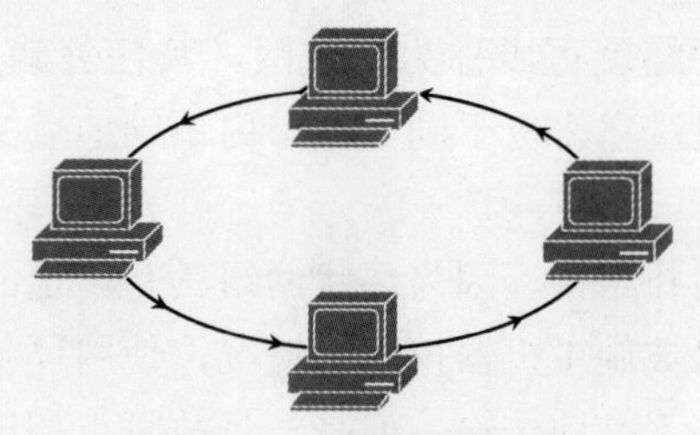

图 1.16 环状网络结构

三环都发生了拥堵，他还可以在二环和三环之间来回切换，绕开堵塞点。为了提高效率，该用户也可以在这五条环城路之间来回切换，选择合适路径以便尽早到达目的地。

1.8 网络分类

按照不同的标准网络可以分为不同类型，按拓扑结构网络可以分为星状网、总线型网、环状网、树状网等；按照规模可以分为局域网、城域网和广域网；从用途上，可以分为公共网络、私有网络；按照传输介质可以分为有线网、无线网。

1.8.1 局域网

局域网（Local Area Network，LAN）通常为一单位的内部网络，覆盖直径小于10km。校园网、网吧网、办公室网等，都是常见的局域网。局域网覆盖范围较小，通信延时短，可靠性高，支持多种数据传输介质，可以使用有线传输，也可以使用无线传输。

局域网的传输速度一般都比较快，通常为100Mb/s~1Gb/s，通信延时低，传输的介质一般是双绞线和光纤。局域网中传输的信号都是基带信号①。由于局域网中设备数量比较少，因此信号冲突的可能性也比较小，数据传输出错率低。

局域网中通常采用星状和树状拓扑，因为星状结构中节点增加、删除操作简单。星状结构一般在小型的局域网中使用。例如，一个办公室有 5 台主机，所有的主机都连接到同一个交换机上，便构成了一个星状的网络拓扑结构。如果网络的规模比较大，有1000 台计算机，主机的数目比较多，无法找到一个具有 1000 个网络接口的交换机，因此大型的局域网没有办法使用星状拓扑组网。

大型局域网通常采用树状拓扑结构。树状网络拓扑结构成本低，结构简单。在网络中，任意两个节点之间不产生回路，每个链路都支持双向传输，并且网络中节点扩充方便、灵活，寻查链路路径比较简单。但是任何一个工作站或链路产生故障都会影响整个网络系统的正常运行，对根的依赖性太大，如果根发生故障，则全网不能正常工作。

1.8.2 城域网

城域网（Metropolitan Area Network，MAN）是连接城市的网络，其范围为 10～

---

① 基带信号：指信源发出的没有经过调制的原始电信号，从计算机发出的信号就是一种基带信号。

100km。覆盖一个县城的网络就可以称为城域网，其任务就是为该城市提供网络服务。城域网是城市的骨干网，通过它将位于同一城市内不同地点的主机、数据库及局域网等互相连接起来。

城域网通常使用环状拓扑结构，因为环状网络具有一定的容错功能。在城市的建设过程中，经常出现网络线路被施工机器挖断的情况，使用环状网络可以在出现故障的情况下保证网络信号仍然能够正常地传输，但是一旦故障点超过两个，网络的通信就会中断。为了增加环状网络的容错能力，人们设计了双环网络和多环网络，如图1.17所示。这个结构非常类似于城市道路的环路设计，如果一环中出现了断点，数据可以临时改道二环传输；如果二环出现了断点，数据可以改道一环传输。数据在一环和二环之间可以交替传输避开故障点。这种双环、多环设计具有非常强大的容错能力，即便是网络中出现多个故障点，也能保证数据的正常传输。

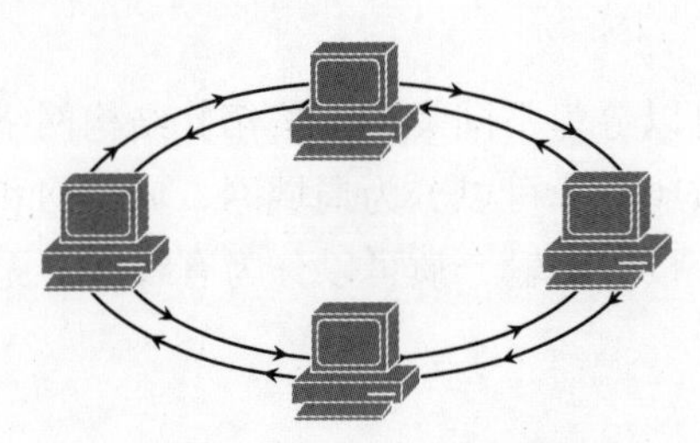

图 1.17 双环网络结构

环状网络的容错能力虽然比较强，但是对分支节点的故障定位较难。同时由于环状网络会自动切换路径保证数据传输，因此人们也很难觉察到故障的发生。而且，环状网络中的数据沿着同一个方向传输，节点需要排队进行数据发送。当环中节点较多时，等待发送的时间会变得比较长，信息传输速度会急剧下降。另外，环状网络中节点的增加需要断开原来的线路，在线路断开的地方加入一个新设备，用来连接网线的两端。这种操作对线路是破坏性的，因此增加新节点的成本比较高。

1.8.3 广域网

广域网（Wide Area Network，WAN）通信子网主要使用分组交换（packet switch）等技术进行互联和组网，从而实现更大范围的资源共享。目前，因特网（Internet）是世界范围内最大的广域网，它已经覆盖了包括我国在内的 180 多个国家和地区，连接了数万个网络，终端用户已达数千万，并且以每月 15% 的速度增长。广域网通常由电信部门或公司负责组建、管理和维护，并向全社会提供有偿服务。

1.9 移动通信网络

1. 第一代移动通信系统（1G）

1986 年，第一套移动通信系统在美国芝加哥诞生，采用模拟信号传输数据，只能

传输语音，且语音品质低、信号不稳定、覆盖范围小。典型的设备是对讲机和大哥大电话。

第一代移动通信主要采用的是模拟技术和频分多址（FDMA）技术。由于传输带宽低，无法实现移动通信的长途漫游，只能是一种区域性的移动通信系统。第一代移动通信有多种制式，我国主要采用的是 TACS①。第一代移动通信有很多不足之处，如容量有限、制式太多、互不兼容、保密性差、通话质量不高、不能提供数据业务和不能提供自动漫游等。

中国的第一代模拟移动通信系统于 1987 年 11 月 18 日在广东第六届全运会上开通并正式商用，采用的是英国 TACS 制式。从中国电信 1987 年 11 月开始运营模拟移动电话业务，到 2001 年 12 月底中国移动关闭模拟移动通信网，1G 系统在中国的应用长达 14 年，用户数最高曾达到了 660 万[17]。

2. 第二代移动通信系统（2G）

第二代移动通信（2G）的主要业务是语音，其主要特性是提供数字化的话音业务及低速数据业务。它主要采用的是数字时分多址（TDMA）技术和码分多址（CDMA②）技术传输信号。该技术克服了模拟移动通信系统的弱点，话音质量、保密性能得到很大提高，并可进行省内、省际自动漫游。第二代技术标准主要有 GSM③和 CDMA 两种体制。我国移动通信主要采用 GSM 体制。

第二代移动通信系统替代第一代移动通信系统，完成了模拟技术向数字技术的转变，但由于第二代采用不同的制式，移动通信标准不统一，用户只能在同一制式覆盖的范围内进行漫游，因此无法进行全球漫游。第二代数字移动通信系统由于带宽有限，限制了数据业务的应用，也无法实现高速度的业务，如移动的多媒体业务。

2G 与 1G 相比，主要的特点是提高了标准化程度及频谱利用率，不再是数模结合，而是数字化、保密性增加、容量增大、干扰减小，能传输低速的数据业务。在增加了分组网络部分后，可以加入窄带分组数据业务。2G 移动网络的突出弱点是业务范围有限，无法实现移动的多媒体业务，各国标准不统一，无法实现全球漫游[18]。

3. 第三代移动通信系统（3G）

1995 年问世的第一代模拟制式手机（1G）只能进行语音通话。1996 到 1997 年出现的第二代 GSM、CDMA 等数字制式手机（2G）便增加了接收数据的功能，如接收电子邮件或网页。2008 年 5 月，国际电信联盟正式公布第三代移动通信标准，中国提交的 TD-SCDMA 正式成为国际标准，与欧洲 WCDMA、美国 CDMA2000 成为 3G 时代最主流的三大技术之一。

WCDMA，全称为 Wideband CDMA，又称 CDMA Direct Spread，意为宽频分码多重存取，是基于 GSM 网发展出来的 3G 技术规范，是欧洲提出的宽带 CDMA 技术。

---

① TACS：Total Access Communication Service。

② CDMA：码分多址, Code Division Mutiple Access。

③ GSM：全球移动通信系统，Global System for Mobile Communications。

CDMA 2000 是由窄带 CDMA（CDMA IS95）技术发展而来的宽带技术，又称 CDMA Multi-Carrier，由美国高通北美公司为主导提出。后来，摩托罗拉、Lucent、韩国三星都有参与开发，最终，韩国成为该标准的主导者。

TD-SCDMA 全称为 Time Division-Synchronous CDMA（时分同步 CDMA），该标准是由中国大陆独自制定的 3G 标准。1999 年 6 月 29 日，由中国原邮电部电信科学技术研究院（大唐电信）向 ITU 提交，但技术发明始于西门子公司。TD-SCDMA 具有辐射低的特点，被誉为绿色 3G。该标准将智能无线、同步 CDMA 和软件无线电等当今国际领先技术融于其中，在频谱利用率、业务支持灵活性、频率灵活性及成本等方面都有独特优势。另外，由于中国内地庞大的市场，该标准受到各大主要电信设备厂商的重视，全球一半以上的设备厂商都宣布可以支持 TD-SCDMA 标准。中国三大移动运营商中，中国移动使用基于自主知识产权的 TD-SCDMA，中国电信使用 CDMA 2000，中国联通使用 WCDMA，如表 1.1 所示。

表 1.1　3G 技术使用情况

网络服务	技术制式
中国移动	TD-SCDMA
中国联通	WCDMA
中国电信	CDMA2000
日本	CDMA2000，WCDMA
美国	CDMA2000，WCDMA

3G 与 2G 的主要区别，是其在话音和数据的传输速度上的提升。它能够在全球范围内更好地实现无线漫游，并处理图像、音乐、视频流等多种媒体形式，提供包括网页浏览、电话会议、电子商务等多种信息服务，同时也与已有的 2G 系统相兼容。为了提供 3G 服务，无线网络必须能够支持不同的数据传输速度，也就是说在室内、室外和行车的环境中，能够分别支持至少 2Mb/s、384Kb/s 及 144Kb/s 的传输速度（此数值根据网络环境会发生变化）。

4. 第四代移动通信系统（4G）

第四代移动通信技术（4G）包括 TD-LTE①和 FDD-LTE 两种制式。严格意义上来讲，LTE 只是 3.9G，尽管被宣传为 4G 无线标准，但它其实并未被 3GPP②认可，因此在严格意义上其还未达到 4G 的标准。只有升级版的 LTE Advanced 才满足国际电信联盟对 4G 的要求。

4G 集 3G 与 WLAN 于一体，能够快速传输数据、音频、视频和图像等。4G 能够以 100Mb/s 以上的速度下载数据，比家用宽带 ADSL（4Mb）快 25 倍，并能够满足几乎所有用户对于无线服务的要求。此外，4G 可以在 DSL 和有线电视调制解调器没有覆盖的地方部署，然后再扩展到整个地区。

① LTE：Long Term Evolution 的缩写。

② 3GPP：Third Generation Partnerships Projects (org.)。

5. 第五代移动通信系统（5G）

第五代移动通信网络（5G）峰值理论传输速度可达每秒数 10Gb，比 4G 网络的传输速度快 100 倍，最高可达 10Gb/s。举例来说，一部 1G 超高画质电影可在 3s 之内下载完成。随着 5G 技术的诞生，用智能终端分享 3D 电影、游戏及高清视频节目的时代已向我们走来。作为第五代移动通信技术，5G 具有更大的带宽、更快的传输速度、更低的通信延时、更高的可靠性等优势。

5G 技术（将可能）使用的频谱是 28GHz 及 60GHz，属极高频（EHF），比一般电信业现行使用的频谱（如 2.6GHz）高出许多。虽然 5G 能提供极快的传输速度，但其信号的衍射能力（即绕过障碍物的能力）十分有限，且发送距离很短，这便需要增建更多基站以增加覆盖面。

随着 5G 网络的应用，各类物联网将迅速普及。目前汽车与汽车之间还没有通信。有了 5G 网络，就能让汽车和汽车、汽车和数据中心、汽车和其他智能设备进行通信。这样一来，不但可以实现更高级别的汽车自动驾驶，还能利用各类交通数据，为汽车规划最合理的行进路线。一旦有大量汽车进入这一网络，就能顺利实现智能交通。

远程医疗也是 5G 重要的应用领域之一。目前，实施跨越国界的远程手术需要租用价格昂贵的大容量线路，但有时对手术设备发出的指令仍会出现延迟，这对手术而言意味着巨大的风险。但 5G 技术将可以使手术所需的“指令响应”时间接近为 0，这将大大提高医生操作的精确性。在不久的将来，病人如果需要紧急手术或特定手术，就可以通过远程医疗快速进行手术。

6. 第六代移动通信系统（6G）

第六代移动通信技术是 5G 系统的延伸，仍处于开发阶段。6G 的传输能力可能比 5G 提升 100 倍，网络延迟也可能从毫秒降到微秒级。未来 6G 技术理论下载速度可以达到每秒 1TB，到 2020 年已正式开始研发，预计 2030 年投入商用。

6G 将使用太赫兹（THz）频段，信号频率将达到 100GHz~10THz，网络的“致密化”程度将达到前所未有的水平。届时，我们的周围将充满小基站。6G 工作频率高，单位时间内所能传递的数据量大。频段不断提高的主要原因是低频段的资源有限，低频信道面临不够用和枯竭的状况。

6G 不仅将提高网速，也将提升用户网络操作的实时性，6G 将会被用于空间通信、智能交互、触觉互联网、情感和触觉交流、多感官混合现实、机器间协同、全自动交通等场景，如表1.2所示。

表 1.2　通信网络的演变

网络	速度	应　用
1G	9600b/s	模拟通信，通信质量差，大哥大
2G	128Kb/s	数字通信，第一代 GSM 语音通信
3G	2Mb/s	视频，第二代 GSM，CDMA
4G	100Mb/s	社交网络，LTE
5G	10Gb/s	自动驾驶，高清视频，低延时
6G	1Tb/s	机器协同，智能交互、触觉互联网、情感和触觉交流、多感官混合现实

1.10 习题

一、选择题（不定项选择题）

1. 计算机网络的特点有（ ）。

A. 计算机互联　B. 资源共享　C. 使用了计算机　D. 使用统一的协议

2. 存储转发模式中，中间节点对数据进行（ ）处理。

A. 存储　B. 校验　C. 重新封装　D. 直接转发

3. 计算机网络发展的方向是（ ）。

A. 速度越来越快　B. 网络中的设备数来越来越多

C. 网络传输速度会越来越慢　D. 只会朝着大型化发展

4. 下面的网络出现时间最早的是（ ）。

A. APARNet　B. ChinaNet　C. Internet　D. eduNet

5. 常见的网络拓扑有（ ）。

A. 星状　B. 总线型　C. 环状　D. 树状

6. 下面（ ）网络中的传输速度最快。

A. 局域网　B. 城域网　C. 广域网　D. InterNet

7. 某单位有一间能容纳 1000 台计算机的机房，请问该机房的网络类型属于（ ）。

A. 局域网　B. 城域网　C. 广域网　D. 网吧

8. 树状网络是由（ ）网络连接形成的。

A. 星状　B. 总线型　C. 环状　D. 网状

9. 建筑内部的网络拓扑是（ ）。

A. 星状　B. 总线型　C. 树状　D. 网状

10. 家用路由器的 WLAN 接口通常用（ ）来连接。

A. 外网　B. 计算机　C. 电视机　D. 笔记本计算机

11. 设信道带宽为 3400Hz，调制为 4 种不同的码元，根据 Nyquist 定理，理想信道的数据速度为（ ）。

A. 3.4Kb/s　B. 6.8Kb/s　C. 13.6Kb/s　D. 34Kb/s

12. 在 ISO OSI 参考模型中，（ ）实现数据压缩功能。

A. 应用层　B. 表示层　C. 会话层　D. 网络层

13. 设信道带宽为 4kHz，信噪比为 30dB，按照香农定理，信道的最大数据速度约等于（ ）。

A. 10Kb/s　B. 20Kb/s　C. 30Kb/s　D. 40Kb/s

14. 设信道带宽为 4kHz，采用 4 相调制技术，则信道支持的最大数据速度是（ ）。

A. 4kb/s　　B. 8kb/s　　C. 16kb/s　　D. 32kb/s

15. ping 命令设置参数（ ）可以一直 ping 对方主机。

A. -t　　B. -a　　C. /?　　D. -c

二、简答题

1. 简述 Internet 的发展历史。
2. 解释分组交换。
3. 描述分层的意义。
4. 试述计算机网络发展经历了哪三个阶段？
5. 一幅图像的分辨率为 1024×768 像素，每个像素用 3 字节表示。假如该图像没有被压缩，试问，通过 56Kb/s 的线路传输这幅图像需要多长时间？通过 1Mb/s 的线路呢？

1.11 参考资料

1.11 参考资料

第 2 章

物 理 层

本章要点

(1) 了解物理层的作用、标准、规范。

(2) 掌握双绞线的标准和规范：UTP、STP。

(3) 掌握数字数据编码的方法：不归零编码、曼彻斯特编码、差分曼彻斯特编码。

(4) 了解不归零反转码，4B/5B 编码。

(5) 掌握数据调制的方法：调幅、调频、调相。

(6) 掌握信道复用技术。

(7) 了解脉冲编码调制过程：采样、量化和编码。

(8) 了解 CDMA 的工作原理。

计算机网络的主要目的是传输数据，数据就是电脑中的各种文件，例如文本、视频、音频、图片等，它们本质上都是一大堆 0 或者 1 组成的数据集合。网络通信就是要把这一大堆的 0 或 1 传输给远处（也许并不那么远）的另一台（或多台）电脑。电脑其实和人脑很类似，我们的大脑里也存储着大量的数据，那就是我们千奇百怪的想法。如何传播我们的想法呢？说出来呗，利用语言把想法翻译成“人话”，就可以说给别人听了。要说的话是数据，里面包含了我们想要传递的信息，但如果没有语言，我们就说不出人话，也无法传递想法。“语言”又是什么？它是一种信息编码方式，经语言编码后的想法（也就是人话）才能被发送出去。中文、英文、手语、盲文……都是具体的编码方式。很显然，接收方要采用和发送方相同的编码才能正确解读信息。编码后的数据叫“信号”。我们传来传去的全都是信号，对其解码之后得到的才是数据。

除了编码、解码，信息传输还需要“信道”，也就是传输媒介，比如网线、光纤、无线……物理层的任务就是要解决信道和信息编码这些问题。物理层规范了与传输介质相关的接口标准，例如，网线的制作材料、信道数量和编号、不同编号网线的用途，网络接口的形状、尺寸、信号的电压和数据的表示形式及数据编码和调制方法等。

2.1 模拟信号与数字信号

信号是信息表达的方式，是对信息进行翻译（编码处理）之后得到的可以传输给别人的东西。日常生活中，信号无处不在，事实上，它是我们与人交流（发送和接收信息）的唯一手段。而计算机之间的交流只用两种信号——模拟信号和数字信号。

2.1.1 模拟信号

模拟信号（analogue signals）的应用历史源远流长。所谓“模拟”，就是以某一种物理量的连续变化来模仿（或者说表示）另一种物理量的连续变化。例如，指针式钟表就是利用表针旋转角度的变化来模拟时间的变化；再如，水银温度计或者水银气压计，是用水银柱的伸缩消涨来模拟温度或者气压的高低变化。不过，一谈到模拟信号，通常是指“模拟电信号”，或者“电模拟信号”，也就是利用电压、电流、电波频率、相位、振幅等的变化来模拟声音、温度、压力、光线、位置等物理量的变化。例如，声波对麦克风振动膜的冲击会导致电磁麦克风中的线圈产生相应的电流波动，或者导致电容麦克风产生相应的电压波动。该电压或电流的变化就是对声波的模拟。

模拟信号具有完美的时域连续性，如图 2.1(a) 所示。“连续”意味着“精确”，保真度高。例如，在既无干扰又无误差的理想状态下，钟表指针当前的位置和当前的时间精确对应；气压计中水银柱高度和当前的大气压精确对应；电压、电流的波动可以完美地模拟声波变化。

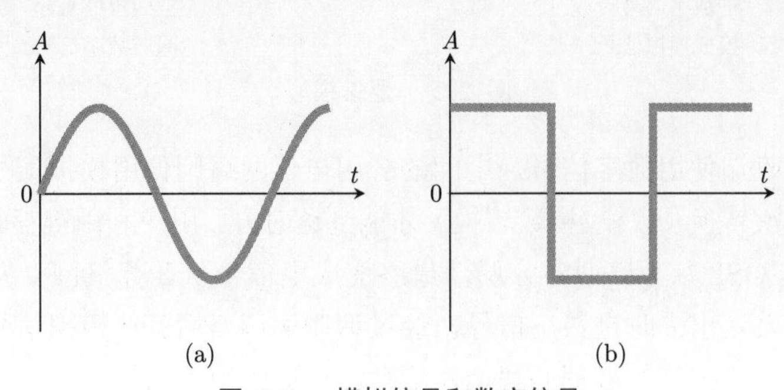

图 2.1　模拟信号和数字信号

(a) 模拟信号; (b) 数字信号

2.1.2 数字信号

数字信号是指用离散的物理量来表达信息信号，信号值的变化是跳变的[1]，现代计算机和手机基本都使用数字信号。图2.1(a) 所示是模拟信号，模拟信号的波形与正弦函数曲线近似，信号从高到低是一个渐变的过程，需要经历相对较长的时间。图2.1(b) 所示是数字信号，数字信号的波形是方波，信号的从高到低是一个跳变，即在很短的时间内完成变化，是一个瞬时变化。

通过调节频率和振幅的技术，模拟信号几乎可以完美地模拟各种的常见声音。但是，模拟信号抗干扰能力较差，振幅和频率都容易被干扰，使得数据难以识别。在实际应用中，为了提高信号的抗干扰能力，人们发明了数字信号。数字信号是一种经过编码的信号，具有很强的抗干扰能力，在计算机网络中被广泛地使用。

数字信号只有 0、1 两个状态，分别采用 -5V 和 $+5\text{V}$ 两个电压来表示。通常 $+5\text{V}\pm\varepsilon$ 表示 1，$-5\text{V}\pm\varepsilon$ 表示 0，ε 大于或等于 0。当信号受到干扰且干扰信号的能量小于 ε 时，系统都可以正确地还原数据 1 和 0。与模拟信号相比，数字信号在传输过程中具有更高的抗干扰能力，更远的传输距离，且失真幅度小。数字信号还可以通过压缩技术，减少带宽占用，实现在相同的带宽内传输更多、更高的音频、视频等数字信号的效果。此外，数字信号还可用半导体存储器来存储，可直接用于计算机处理。

图2.2所示的数据传输模型中，发送端产生信号，因此又称信源；接收端是信号的归宿，因此又称信宿。收、发两端的计算机处理的都是二进制信息，收、发的自然也就是数字信号。在互联网建设的早期，为了节约基建成本，借助现成的电话网络来传输数据，而早期电话网络只能传输模拟信号。于是，发送端就要先进行“数模转换”，也就是把数字信号转换成模拟信号。类似地，接收端需要做“模数转换”，把模拟信号转换成数字信号。

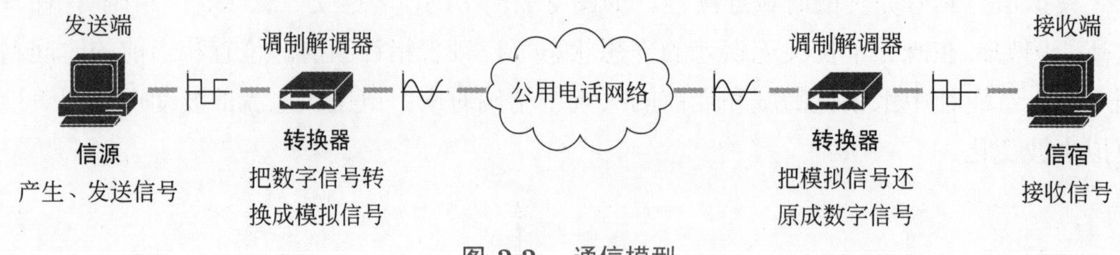

图 2.2 通信模型

发送端和接收端使用数字信号，中间的公用电话网络则使用模拟信号，信号在传输过程中要经过多次转换（数模/模数转换）才能到达对方。用户利用键盘输入的信息，依次从高到低经过 OSI 参考模型各分层，最终变成电信号从计算机网卡发送出去。电信号从计算机网卡发送出去时是数字信号，经过调制解调器后变成模拟信号，该过程称为调制。在接收端，模拟信号被调制解调器解调，还原为数字信号传送给计算机。计算机接收到数据后，按照 OSI 的规范依次从第一层到第七层对数据进行解封装操作，最终还原出原始的数据。

信号调制和解调是为了兼容早期模拟系统不得已采用的技术方案，因为早期的电话系统都使用模拟信号进行通信。在数字信号系统出现之前，传统模拟电话系统的基础设施都已经建设完毕。如果重新架设数字信号的基础通信设施是一项费时费力的工程，为了节省基础设施的费用，科学家研发了调制解调器（modem）。

调制解调器，俗称猫，是一种可以在模拟信号和数字信号之间进行翻译的设备。发送数据时它负责对计算机信号进行调制，把数字信号转换为模拟信号；接收数据时它负责对模拟信号进行解调，把模拟信号转换为数字信号。

2.2 传输方式

信号在信道上的传输方式可以分为单工通信、半双工通信和全双工通信三种，如图2.3所示。单工通信时，双方使用同一条信道进行通信，如果双方同时发送信号，信号会在信道发生碰撞，彼此都会被破坏，因此，单工通信系统要求发送方只能发送数据，接收方只能接收数据。半双工通信时，虽然双方也只有一条信道互联，但是添加了通信规则，左边设备发送数据时，右边只能接收；右边设备发送数据时，左边只能接收，同一设备的收、发操作不能同时进行。因此，半双工通信系统可以实现数据双向传输，但是同一时刻只能有一个方向的数据传输。全双工通信时双方有两条信道互联，发送数据使用第一条信道，接收数据使用第二条信道，发送数据和接收数据互不影响，设备的收、发操作可以同时进行。

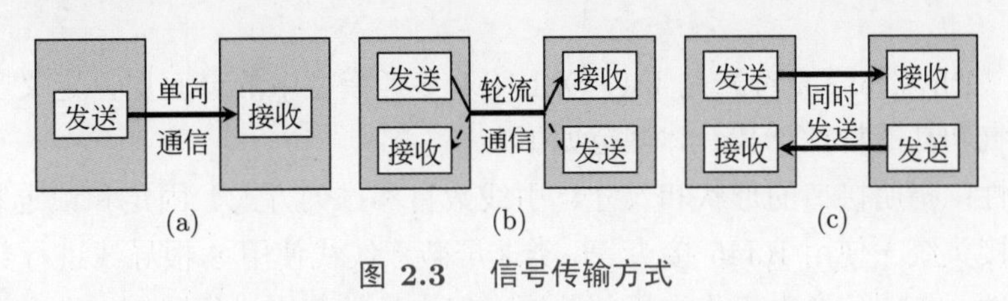

图 2.3 信号传输方式

(a) 单工通信；(b) 半双工通信；(c) 全双工通信

2.2.1 单工通信

单工通信方式的数据传输是单向的。通信双方中，一方固定为发送端，另一方则固定为接收端。信号只能沿一个方向传输，使用同一根传输线。单工通信的典型应用就是电台广播，其信号只能从电台的发射塔发出，通过无线发送给收音机。收音机是信号的接收器，它只能接收信号，不能向发射塔发送信号。家庭使用的电视机也是以单工通信方式工作的，信号只能从电视台通过线缆传输到电视机，信号的方向是单方向的，也不能反向传输。

2.2.2 半双工通信

半双工通信系统中的主机集成了发送模块和接收模块，双方使用同一根传输线，既可以发送数据又可以接收数据，但不能同时进行发送和接收。如果双方同时发送数据，数据会在共享信道中相遇，然后发生碰撞，碰撞后双方的信号都会遭到破坏，接收器无法识别数据。半双工通信是单工通信的改进，它在不增设信道的条件下实现了双向通信，节省了网络基础设施的建设成本，是网络通信的一个重大进步。半双工通信的典型代表设备是对讲机，当一方发送数据的时候，另一方只能接收。如果双方同时发送信号，信号会在传输信道中，相互碰撞，最终是谁都听不到对方的讲话内容。

在半双工通信系统中，如果一方长时间占用信道，会导致另一方无法发送数据，只能接收。也正是因为这个原因，电话系统没有使用半双工方式进行通信，而是选择全双工方式通信。

2.2.3 全双工通信

全双工通信系统允许通信双方同时发送数据。在全双工通信中，通信双方都具有发送和接收功能，且双方有两条信道互连。双方的发送设备均与对方的接收设备互联，双方信号在不同的信道单向传输，不会发生冲突。电话系统使用的就是全双工通信，电话有两根线，一根是听筒线，另一根是话筒线。一方的听筒连接另一方的话筒。计算机也采用全双工通信方式，在 100Mb/s 的网络中，计算机使用网线中的 4 根进行通信，其中两根用来发送数据，另外两根用来接收数据。在 1000Mb/s 的网络中，计算机使用 8 根导线进行通信，其中 4 根用来发送数据，另外 4 根用来接收数据。

2.3 物理层介质

物理层（Physical Layer）是 ISO OSI-RM 参考模型中的最底层，定义了传输介质的机械、电气和功能特性，其具体规范如下。

机械特性：指明接口的形状和尺寸、引线数目和排列方式、固定和锁定装置等。例如，网络的接头统一使用 RJ45 接头，6 类非屏蔽双绞线使用 8 根导线进行数据传输。

电气特性：指明信道上工作电压的范围。对电压的范围进行限制，有利于不同类型设备互连。如果不限定电压的范围，一方的电压超过另一方的承受能力，就有可能损坏设备。

功能特性：指明某条线上电压表示的意义。例如，有些系统中认为高电压表示信号 1，低电压表示数据 0；当然也可以使用相反的规则，低电压表示 1，高电压表示 0。为了不产生歧义，需要对这些规则进行统一。

信道是信号传输的通道，包括有线和无线两大类。有线介质主要有同轴电缆、双绞线、光纤；无线传输信道主要包括红外、WiFi、微波等。根据香农定理可知，频率越高，传输速度就越高。图2.4所示是不同信道的工作频率分布，其中，光纤的工作频率高于双绞线的，可以达到 10^{14}Hz，其传输速度也高于双绞线的传输速度。在家庭环境中，光纤

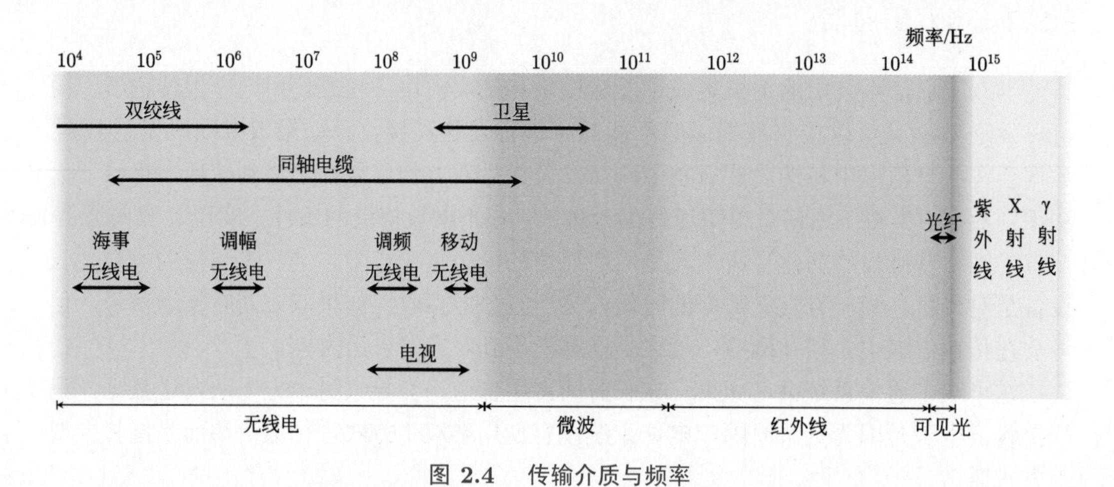

图 2.4 传输介质与频率

的传输速度可以达到 1Gb/s，是家庭宽带上网常用的传输介质。

2.3.1 有线介质

1. 双绞线

双绞线（twisted pair）是由绝缘导线按照一定规则互相缠绕而成的一种网线。网线相互绞在一起，可以降低信号之间的干扰。通常使用高电压表示 1，使用低电压表示 0，传输二进制数据 1、0 串时，介质中信号电压不断变化，会在导体周围形成感应磁场。感应磁场会在导线中形成感应电信号，感应电信号和正常信号在导线中叠加会造成信号叠加，干扰和破坏正常的信号。

图2.5所示为双绞线磁场相互抵消的原理示意图。图中的圆表示绞在一起的两根导线的横截面图，圆中的符号 • 和 × 表示导线中的电流方向，箭头表示感应磁场方向。左边导线中的电流方向为流出，根据电磁感应的右手定律可以确定感应磁场的方向为逆时针方向。右侧导线中的电流方向为流入，根据右手定律可以确定感应磁场为顺时针方向。这两个感应磁场的方向相反，因此可以互相抵消，从而减少了电磁干扰对其他导线的干扰。

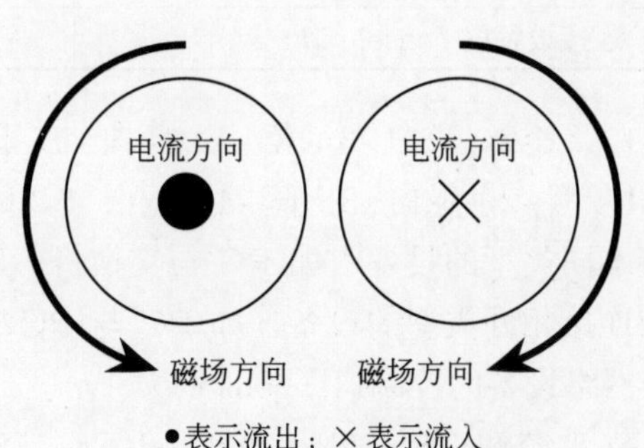

图 2.5 双绞线感应磁场示意图

将电流相反的两根导线绞在一起，让两根导线的磁场尽量靠近。由于磁场方向相反，它们之间可以互相抵消，从而减少信号之间的干扰。如果相邻的两根导线中电流的方向是相同的，那么它们的感应磁场不但不会抵消，反而会互相增强，增加干扰。为了保证绞在一起的导线中电流方向相反，制作网线时必须遵守网线制作标准。

美国电子工业协会/美国电信工业协会（EIA/TIA）制定了两种线序标准 EIA/TIA-568A（简称 568A）和 EIA/TIA-568B（简称 568B），如图 2.6 所示。双绞线的颜色共有 8 种颜色，包括绿、白绿、蓝、白蓝、橙、白橙、棕和白棕，其中白绿是白色和绿色交替出现的导线，白蓝是白色和蓝色交替出现的导线，白橙是白色和橙色交替出现的导线，白棕是白色和棕色交替出现的导线。

常用的网线有 3 种：直通线、交叉线和反转线，如表 2.1 所示。制作直通线时，网线的两端都应该是 568B 线序。制作交叉线时，网线一端是 568B 线序，另一端是 568A 线序。制作反转线时，网线一端是 568B 线序，另一端是 568B 线序的逆序[2]。

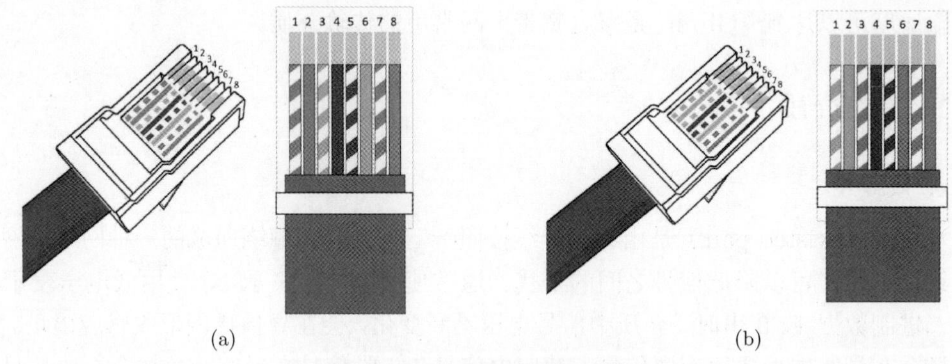

(a) (b)

图 2.6 EIA/TIA 网线标准

(a) 568A；(b) 568B

表 2.1 双绞线与设备

网线类型	用途	制作标准
交叉线	相同类型的设备 （主机—主机）	568A - 568A 或者 568B - 568B（推荐）
直通线	不同类型的设备 （主机—交换机，主机—路由器）	568A - 568B
反转线	连接设备的 console 口	568B - 568B 逆序

标准 568A： 绿白 -1，绿 -2，橙白 -3，蓝 -4，蓝白 -5，橙 -6，棕白 -7，棕 -8

标准 568B： 橙白 -1，橙 -2，绿白 -3，蓝 -4，蓝白 -5，绿 -6，棕白 -7，棕 -8

直通线一般用来连接不同类型的设备，如 PC 与交换机、PC 与路由器、交换机与路由器。交叉线通常用来连接相同类型的设备，如 PC 与 PC、交换机与交换机。反转线主要用来连接计算机与网络设备的控制口（console）。

常用的双绞线有屏蔽双绞线（Shielded Twisted Pair，STP）和非屏蔽双绞线（Unshielded Twisted Pair，UTP）。普通家庭用户和小型局域网传输距离近，电磁干扰较少。因此，通常使用非屏蔽双绞线非屏蔽双绞线能够满足近距离通信需求且制作成本较低。如果网络环境中电磁干扰比较强烈，则应该选择屏蔽双绞线，屏蔽外部的电磁干扰，保证数据传输的质量。

屏蔽双绞线由 4 对线互相缠绕而成，如图 2.7(a) 所示，其导线的外面有一个金属的屏蔽层。双绞线外的金属层能够屏蔽外部的电磁干扰，减少外部信号对导线中信号的干扰。屏蔽层提高了信号的抗干扰能力，但是制作成本较高。

非屏蔽双绞线如图 2.7(b) 所示，它广泛用于以太网（局域网）和电话线中。UTP 和 STP 的区别是，UTP 去掉了屏蔽套管。虽然减少了屏蔽层保护，信号容易被干扰，但是 UTP 的制作成本低。在干扰较小的环境中和传输距离较短的环境中，使用 UTP 同样能达到传输的效果，并且能够降低信道成本。

双绞线中的导线使用铜制作，具有一定的电阻，电信号在双绞线中传输时会衰减。随着传输距离增加，电阻增加，信号衰减加剧。当传输距离达到一定长度时，信号将会衰减到无法识别的程度。经过测试发现，普通双绞线的最大传输距离是 100m。当双绞

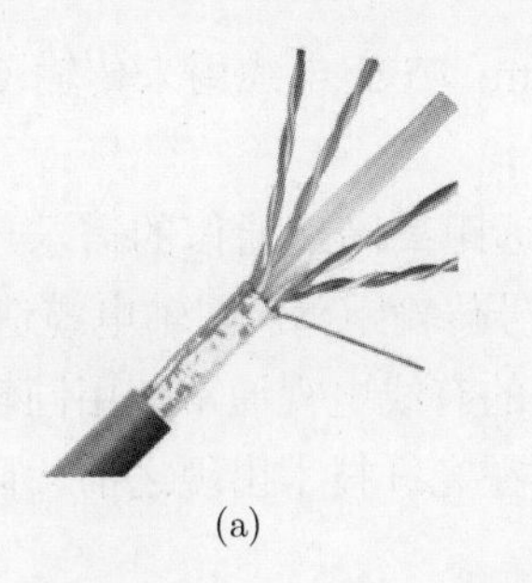
(a)

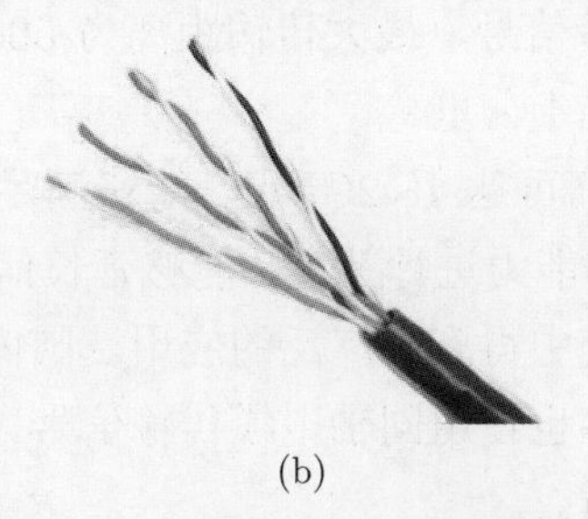
(b)

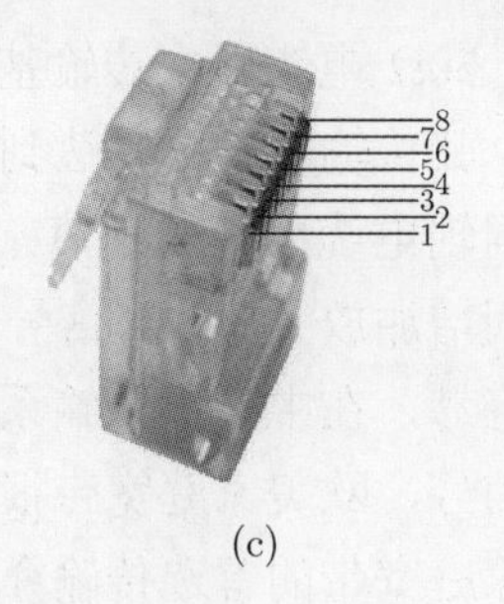

(c)

图 2.7 双绞线和 RJ45 接头

(a) 屏蔽双绞线（STP）；(b) 非屏蔽双绞线（UTP）；(c) RJ45 接头

线长度超过 100m 时，信号无法被正确识别；当距离超过 100m 时，建议不要使用双绞线连接网络，推荐使用光纤进行互连。普通家庭、小型机房和办公室面积都不大，距离通常都不超过 100m，因此双绞线适合在这些环境中使用。选择传输介质时可以参考表2.2。

表 2.2 网线选择

传输距离	电磁干扰	最佳传输介质
> 100m	无	光纤
⩽ 100m	干扰大	STP
	干扰小	UTP

5 类 UTP 是最常用的非屏蔽双绞线，它由 8 根导线组成。但是 100Mb 网络只使用了其中 4 根，2 根用来发送数据，2 根用来接收数据，剩余的 4 根没有使用。在 1000Mb 网络中 8 根都被使用，其中 4 根用来发送数据，4 根用来接收数据。目前多数的办公网络和家庭网络都是 100Mb 网络，网络速率不高且传输距离比较短，厂家制作了只有 4 根导线的 UTP，不仅满足了近距离低速传输的需求，而且降低了成本，这类网线适合在学生宿舍、小型办公室使用。

2. 同轴电缆

同轴电缆 (coaxial) 指导体和屏蔽层共用同一轴心的电缆，常见的同轴电缆结构如图2.8所示，从内到外共有 4 层：中心铜线（单股实心线或多股绞合线）、塑料绝缘体、网状导电层和外部保护层。信号经过导体传播时，会在导体周围产生电磁信号，电磁信号穿透导线向外扩散，会造成能量损失，导线越长能量损失越大。在铜线外面包裹一层金属，不仅能有效减少能量损失[3]，而且还能够屏蔽外部电磁对正常信号的干扰。

图 2.8 同轴电缆

目前，广泛使用的同轴电缆有两种，一种是 50Ω 电缆，用于数字传输，由于其多用于基带传输，因此又称基带同轴电缆；另一种是 75Ω 电缆，用于模拟传输，即宽带同轴电缆。50Ω 电缆用来传输基带信号，最大传输距离为 500m。75Ω 电缆用来传输 CATV 信号，其传输距离可以达到几十公里。

同轴电缆的传输速度最高可达 1~2Gb/s，能够满足远距离高速通信的需求。在信道中间增加放大器，对信号的能力进行补充，能够延长信号传输距离。同轴电缆造价低、施工容易，在中、小传输系统中得到了广泛的应用。国内的有线电视通常使用同轴电缆传输信号，欧美家庭宽带很多也使用同轴电缆传输信号。在光纤技术出现之前，同轴电缆是家庭宽带的首选传输介质。

3. 光纤

光纤是光导纤维的简称，它是一种光传导介质。通常使用激光作为光源传输信号，接收端需要使用光敏组件检测光脉冲变化，将光信号转换为电信号交给计算机使用。光信号在纤维中传输的损耗比电信号在电线中传导的损耗低很多，因此光纤传输的距离更远。光纤的主要原料是硅，由于硅蕴藏量大，开采容易，因此价格便宜。由于能量损失小、传输距离远和价格便宜等特点，光纤在很多场合已经取代其他低效的传输介质，被大规模的使用。

光纤分为多模光纤和单模光纤两种，如图2.9所示。多模光纤的纤芯较粗、直径较大（50μm 或者 62μm）。它可以同时传输多个信号[4]。单模光纤纤芯较细，直径较小（7.5~9.5μm），一次只能传输一个光信号。单模和多模的主要区别在于是否能够同时传输多个光信号。

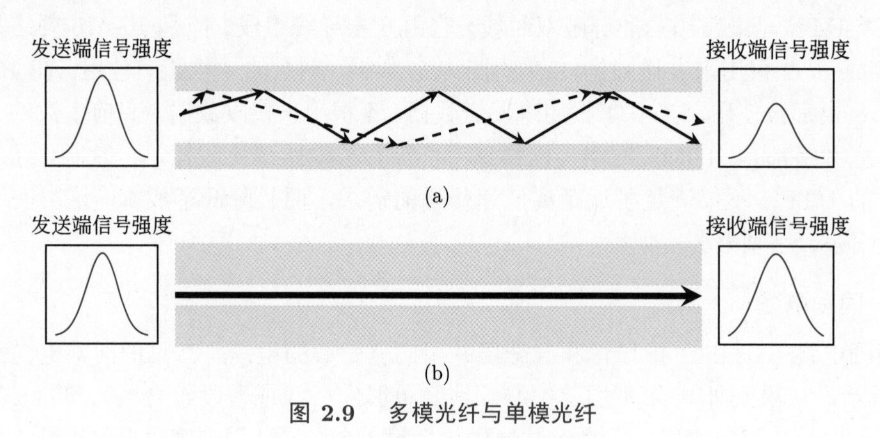

图 2.9　多模光纤与单模光纤

(a) 多模光纤；(b) 单模光纤

虽然多模可以同时传输多个光信号，但是，多模光纤的能量损失比单模光纤大，在 3000ft（1ft ≈ 0.3m）的距离下，多模光纤的 LED 光信号损失大约是 50%，同样距离下，单模光纤的信号损失仅为 6.25%。随着单模光纤成本降低和技术发展，科学家发明了新方法，能够在单模光纤中同时传输多个光信号。科学家在一根单模光缆上，可以同时传输 64 个不同的光信号，合计总带宽达到 40Gb，传输距离约长达 4570km。

多模光纤中不同的光信号按照不同的入射角进入光纤，然后在纤芯的上下壁之间来回反射，向前传输，如图2.9(a) 所示。单模光纤由于线芯特别细，信道只能容纳一路光信号通过，如图2.9(b) 所示。多模光纤中，信号被反射传输，经过的实际距离大于信号的位移，信号能量损失较大。单模光纤中信号几乎沿着直线传输，信号实际传输距离几乎等于信号位移，能量损失小。图2.9中，左侧波形表示发送端信号的强度，右侧波形表示接收端的信号强度。多模光纤中信号衰减明显，能量损耗大。单模光纤中信号几乎没有衰减，能量损耗小。

在实际应用中，传输距离是选择多模或单模的主要依据。如果距离小于 10km，可以选择多模光纤，因为多模光纤的发射器和接收器相对便宜。如果距离大于 10km，可以选择单模光纤，因为单模光纤可以不需要中继设备，总体成本低。如果将来的业务需要更大的传输带宽和传输速度，也应该选择单模光纤。

近几年光纤传输技术不断发展，光纤传输距离不断提高。2013 年 OFC 会议 ①上，贝尔实验室的 R. Rfy 和 S. Randel 等利用单模光纤实现了 177km 的信号传输，利用复用技术实现了主干 800Gb/s 的传输速度[5]。在 2014 年 OFC 会议上，日本电信公司（NTT）研究人员使用多模光纤实现了 40.4km 的信号传输[6]。随着网络技术的不断发展和光纤成本的降低，光纤已经成为目前网络的主要传输介质。中国移动、中国联通和中国铁通等公司已经开展了光纤到户的家庭宽带服务，普通家庭用户的网络带宽可以达到 1000Mb/s。

2.3.2 无线信道

无线信号可以通过大气和外层空间进行传输，其传输分为定向和全向两种方式。使用高频无线信号传输数据时，其传输方向通常都是定向的。例如，卫星通信、远距离基站通信都属于定向传输。使用频率低的无线信号传输数据时，其传输方向是全向的。例如，局域网 WiFi 是一种频率相对较低的信号，它的工作频率约是 2.4GHz，频率较低，使用该频率发送数据时，数据会进行全向传输。

WiFi 是家庭网络使用最广泛的无线传输技术，它可以用来承载各种形式的数据，如可以拨打电话、浏览网页、收发电子邮件、下载音乐、传递数码照片等。与早期应用于手机上的蓝牙技术不同，WiFi 具有更大的覆盖范围和更高的传输速度，因此当 WiFi 出现后，无线技术很快成为了无线网络通信的主流。

2010 年，WiFi 在中国的普及率进一步提高，宾馆、住宅区、飞机场及咖啡厅等区域几乎都提供了 WiFi 接入服务。为了吸引顾客，很多商家还对客人提供免费的 WiFi 服务，有些商家甚至在公共区域也为用户提供免费 WiFi 服务。

2.4 编码与调制

前面说过，网络通信就是要把一大堆的 0 或者 1 传输给（也许不那么）远在天边的另一台（或多台）计算机。怎么传呢？办法总比问题多，比如，我们可以利用电线向对方发送高、低电平（电压），用高电平（+5V）代表 1，用低电平（−5V）代表 0；或者

① OFC 会议：Optical Fiber Communication Conference（光纤通信会议）。目前 OFC 已被公认为光通信领域中全球规格最高、规模最大、历史最悠久、专业性最强、影响力最大的国际会议。

发送长短不一的电平，用 1s 长的高电平代表 1，用半秒长的高电平代表 0；再或者我们不用电线，而用电灯，红灯代表 1，绿灯代表 0；我们还可以唱歌，高音代表 1，低音代表 0……办法实在是太多了，而且可以很浪漫。所有这些办法的本质就是把数据转换为信号，以便传输。将数据转换为信号的过程就是“编码”，数据经过编码之后就可以在信道上传输了。到达目的地之后，接收端再把收到的信号转换（或者说翻译、解读）成数据，这一过程刚好和编码相反，称为“解码”。想象很浪漫，现实很骨感，还没听说哪两台计算机能以对山歌的形式传输数据。目前，计算机之间传输的主要还都是高、低、长、短不一的“电信号”，也就是用不同的电压、电流、频率、相位来表达信息。

数据经过计算机编码后都是数字信号，该信号在计算机之间可以直接进行传输。但是，由于传统的电话网络传输的是模拟信号，因此计算机的数字信号不能直接在电话网络中传输。为了同时兼容计算机网络和电话网络，节省远距离主干网络建设成本，人们在计算机网络和电话网络连接处增加了一个翻译设备。当信号从计算机网络流向电话网络时，该设备负责把数字信号转换为模拟信号，这个转换过程称为调制，当信号从电话网络流向计算机网络时，该设备负责把模拟信号转换为数字信号，这个过程称为解调。

2.4.1 数字编码

数字编码指把数据转换成数字信号的过程，常见的数字编码方法有不归零编码、不归零反转编码、曼彻斯特编码和差分曼彻斯特编码等。不归零编码和不归零反转编码的原理相对简单，容易理解，但是，解码时需要额外的同步信号，曼彻斯特编码的编码规则相对复杂，但是编码后的信号抗干扰能力较强。图2.10是常见数字编码的波形图，对比 4 种不同的数字编码方法，可以明显地看到，传输同样的数据 10110010，不归零反转编码的电压变化次数最少，曼彻斯特编码的电压变化次数最多。这意味发送相同的数据时，曼彻斯特编码技术对处理速度的要求更高。

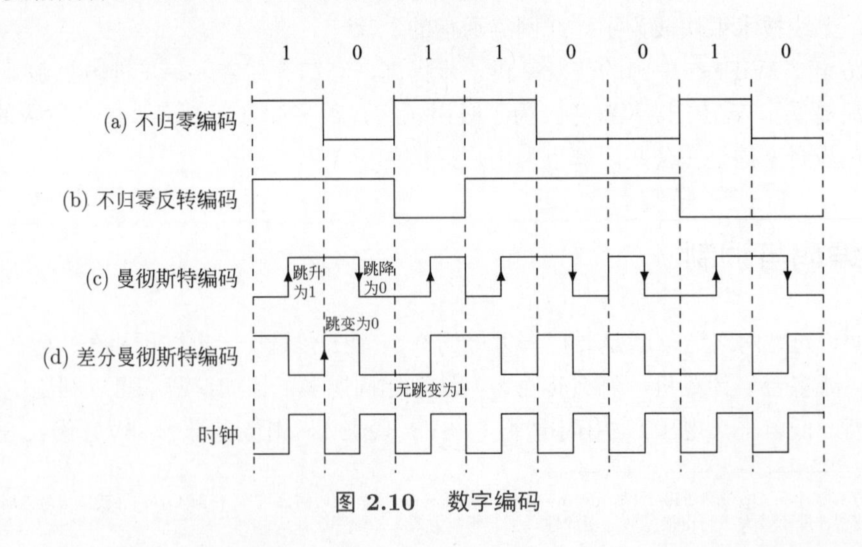

图 2.10 数字编码

1. 不归零编码

不归零编码（Non-Return to Zero，NRZ）是一种二进制信号编码方式，它采用高、低两种电平值来表示逻辑 1 和 0，通常 +5V 表示 1，−5V 表示 0，零电平（0V）代表没有数据。如图2.10(a) 所示，所有的 1 都用高电平表示，所有的 0 都用低电平表示。

使用 NRZ 发送数据时，收发双方使用的时间槽（time slot，又称时钟周期）必须相同。发送方一个时间槽内发送一个比特数据，接收方根据时间槽长度可以识别数据的数量。例如，当时间槽是 1ns 时，发送方连续发送 20ns 的高电平，就意味着它发送了 20 个 1。如果双方的时间槽不一致，例如，发送方的时间槽是 1ns，而接收方的时间槽是 2ns，那么发送方连续发送 20 个 1，就需要连续发送 20ns 的高电压，但是，接收方认为每 2ns 是一个数据，它只能解析出 10 个二进制数。发送方发送的数据和接收方接收到的数据不一致，数据传输错误。这个例子说明，同步时间槽在 NRZ 编码中非常重要。为了让双方的时钟频率保持一致，通常使用额外的信道来传送时钟信号，让双方的时间槽保持一致。这种方法虽然解决了时间槽同步问题，但是增加了通信成本。

时间槽也可以通过特殊的数据串来进行同步。例如，在发送数据之前，发送方先发送一个双方约定的同步比特串给接收方，接收方使用不同长度的时间槽对信号进行解析，能够正常解析出同步串的时间槽就是发送方的时间槽。接收方在后续数据解析时使用该时间槽进行解析，就可以保证数据正常解析和接收。例如，同步比特串为 10101010，接收方尝试使用若干不同的时间槽 $n_1, n_2, \cdots, n_m$ 解码该比特串，在时间槽为 n_i 时，正确解析出了 10101010，那么 n_i 就是发送方采用的时间槽。接收方就可以将自己的时间槽也设定为 n_i。

不归零编码虽然原理简单，但是如果连续发送多个 1 或者 0 时，电平长时间保持不变，时间槽会产生基线漂移，数据的起止位置和时钟之间出现偏差，从而导致数据解码错误。因此，不归零码传输系统中需要定期地进行同步操作，以此纠正基线漂移带来的误差。这些额外的同步信号会降低信道的有效传输率。

2. 不归零反转编码

不归零反转编码（Non-Return to Zero Inverted，NRZI）是 NRZ 的改进版本。使用该编码时，电平跳变代表 1，电平不跳变代表 0（反过来用跳变代表 0，不跳变代表 1 也可以）。图2.10 (b) 中，第 1 个时间槽和前一个时间槽的电平相比较，电平发生了跳变，所以该信号表示的数据是 1，第 2 个时间槽与第 1 时间槽的电平比较，电平没有变化，其代表数据 0。第 3 个时间槽和第 2 个时间槽的电平相比较，电平有跳变，第 4 个时间槽和第 3 个时间槽的电平相比较，电平都发生了跳变，因此第 3 个信号和第 4 个信号表示的数值都是 1。后续以此类推。

基线漂移指接收端解释数据时使用的开始位置和发送端发送数据的开始位置不一致，信号开始位置发生错位的现象。如果极限漂移过大，信号就不能正常解析。接收端通过检测电平的变化，可以解析出信号的基线，正确识别每一个信号的开始位置和结束位置。使用不归零反转编码连续发送多个 1 的时候，不归零反转码的电平会连续跳变，接收方可以及时的识别变化，矫正和同步接收端的时钟频率，避免了不归零编码中连续发送多个 1 造成的基线漂移问题。但是，当发送方连续发送多个 0 的时候，不归零反转编码的电平长时间保持不变，基线漂移问题仍然存在。

3. 曼彻斯特编码

如前文所述，如果信号电平长时间不变化，接收端就会产生基线漂移问题。如果信号电平经常变化，接收端就可以经常对基线进行矫正，就能避免信号基线漂移产生的错误识别问题。曼彻斯特编码（Manchester encoding）的每一个信号中间都有一次电平变化，不存在长时间电平不变化的情况，能够解决基线漂移问题。

曼彻斯特编码每个比特的中间都有一个跳变，不同的跳变方向表示不同的数据。IEEE 802.3 和 802.4 中规定，电平跳升 (↑) 表示 1，跳降 (↓) 表示 0。如图2.10(c) 所示，第 1 个信号的中间位电平跳升，该信号表示的数据是 1。第 2 个信号的中间位电平跳降，该信号表示的数据是 0。第 3 个信号中间位电平跳升，表示数据为 1，后续信号以此类推进行解析。

曼彻斯特编码中连续发送相同数据时，信号电平变化的间隔小，发送不同数据时，信号电平变化的间隔大。例如，连续发送数据 1 或者数据 0 时，电平变化的间隔是半个信号时间。发送数据 1 和 0 或者 0 和 1 时，电平变化的间隔是 1 个信号时间。接收方通过检测信号电平变化的间隔可以计算出发送方的时间槽，同步接收端的时钟频率。曼彻斯特编码的信号具有自同步功能，一个信号不仅可以用来传输数据，而且还能够进行时钟同步，也解决了基线漂移问题，因此该编码方法使用较广。

曼彻斯特编码也具有较好的抗干扰能力。因为曼彻斯特编码使用信号中间的电平变化表示数据，想要干扰曼彻斯特信号，就只能在信号中间位置干扰信号的电平，对电平方向和时间都有严格要求。普通的噪声是随机噪声，信号能量变化没有规律，难以在特定的时间对信号进行干扰，因此该编码信号抵抗随机噪声干扰的能力较强。

4. 差分曼彻斯特编码

差分曼彻斯特编码（differential Manchester encoding）是曼彻斯特编码的改进版本[①]。和曼彻斯特编码一样，差分曼彻斯特编码信号的每一个信号也都有一次电平跳变。但是，它们解析数据的规则不一样，曼彻斯特编码通过信号中间位置电平跳变方向解析数据，而差分曼彻斯特编码是通过检测信号开始位置电平的变化来解析数据。差分的英文是 different，其本意指两个信号的差别。如果两个信号的电平都是高电平或者都是低电平，它们之间的差值为零，没有差别。如果一个信号是高电平另外一个信号是低电平，它们之间的差不为零，它们是有差别的。差分曼彻斯特编码和不归零反转编码有些类似，如果信号的电平在开始位置发生变化，表示数据 0，如果信号的电平在开始位置没有发生变化，表示数据 1。如图2.10(d) 所示，第 2 个信号的开始位置，电平从低变为高，发生了变化，表示第 2 个数据是 0；第 3 个信号的开始位置，电平没有发生变化，表示第 3 个数据是 1；第 4 个信号的开始位置，电平没有变化，表示第 4 个数据同样是 1，其他信号依次进行解析。

---

① 差分曼彻斯特编码：所谓“差分”就是两个电平的差值。差值有 0 和非 0 两种取值，分别对应二进制数据 1 和 0。NRZI 和差分曼彻斯特编码都属于“差分编码”（differential encoding）。

差分曼彻斯特编码和曼彻斯特编码一样，都具有自同步功能，都解决了基线漂移问题。但是，差分曼彻斯特编码和曼彻斯特编码的传输效率较低。如图2.10所示，传输 8 个比特数据，曼彻斯特码的电压需要变化 10 次，差分曼彻斯特码电压变化 11 次。然而不归零码只需要变化 5 次，不归零反转编码只需要 4 次。因此，差分曼彻斯特编码的编码效率较低。虽然编码效率低，但是由于信号跳变次数多，信号同步精度更高，出现基线漂移的可能性更小，编码和解码时出错的可能性更小。

5. 4B/5B 编码

NRZ 与 NRZI 编码虽然传输效率很高，但时钟不易同步，而且存在基线漂移问题。曼彻斯特编码和差分曼彻斯特编码解决了时钟自同步和基线漂移问题，但是，它们的传输效率较低。4B/5B 编码最初是对 NRZI 编码的一个改进，用来解决传输连续多个 0 时，电平长时间不变化带来的基线漂移问题。

4 比特有 $2^4 = 16$ 种组合，5 比特有 $2^5 = 32$ 种组合。从 32 种 5 比特组合中筛选 16 种连续 0 较少的组合用来表示所有的 4 比特数据，然后使用不归零反转编码进行传输，就是 4B/5B 编码。发送方把待发送的数据每 4 比特划分一组，每一组都按照表2.3中的规则转换成 5 比特，经过转换后的组合不会出现连续的 3 个 0，避免了不归零反转编码中连续的 0 所造成的基线漂移问题。表2.3所示为 4B/5B 编码的转换字典，可见每 5 比特中至少有两个 1，意味着每发送 5 比特数据，信号电平至少有两次变化，避免了电平长时间不变的情况。即使是最坏情况，0 的连续出现的次数最多也是 3 次，电平不会长时间不变化。例如，输入数据是 10000000，经过 4B/5B 编码后数据是 1001011110，中间有 3 个连续的 0，期间信号电平保持不变，即使期间发生信号基线漂移，其影响的范围也比较小。

表 2.3　4B/5B 编码表

数据	4B/5B 编码	数据	4B/5B 编码	字符	4B/5B 编码	描述
0000	11110	1000	10010	H	00100	Halt
0001	01001	1001	10011	I	11111	Idle
0010	10100	1010	10110	J	11000	Start #1
0011	10101	1011	10111	K	10001	Start #2
0100	01010	1100	11010	Q	00000	Quiet
0101	01011	1101	11011	R	00111	Reset
0110	01110	1110	11100	S	11001	Set
0111	01111	1111	11101	T	01101	End

采用 4B/5B 编码传输数据时，信道传输效率是 $4/5 = 80\%$，比曼彻斯特编码和差分曼彻斯特编码高约 50%。

2.4.2 调制与解调

计算机只能处理数字信号，而传统电话网络使用模拟信号，两者信号形式不一样。

计算机远距离通信时要么重新进行基础通信建设，要么对信号进行转换后在已有的电话网络中传输。显然，利用传统的电话网络传输网络信号，成本更低，也避免了资源浪费和重复建设。发送数据时，需要把数字信号转换为模拟信号，这个过程称为调制（modulation）。接收数据时，需要把电话网络中的模拟信号转换为计算机可以识别的数字信号，这个过程称为解调（demodulation）。调制和解调是两个相反的转换过程，一个在发送数据时使用，另一个在接收数据时使用。计算机是全双工设备，不仅要发送数据还要接收数据，因此需要一个既能进行调制操作，又能进行解调操作的设备来辅助进行远距离信号传输。调制解调器（modem），俗称“猫”，是同时具备调制和解调功能的设备。它是计算机和广域网之间的设备，计算机对外发送数据时，它负责把计算机发出的数字信号转换成模拟信号，然后送入电话网中传输；接收数据时，它负责把模拟信号转换成数字信号，再传送给计算机（见图2.2）。

常见的调制方法主要有三种：调幅、调频和调相。调幅利用不同的振幅表示数据 0 和 1，调频使用不同的频率表示数据 0 和 1，调相使用信号的相位表示数据 0 和 1。

1. 调幅

调幅（Amplitude Modulation，AM）使用不同的振幅来分别表示 1 和 0。如图2.11所示，调幅使用大振幅表示数据 1，使用 0 振幅表示数据 0。调幅通常使用中波信号，其工作频率为 530~1600kHz，信号传输距离较远。但是，调幅信号的抗干扰能力较差，信号和噪声叠加后，信号的振幅会发生较大的变化，会造成数据解析错误。早期的广播电台多采用调幅信号，收音机中 AM 波段使用的也是调幅信号。信号音质较差且经常中断，还会出现吱吱的杂音，信号经常被干扰，信号抗干扰能力差。

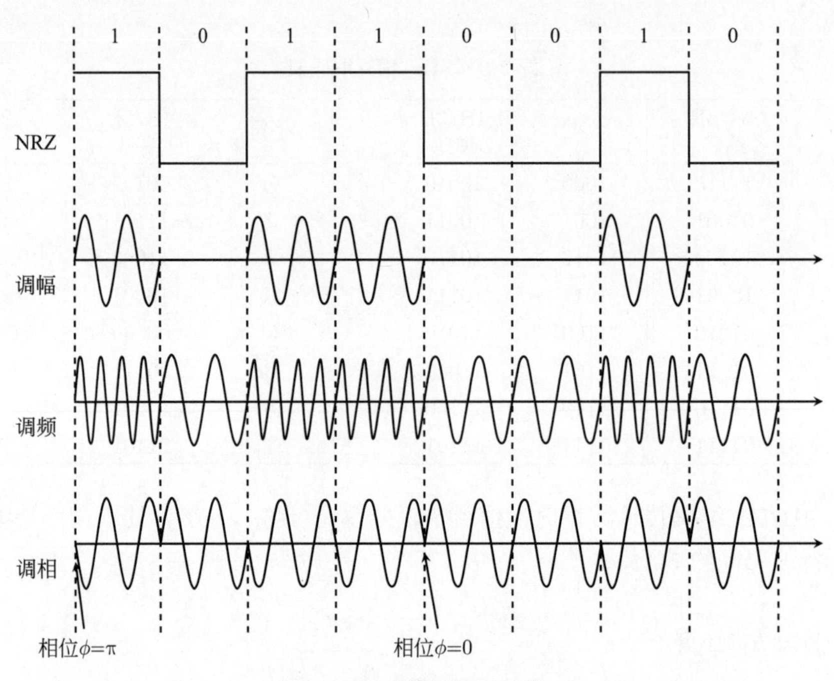

图 2.11 模拟信号调制

2. 调频

调频（Frequency Modulation，FM）是利用不同的频率来表示 0 和 1 的调制方法。如图2.11所示，信号频率高，单位时间内信号变化次数多，波形密集，表示逻辑 1。信号频率低，单位时间内信号变化次数少，波形稀疏，表示数据 0。

与调幅信号相比，调频信号具有较好的抗干扰能力。常见噪声的频率都是随机的，噪声的频率与信号频率通常都不相同，因此难以干扰信号。调频技术被广泛应用于立体声广播和电视中，多数情况下信号的质量都能得到保证，噪声较少。

3. 调相

调相（Phase Modulation，PM）采用不同的相位①表示数据 0 和 1。信号开始时的相位是 π，表示数据 1。信号开始时的相位是 0，表示数据 0。如图2.11所示，第 1 个信号开始位置的相位是 π，表示数据 1；第 2 个信号开始位置的相位是 0，表示数据 0；第 3 个信号开始位置的相位是 π，表示数据 1，其他信号的解析过程以此类推。

调相技术通过信号开始时的相位解析数据，常见的噪声主要干扰振幅，很难干扰相位，因此，调相信号的抗干扰能力最强。但是，调相技术实现复杂，设备成本较高，因此，只用于对抗干扰要求较高的特殊场合，如军事通信领域。

2.5 脉冲编码调制

脉冲编码调制（Pulse-Code Modulation，PCM）是一种把模拟信号转换成数字信号的方法，语音数字化是 PCM 编码调制的典型应用。PCM 调制依次对模拟信号进行抽样、量化、编码，最后使用编码技术将其转换为数字信号。使用 PCM 转换模拟信号时，如果采样频率低，会造成信号失真。如果量化的数据极少，也会造成信号失真。为了提高信号的保真度，可以使用较高的采样频率和较大的量化级数。

PCM 编码主要包括三个过程：采样、量化和编码[7]。采样是对模拟信号进行周期性扫描，提取样点位置的信号值，得到的是一组离散的信号值。采样频率和信号保真度成正比。采样频率越高，信号保真度越高，采样的频率越低，信号保真度就越低。量化是把经过采样得到的离散数值进行数字化，即把采样数据用指定长度的数据位进行表示，由于存储器容量限制，因此量化过程中数值会被四舍五入，以保证符合存储器的要求。由于对数据进行了取舍，因此量化也会产生误差，导致信号失真。编码是用固定长度的二进制数表示量化后的数值，把数值变为固定长度的比特串。

2.5.1 采样

采样是对模拟信号进行周期性扫描，把时间上连续的信号变成时间上离散的信号。采样需要遵循奈奎斯特采样定理，通常要求采样的频率满足式(2.1)的要求，采样频率

① 相位：在信号系统中，相位（也称为相角）指波形的运行方向与坐标轴 Y 轴的夹角。

$f_{采样}$ 应该大于或等于 2 倍的信号频率（$f_{信号}$）。2 倍信号频率是采样频率的临界值，如果采样频率等于临界值，信号基本能够被还原，也会保留信号的主要特征，但是信号的一些细节会丢失。如果采样频率大于临界值，还原后信号的保真度较高，且采样频率越高，保真度越高。如果采样频率小于临界值，信号中的关键信息会丢失，信号的保真度较差。

$$f_{采样} \geqslant 2f_{信号} \tag{2.1}$$

人类说话声音的频率大约是 4kHz，使用 PCM 传输语音时采样的最低频率是 8kHz。当使用 8kHz 频率进行采样时，得到的数字信号虽然能够辨别出讲话内容，但是多数人的声音会变得像机器人的声音，人的音色特征会丢失，很难辨别出到底是哪一个人在讲话。如果使用高于 8kHz 的频率采样，不同人的音色特征会被保留，而且采样频率越高，音色细节保留得越多，声音越真实。

2.5.2 量化

量化是把经过采样得到的离散值进行标准化的过程。使用 8 个二进制数据位存放样点的值，只能表示 256 个不同的数值，该量化方案的级数是 256。量化过程负责把采样值转换为最接近的规定电平值。量化的级数越高，误差就越小，保真度就越高。

不论如何提高数据保存的级数，在计算机系统中数据都有一个范围的限制，超过范围的数据都需要被四舍五入，误差是无法避免的。因此，使用 PCM 编码，总会有失真情况存在。

2.5.3 编码

编码是把量化后的数字转换为固定长度的二进制数据的过程。例如数据 3 表示为 011，数据 4 表示为 100，数据 1 表示为 001。当采样信号的数值经过编码后，就可以使用不归零编码、曼彻斯特编码等方式把数据转换为数字信号进行传输。

图2.12是 PCM 语音编码的原理示意图。原始语音是一个模拟信号，如图2.12(a) 所示，信号波形有高有低。PCM 每隔一段时间对信号进行采样，得到一个信号的能量，如图2.12(b) 所示，采样得到的信号值分别为 3.2，3.9，2.8，3.4，1.2，4.2。为了便于存储和传输，对采样信号进行量化，采样值都被取整，量化后的数值分别是 3，4，3，3，1，4，如图2.12(c) 所示。量化后的数值经过编码转换为固定长度的二进制数，如图2.12(d) 所示，其中第一个采样信号 3，经过编码后是 0101，第二个采样信号 4 经过编码后是 1000。图2.12(e) 所示为原始信号和还原后信号的比较，其中黑实线是原始信号，虚线是还原后的信号，可以明显地看到，这两条曲线并不是完全重合，说明信号存在失真的情况。

PCM 编码可以把语音模拟信号转换为数字信号传输，提高了信号的抗干扰能力。但是，其在抽样和量化的过程中会产生误差，浮点数进行量化时也会产生误差，从而造成信号失真。无线话筒、蓝牙话筒多使用 PCM 方式传输声音信号，为了提高声音的保真度，通常要求无线设备的采样频率足够高，量化级数足够大。但是，由于设备限制，误差总是无法消除。在一些要求严格的演唱会上，为了展现完美的声音细节，多数会采用有线信号直接传输模拟信号。

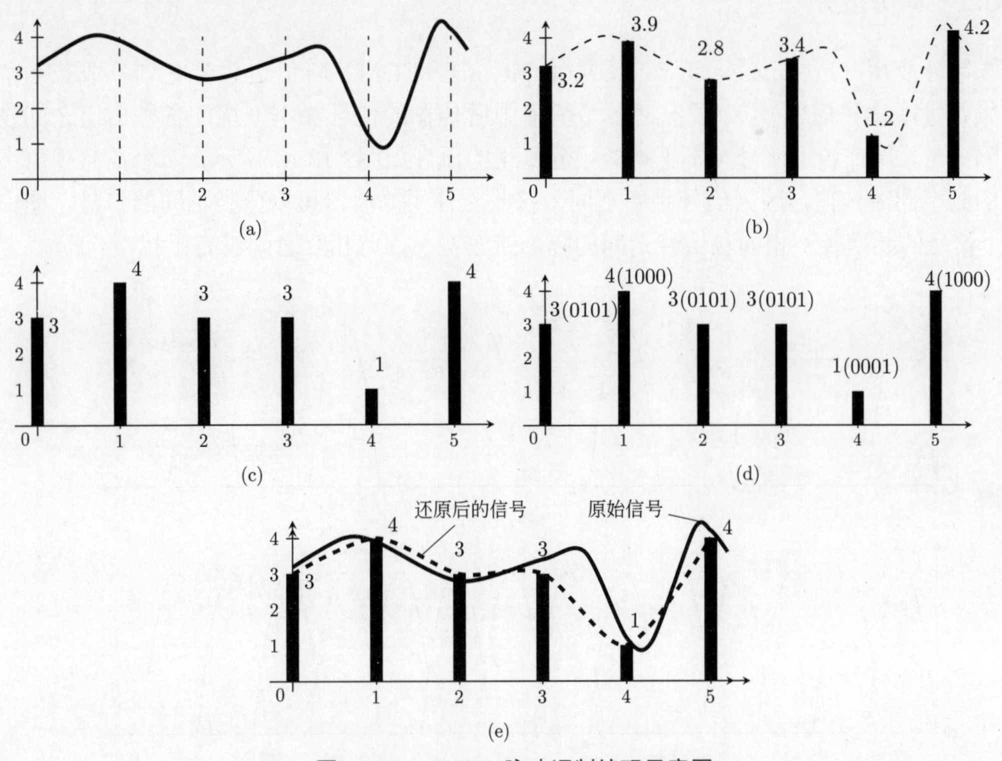

图 2.12　PCM 脉冲调制编码示意图

(a) 语音信号；(b) 采样；(c) 量化；(d) 编码；(e) 还原

注：还原后的信号和原始信号存在差异。采样频率越低，这个差异就会越大。

2.6　信道复用

信道复用是对若干彼此独立的信号使用某种方法，使其在同一个信道上传输的技术。信道复用可以提高信道传输效率。无线广播是最常见的一种信道复用示例，广播电台使用不同的频率对外广播不同的节目，多个不同的节目使用不同的频率同时发送无线信号，信号在空间中同时传输。此时，多个节目共同复用空间信道。虽然接收端同时收到了多个信号，但是使用滤波技术，接收端可以只收听指定的节目内容。电视信号的传输和音频广播的传输类似，它也使用了信道复用技术，电台的多个节目使用不同的频率对外发送数据，信号复用电视传输信道，电视机接收到信号后，使用信号分离技术可以查看指定频道的内容[8]。

常见的信道复用技术有频分复用、时分复用、波分复用和码分复用四种。频分复用把不同频率的信号合成一起传输，从而实现信道复用。时分复用是对时间进行分片使用，不同时间片为不同设备提供传输服务，它们按照时间片使用共享信道。波分复用把不同波长的多个信号合并成一个信号进行发送，实现信道复用；码分复用对信号进行特殊编码，把多个信号一起传输，实现信道复用。

2.6.1 频分复用

频分复用（Frequency Division Multiplexing，FDM）将信道总带宽划分成若干个子频带（或称子信道），为了保证各子信道中所传输的信号互不干扰，各子信道之间设立隔离带，保证各子信号互不干扰。频分复用的原理如图2.13(a) 所示，多个信号使用不同的频率同时传输，因为信号频率不同，接收端使用滤波器可以分类不同的信号。图中 6 个信号的频率各不相同且信号之间的隔离带较宽，因此相互之间没有干扰。

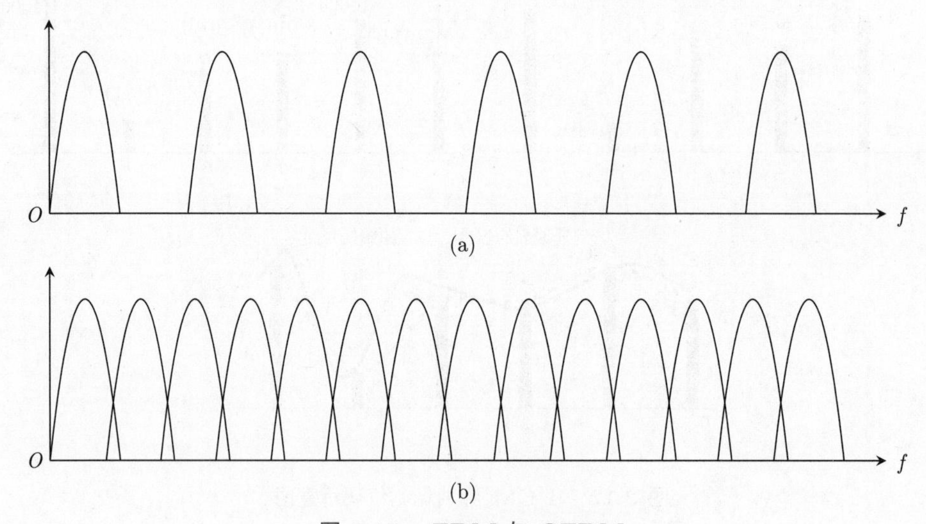

图 2.13 FDM 与 OFDM

(a) FDM；(b) OFDM

频分复用技术的特点是所有子信道传输的信号以并行的方式工作，类似高速公路中的车道，不同车道的车辆可以同时行驶，相互之间没有影响。频分复用中如果信道数量为 n，意味着可以同时传送 n 个信号，与传统的单通道传输方式比较，使用频分复用后，信道传输能力提高了 n 倍。

收音机是频分复用的一个典型应用。广播电台不同节目组使用不同的频率对外发送广播数据，所有的节目都被一起发送，在空间中有多个无线信号同时传输。因为不同节目使用的频率不同，它们之间不会相互干扰。收音机的调台操作就是滤波操作，负责把特定频率的信号过滤出来，用户就可以收听到指定的节目内容。

频分复用系统的发送端和接收端需要大量载频，而且收发双方的载频必须相同，发送和接收设备复杂。由于元器件本身存在误差，信号频率会产生一定范围的波动，频率较近的信号之间存在互相干扰的情况。虽然在信号之间设立足够宽的隔离带可以解决信号之间的干扰问题，但是，隔离带会造成频率浪费。接收端信号过滤设备分离信号时，也会带入一些噪声，影响信号的质量。

OFDM（Orthogonal Frequency Division Multiplexing，正交频分复用技术）是频

分复用的改进，它提高了信道传输容量和传输效率。传统的频分复用方法中各个子载波的频谱是互不重叠的，需要使用大量的发送滤波器和接收滤波器，大大增加了系统的复杂度和成本。传统的频分复用为了减少各个子载波间的相互串扰，在各子载波间设立隔离带，降低了频率的利用率。OFDM 各子载波的产生和接收都由数字信号处理算法完成，简化了系统结构，降低了系统复杂度。OFDM 允许相邻的子波在频谱上相互小范围重叠，提高了频率的利用率。如图2.13(b) 所示，在相同的频率范围内，传统 FDM 可以同时传输 6 个信号，使用 OFDM 技术后，可以同时传输 14 个信号，极大地提高了频率的利用率。

2.6.2 时分复用

时分复用（Time Division Multiplexing，TDM）是一种按时间复用信道的方法，它把公共信道按定长的时间间隔分配给不同的设备使用。时分复用器给每个设备分配一段时间，这段时间称为时隙（time slot），一个时隙复用器只为一个设备提供通信服务。若时隙为 t，表示复用器为每个设备服务的时间长度只有 t。当轮到某一设备通信时，该设备可以使用公共信道发送数据 t 时间。当服务时间结束后，复用器就暂停对该设备的通信服务，切换到为下一个设备提供服务。如果在指定的时隙 t 内，该设备数据没有发送完，复用器会记录当前发送状态，等到下一轮提供服务时，服务器读取之前的发送状态，继续为该设备提供传输服务。

图2.14所示为时分复用发送数据原理示例，图中 A、B、C、D 代表 4 台网络设备，左侧时间线 t 表示设备在指定时刻准备发送数据。右侧时间线表示共享信道中信号的发送顺序。图中 4 台设备 A、B、C、D 连接到同一个复用器上，复用器为每一个设备分配一个时间片，并且按照 A→B→C→D 顺序依次轮询为不同设备提供数据传输服务。第 1 次轮询时，设备 A 有发送数据需求，复用器就将 A 的数据接入共享信道进行发送，询问设备 B 时，B 没有发送需求，复用器空闲一段时间，等待超时后询问设备 C。设备 C 同样没有发送数据需求，复用器空闲一段时间，最后轮询设备 D。设备 D 有数据需要发送，复用器为设备 D 提供数据传输服务。第 1 次轮询结束后，复用器重新返回到设备 A，开始第 2 轮次轮询服务。

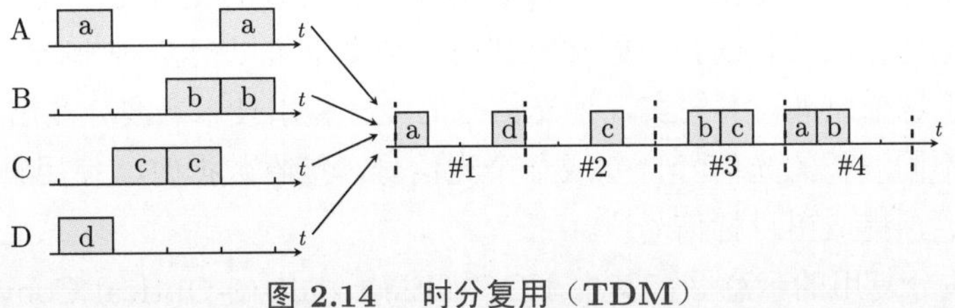

图 2.14 时分复用（TDM）

在时分复用系统中，不论终端是否需要传输数据，复用器都会为每一台终端设备分配一个固定时间。如图2.14所示，在共享信道中，存在空闲时间段，降低了信道利用率。在传统的时分复用传输中，中心设备为每一台计算机都分配一个固定的时间片，当目标计算机没有发送任务时，中心设备会等待直到时间片结束，这样会导致信道白白的空转，浪费带宽。在网络设备较多，但是传输需求较少的网络中，共享信道将经常处于空闲等待状态，信道利用率低。

统计时分复用（Statistical Time Division Multiplexing，STDM）是时分复用的改进版本，它根据设备需求动态分配线路资源。在轮询设备时，如果设备有数据需要传输，系统就给该设备分配线路资源，如果设备没有发送数据需求，系统将跳过该设备，询问下一个设备。这种复用技术可以减少共享信道中的空闲等待时间，提高线路传输效率。

图2.15所示为统计时分复用的示例，四台设备进行数据传输，复用器按照 A→B→C→D 的顺序轮询发送数据。第一次轮询时，设备 A 有发送需求，则发送 A 的数据 a，然后询问设备 B，B 没有发送任务，跳过，然后询问设备 C，C 也没有发送任务，继续跳过，询问设备 D，D 有数据 d 需要发送，于是把数据 d 投放到公共信道进行传输。第一次轮询结束后又接着开始下一次轮询，如果设备有发送数据的需求就为该设备提供服务，如果设备没有发送数据的需求，STDM 会跳过该设备，为下一个设备提供传输服务。

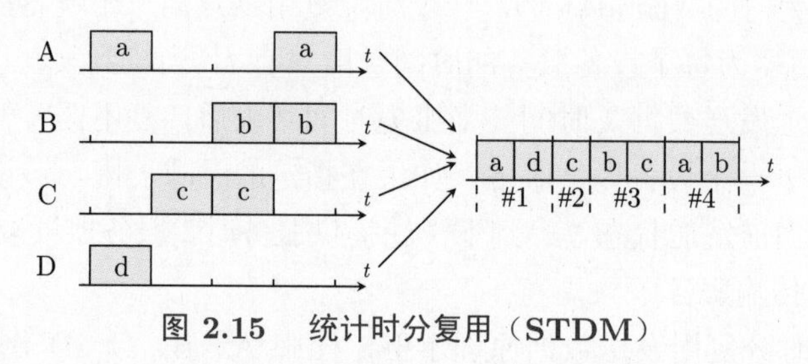

图 2.15　统计时分复用（STDM）

对比时分复用（TDM，图2.14）和统计时分复用（STDM，图2.15），可以明显地看到，在时分复用系统中，共享信道的空闲较多；而在统计时分复用系统中，共享信道的空闲较少。这说明统计时分复用的信道利用率较高。

2.6.3 波分复用

波分复用（Wavelength Division Multiplexing，WDM）是将多个不同波长的光载波信号经过复用器汇合到同一根光纤中进行传输的技术。波分复用利用光的合成和分解原理实现，例如，太阳光是由多种不同波长的光汇合而成的复合光。利用三棱镜可以将太阳光分解成七种不同波长的光。同样，利用三棱镜也可以把 7 种不同波长的光合并成一束白光。基于这个原理，人们实现了光信号的波分复用技术。波分复用在发送数据时，使用复用器把不同波长的光信号合并成一个光信号，接收数据时，使用解复器将不同波长的光信号分离，提取出目标信号[9]。

图2.16是波分复用的示意图，其中 EOC（Electronic-to-Optical Converter）是电光转换器。图 2.16 左侧是 9 个发送设备，电信号经过 EOC 后被转换成 9 种不同波长的光信号。9 种不同波长的光信号经复用器后被合并成一个光信号，然后在共享信道中传输。合并后的光信号到达接收端的分离器时，分离器将其分解为 9 种不同波长的光信号，光信号再经过 EOC 换器还原为电信号。

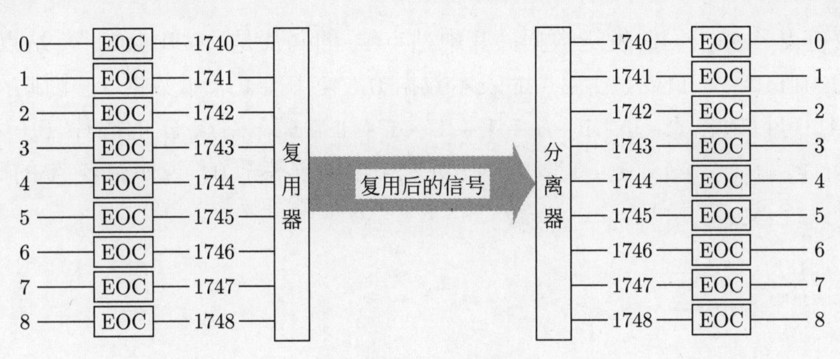

图 2.16 波分复用

使用波分复用技术后光纤的传输容量可以增加几倍甚至几十倍，波分复用技术极大地提高了光纤的传输容量。使用波分复用技术后，原有的光缆无须进行大规模改动就可提高传输效率，升级成本低。波分复用技术不仅可以用来传输数字信号，也可以用来传输模拟信号，能够实现复杂的业务需求。

波分复用技术主要有两种，分别是稀疏波分复用（Coarse Wavelength Division Multiplexing，CWDM）[10] 和密集波分复用（Dense Wavelength Division Multiplexing，DWDM）[11]。其中，CWDM 是一种面向城域网的低成本波分复用传输技术，CWDM 设备体积小、功耗低、维护简便、可以使用 220V 交流电源，供电方便、使用成本低。CWDM 系统显著提高了光纤的传输容量及光纤信道的利用率。DWDM 使用单模光纤作为传输信道，允许各子载波信号在光纤内同时传输。DWDM 复用系统的功率低，损耗小，而且子信号扩容简单，性能稳定，支持复杂格式数据传输，支持业务种类多，应用前景广阔。

2.6.4 码分多址

CDMA 利用自相关函数互相抑制的特性选取正交信号进行合并复用，因此该方法也被称为正交复用。经过码分复用后的数据波形和基带信号差异较大，看起来像是白噪声，信号不容易被窃听，安全性高。该技术早期主要用于军事通信领域。

CDMA 把一个比特时间分成多个更短的时间槽，使用多个比特串表示一个数据 1，该比特串称为码片（chip），一般情况下码片长度是 64 或 128 比特。在 CDMA 中，不同站点的码片不能重复，且任意两个站的码片序列都必须满足式(2.2)的正交要求[8]

$$S \cdot T = \sum_{i=1}^{m} S_i T_i = 0 \tag{2.2}$$

其中，S 和 T 分别表示两个不同的码片序列，m 是码片长度。

若站点要发送数据 1，它就发送码片序列；若要发送数据 0，它就发送码片序列的反码。多个信号经过复用器叠加后形成新的载波信号。载波叠加就是把信号的能量直接相加，例如，第一个信号是 +5V 电压，第二个信号是 +5V 电压，那么叠加合成后信号是 +10V 的电压。又如，一个信号是 +5V 电压，另一个信号是−5V 电压，那么合成后信号电压是 0V。

假设有 2 个站点同时发送数据，其中站点 A 的码片是“00011011”，站点 B 的码片是“00101110”。CDMA 使用 −1 表示数据 0，使用 +1 表示数据 1，因此，站点 A 的码片 A_x 可以记作“$-1-1-1+1+1-1+1+1$”，站点 B 的码片 B_x 可以记作“$-1-1+1-1+1+1+1-1$”。带入式 (2.2) 后结果等于 0，说明站点 A 的码片和站点 B 的码片正交。

$$\begin{aligned}A_x \cdot B_x &= \frac{1}{m}\sum_{i=1}^{m} A_iB_i \\ &= (-1)\times(-1)+(-1)\times(-1)+(-1)\times(+1)+(+1)\times(-1)+ \\ &\quad (+1)\times(+1)+(-1)\times(+1)+(+1)\times(+1)+(+1)\times(-1) \\ &= +1+1-1-1+1-1+1-1 \\ &= 0\end{aligned} \tag{2.3}$$

码片的自内积结果必须为 1，满足式(2.4)的要求。

$$A_x \cdot A_x = \frac{1}{m}\sum_{i=1}^{m} A_iA_i = 1 \tag{2.4}$$

发送数据 1 时，站点就发送码片序列，发送数据 0 时，站点就发送码片序列反码。例如，站点 A 的码片序列 A_x 为“$-1-1-1+1+1-1+1+1$”，站点 B 的码片序列 B_x 为“$+1+1-1+1-1-1-1+1$”，某一时刻，站点 A 发送数据 1，站点 B 发送数据 0，则两个站点实际发送的数据序列是

$$\begin{aligned}A_x &: -1-1-1+1+1-1+1+1 \\ B_x &: -1-1+1-1+1+1+1-1\end{aligned}$$

这两个信号经 CDMA 复用后叠加形成新的信号序列 $T_x = A_x + B_x$。其信号合并的计算过程如式(2.5)所示

$$\begin{aligned}T_x &= A_x + B_x \\ &= -1-1-1+1+1-1+1+1+ \\ &\quad (-1)-1+1-1+1+1+1-1 \\ &= -2-2+0+0+2+0+2+0\end{aligned} \tag{2.5}$$

信号 T_x 是信道实际传输的信号，传输过程中，如果没有出现干扰，接收端收到的信号和 T_x 相同。

接收数据时，站点 A 的接收端 A' 把接收到的信号和站点 A 的码片进行内积，如果计算结果等于 1，说明站点 A 发送的是数据 1。如果计算结果等于 −1，说明站点 A 发送的数据是 0。如果计算的结果等于 0，说明站点 A 没有发送数据。

假设，接收端 A' 收到的数据是 T_x。A' 使用式(2.6)计算数据 T_x 和站点 A 的码片

的内积，再除以码片长度就能得到站点 A 实际发送的数据。

$$A' = \frac{1}{m}A_x \cdot T_x = \frac{1}{m}\sum_{i=1}^{m} A_i T_i \tag{2.6}$$

计算过程如式 (2.7) 所示。

$$\begin{aligned}
A' &= \frac{1}{8}A_x \cdot T_x \\
&= \frac{1}{8}(-1-1-1+1+1-1+1+1)\times \\
&\quad (-2-2+0+0+2+0+2+0) \\
&= \frac{1}{8}(-1)\times(-2)+(-1)\times(-2)+(-1)\times 0+(+1)\times 0 \\
&\quad +(+1)\times(+2)+(-1)\times 0+(+1)\times(+2)+(+1)\times 0 \\
&= \frac{1}{8}\times 8 \\
&= +1
\end{aligned} \tag{2.7}$$

计算结果 $A' = +1$，说明发送方 A 发送的是数据 1。

站点 B 的接收端 B' 收到数据 T_x 后，使用式 (2.8) 计算 T_x 和站点 B 码片的内积，再除以码片长度，就能得到站点 B 实际发送的数据。计算过程如式 (2.8) 所示。

$$\begin{aligned}
B' &= \frac{1}{8}B_x \cdot T_x \\
&= \frac{1}{8}(+1+1-1+1-1-1-1-1+1)\times \\
&\quad (-2-2+0+0+2+0+2+0) \\
&= \frac{1}{8}\times(-8) \\
&= -1
\end{aligned} \tag{2.8}$$

计算结果 $B' = -1$，说明站点 B 发送的是数据 0。

图2.17是站点 A 和站点 B 的信号合成后发送的原理示意图。图中站点 A 和站点 B 发送的数据都是 110，根据 CDMA 规则，两站都要把 1 转换为自己的码片，把 0 转换为码片的反码。

发送第 1 个二进制数据 1 时，站点 A 发送的信号是$-1-1+1+1-1+1+1$，站点 B 发送的信号是$-1-1+1-1+1+1+1-1$，经过 CDMA 合并后，实际发送的信号是 $T_{x1} = -2-2+0+0+2+0+2+0$。同理，实际发送的第 2 个信号也是 $T_{x2} = -2-2+0+0+2+0+2+0$，第 3 个信号是 $T_{x3} = +2+2+0+0-2+0-2+0$。

经过 CDMA 合成后的信号取值大小不一，波形没有明显的规律，和随机噪声的波形相似，信号隐蔽性高，不容易被追踪。该信号中包含的真实数据不能直接解析，必须使用码片计算才能得到真实数据，数据保密性高。

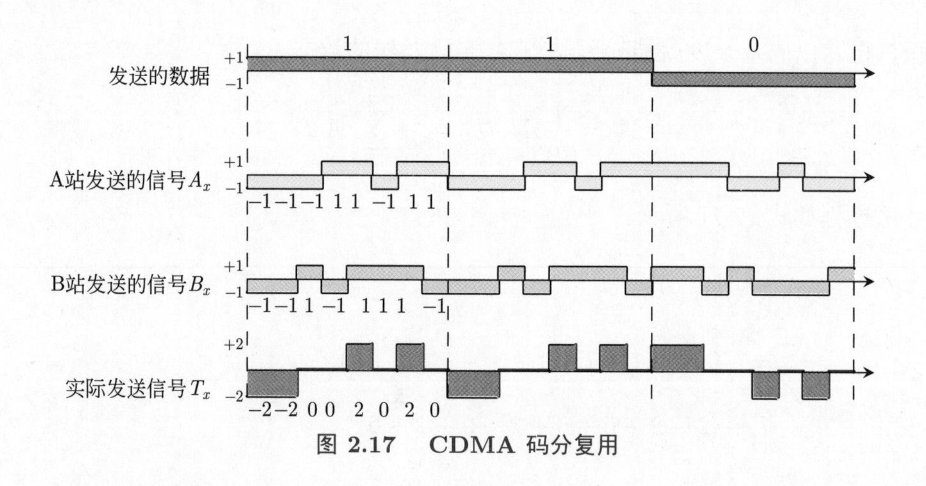

图 2.17 CDMA 码分复用

2.7 宽带接入技术

宽带是一个相对的概念，没有具体的数字定义。1995 年，网络刚刚开始发展，网络速度整体都不高，当时的宽带速度只有 1.44Kb/s。2012 年，宽带的速度达到 4Mb/s。2015 年，美国联邦通信委员会（Federal Communications Commission, FCC）认定下载速度 25Mb/s 为宽带网络[12]。2022 年，中国家庭宽带速度基本达到了 100Mb/s。使用宽带接入时最常使用的技术包括非对称数字用户线路（Asymmetric Digital Subscriber Line，ADSL) 和光纤到 X（Fiber to the X，FTTX）。

2.7.1 ADSL

ADSL 是普通家庭用户使用的宽带介入技术。由于该线路下载的速度和上传的速度不同，因此被称为非对称数字用户线路。经过对网民上网数据的分析，可以发现用户访问网络时上传的数据量和下载的数据量具有非对称特征。例如，用户访问某个网站时，上传的数据是用户的请求地址，通常只有几十到几百个字符。而下载的数据是服务器返回的网页内容，包含字符，图像，动画和声音等，数据体积通常较大。ADSL 技术根据这个数据传输特点，动态调整网络上传和下载的带宽，划分出更多的带宽用来下载数据，划分出小的带宽用来上传数据。这样有利于提高共享信道的利用率。

在 ADSL 线路中，上传和下载的速度被控制在 $1:10 \sim 1:8$。如果家庭的宽带是 100Mb/s，其理论最大下载速度是 $100\text{Mb/s} \div 8 = 12.5\text{Mb/s}$，上传数据的速度可以达到 $12.5\text{Mb/s} \div 8 \approx 1.5\text{Mb/s}$。

家庭用户安装 ADSL 的连接如图2.18所示，因特网服务提供商（Internet Service Provider，ISP）连接小区的区域宽带网络，区域宽带网连接小区交换设备，小区交换设备通过中央传输单元（ADSL Transceiver Unit-Central office，ATU-C）①连接住户。网络入户后经过分离器连接电话和用户端收发单元（ADSL Transceiver Unit-Remote,

① ATU-C(ADSL Transceiver Unit-Central office)ADSL 收发单元局端。中央传输单元 (ATU-C) 指的是作为非对称数字用户环线（ADSL）组成部分的电话总机调制解调器。

ATU-R)①，最后连接计算机。

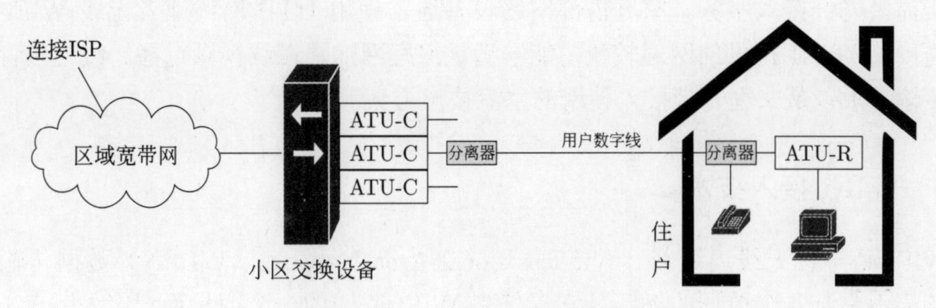

图 2.18 ADSL 连网示意图

ADSL 最大传输距离与传输速度和用户线的直径都有密切的关系。用户线越细，信号传输时的衰减就越大，传输的距离就越短。例如，0.5mm 线径的用户线，传输速度为 1.5~2.0Mb/s 时可传送 5.5km，但是，当传输速度提高到 6.1Mb/s 时，传输距离就缩短为 3.7km。如果把用户线的线径减小到 0.4mm，在 6.1Mb/s 的传输速度下，信号传输距离缩短到 2.7km。

ADSL 技术采用频分复用技术把普通的电话信号分成了电话信号、上行信号和下行信号三个不同的信道，避免了信道之间相互干扰。用户可以边打电话边上网，不用担心电话会影响网络速度，也不用担心网络通信会影响电话通话质量。理论上，ADSL 使用一对铜缆双绞线进行通信时，能够提供 1Mb/s 的上行速度和 8Mb/s 的下行速度，能同时提供语音通话服务，信号传输距离可达 5km。

ADSL 技术能够充分利用现有公共交换电话网（Public Switched Telephone Network，PSTN）信道，只需要在现有信道两端增加 ADSL 设备就可为用户提供高宽带服务。使用 ADSL 通信服务时，不需要重新布线，极大地降低了网络建设成本，是目前家庭宽带使用最广的网络传输技术。

2.7.2 FTTX 技术

光信号传播速度快，抗干扰能力强，因此，光纤传输越来越普及。越来越多的应用场合都开始使用光纤进行通信。例如，光纤到小区，光纤到大楼，光纤到户等，这些光纤通信技术统称为光纤到 X（Fiber to the X，FTTX）。

光纤到路边（Fiber to the Curb，FTTC）是目前最主要的服务形式，主要是为住宅区提供接入服务。FTTC 的传输速度为 155Mb/s，它与交换局之间采用 ITU-T 标准对接，为指定住宅区提供服务[13]。

光纤到大楼（Fiber to the Building，FTTB）为公寓大厦或者商业大楼提供光纤接入服务。FTTB 使用光纤把网络信号接入大楼或者大厦的总配线间。大楼或公寓大厦的内部，仍然是利用同轴电缆、双绞线进行信号的分拨输入。这是最实用、最经济有效的一种网络接入方式。

① ATU-R（ADSL Transceiver Unit-Remote）是非对称数字用户线路（ADSL）客户端收发单元，通常指调制解调器，俗称猫。

光纤到户（Fiber to the Home，FTTH）将光纤的距离延伸到终端用户家里，为家庭直接提供光纤接入服务。家庭内部网络设备通常使用 UTP 网线或者无线 WiFi 进行内部连接。FTTH 提供的网速较快，能够满足家庭网购、在线视频点播、线上教育等应用的传输需求，是家庭宽带接入使用的主流技术方案。

2.7.3 WiFi 接入技术

WiFi 是一种无线局域网（Wireless Local Area Network，WLAN）数据传输的技术，该词不是某几个单词的缩写，它仅仅是 WiFi 联盟的一个商标而已[14-15]。WiFi 主要工作频段有两个，分别是 2.4GHz 和 5.8GHz。

1980 年 2 月,IEEE 制定了 IEEE 802 协议，规定了不同无线传输方式使用的带宽和速度。其中 IEEE 802.1a 协议定义的网络传输速度是 54Mb/s。IEEE 802.11b 协议定义的传输速度为 11Mb/s。IEEE 802.11g 协议定义的传输速度为 54Mb/s 和 11Mb/s，同时兼容 802.11a 和 802.11b 两种传输模式。

2004 年 1 月 IEEE 宣布组成新机构继续开展 802.11 标准研究。资料传输速度估计将达 540Mb/s(需要在物理层产生更高速度的传输率)，此项新标准应该要比 802.11b 快 50 倍，而比 802.11g 快 10 倍左右。802.11n 增加了对于多输入多输出 (Multiple-Input Multiple-Output，MIMO) 的标准。MIMO 使用多个发射和接收天线来允许更高的资料传输率，速度可达 600Mb/s，并使用了 Alamouti coding coding schemes 来增加传输范围。

IEEE 802.11n 协议定义的最高传输速度为 150Mb/s。IEEE 802.11ac 协议定义的最高传输速度可达 500Mb/s，如表 2.4 所示。

表 2.4 IEEE 802.11 标准[14,16-17]

协 议 名 称	带宽	说 明
IEEE 802.11a	5.8GHz	1999 年，传输速度为 54Mb/s
IEEE 802.11b	2.4GHz	1999 年，传输速度为 11Mb/s
IEEE 802.11g	2.4GHz 或 5.8GHz	2003 年，工作频率 2.4GHz 时传输速度为 11Mb/s，工作频率 5GHz 时传输速度为 54Mb/s
IEEE 802.11n	2.4GHz 或 5.8GHz[18]	2009 年，支持多输入多输出技术，最高传输速度为 150Mb/s。向下兼容 802.11b、802.11g
IEEE 802.11ac	5.8GHz	2016 年，支持 MIMO，最高传输速度为 500Mb/s

WiFi 部署方便且不需要布线，因此，非常适合移动办公需要，具有广阔市场前景。目前 WiFi 已经在医疗保健、库存控制和管理服务等行业广泛应用。提供 WiFi 接入的设备称为无线 AP，家庭使用的无线路由器就是无线 AP，无线 AP①支持连接的无线设备数量是有限制的。理论上，普通无线 AP 的连接上限一般为 80 个，但是实际使用中发现，当 AP 的连接设备数量达到 35 个时，服务质量就会急剧下降。

① AP：AP(Access Point) 是网络接入点，无线路由器就是一个无线接入点，又称无线 AP。

无线 WiFi 的传播距离较短，通常室外直线传播传输距离为 300m，室内传播距离为 100m。WiFi 信号穿透物理能力较弱，实验测试发现，5GHz 的 WiFi 信号穿过一堵承重墙后，信号衰减 60%~70%[19]。虽然信号传播距离短，穿透能力弱，但是由于 WiFi 部署简单，能够满足家庭和办公室需求，因此其使用范围广泛。

2.8 习题

一、名词解释

- 数据，信号，ADSL，FTTX。
- 模拟信号，数字信号，调幅，调频，调相。
- 单工通信，半双工通信，全双工通信。

二、选择题

1. 计算机中使用的是（ ）。

A. 模拟信号　　B. 数字信号　　C. 调频信号　　D. 调相信号

2. 下面传输介质中，（ ）的速度最快。

A. 同轴电缆　　B. UTP　　C. 蓝牙　　D. 光纤

3. 下面说法中，（ ）是正确的。

A. 568B–568B 接线方式可以用来连接计算机和交换机
B. 568A–568B 方式可以用来连接计算机与路由器
C. 568B–568B 连接方式可以用来连接交换机和交换机
D. 反转线可以用来连接设备的控制口

4. 关于调制的说法中，（ ）是正确的。

A. 把数字信号转换数字数据的过程　　B. 把数字数据转换成数字信号的过程
C. 把模拟信号转换成数字信号的过程　　D. 把数据转换成模拟信号的过程

5. UTP 的最大传输距离是（ ）米。

A. 100　　B. 200　　C. 50　　D. 500

6. 调制解调器的作用是（ ）。

A. 在数字信号和模拟信号之间进行转换　B. 区分比特数据流的服务类型
C. 为主机分配 IP 地址　　D. 根据交换表转发数据

7. 关于调相调制技术的描述，正确的是（ ）。

A. 不同的数据幅度不同　　B. 不同的数据前沿的相位不同
C. 由四种相位不同的码元组成　　D. 有不同的频率组成的不同的码元

8. 与多模光纤相比较，单模光纤具有（ ）等特点。

A. 较高的传输率、较长的传输距离、较高的成本

B. 较低的传输率、较短的传输距离、较高的成本

C. 较高的传输率、较短的传输距离、较低的成本

D. 较低的传输率、较长的传输距离、较低的成本

9. 图 2.19 中的两种编码方案分别是（ ）。

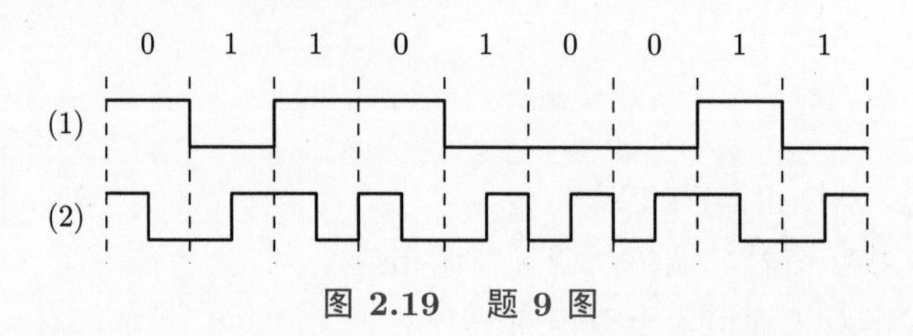

图 2.19 题 9 图

A. 差分曼彻斯特码，双相码

B. NRZ 编码，差分曼彻斯特码

C. NRZI 编码，曼彻斯特码

D. 极性码，双极性码

三、简答题

1. 什么是信道复用技术?
2. 根据曼彻斯特图像写出数据。
3. 简述曼彻斯特编码中信号频率和数据速度之间的关系。
4. 共有 4 个站进行码分多址 CDMA 通信，4 个站的码片序列为

a) $(-1-1-1+1+1-1+1+1)$

b) $(-1-1+1-1+1+1+1-1)$

c) $(-1+1-1+1+1+1-1-1)$

d) $(-1+1-1-1-1-1+1-1)$

现收到的数据是 $(-1+1-3+1-1-3+1+1)$。问哪几个站发送了数据？发送了数据 1 还是数据 0?

5. 简述多模光纤与单模光纤的区别。

2.9 参考资料

2.9 参考资料

第3章 数据链路层

本章要点

(1) 串行传输和并行传输。
(2) 比特同步和字符同步。
(3) 零比特插入法。
(4) CSMA/CD 协议。
(5) 交换机地址表的建立和帧转发原理。
(6) STP 协议的工作原理。
(7) 奇偶校验的原理。
(8) CRC 循环冗余计算。
(9) 海明码的计算。
(10) 三种监听算法的区别。
(11) IEEE 802 传输协议。

数据链路层使用同步协议发送和接收数据，使用差错控制协议检测传输中的错误，使用线路监听算法降低线路冲突。交换机是数据链路层的典型设备，该设备使用物理地址（MAC 地址）对正常信号进行转发，对冲突信号进行隔离。与传统的集线器相比，交换机减少了冲突发生的概率，提高了信道的有效利用率，是目前网络中最普及的设备。

3.1 数据同步

数据同步是让接收方正确接收比特信号、识别字符和帧的一种方法，其目的是协调发送方的发送频率和接收方的接收频率，使得双方能够正确地传输二进制数据。同步过程也可以理解为采用某种技术使收发双方使用相同的“步调”进行数据的发送和接收，这里的“步”指发送和接收数据时采用的时钟频率和传输数据使用的规范。

同步技术包括比特同步、字符同步和帧同步三种。比特同步在物理层利用不归零编码、不归零反转编码、曼彻斯特编码、差分曼彻斯特编码等编码技术实现。收发双方使用相同的编码，发送方每发送一比特接收方就能接收一比特。但是，计算机使用的数据通常以字符为单位进行存储和表示，仅仅能够识别比特不能满足信息表达的需求。计算机网络中，一个字符由 8 比特组成，因此要求收发双方能够正确地识别字符，即要实现字符同步。为了提高线路的利用率，广域网多使用比字符更长的帧传送数据，帧传输要求接收方能够识别帧的开始位置和结束位置，即要实现帧同步。广域网中的帧同步技术被称为透明传输，该技术可以让用户发送任何组合的二进制数据。

3.1.1 并行和串行

并行传输以字节为传输单位，通常每次传输是 8 比特、16 比特或 32 比特。图3.1是并行传输原理示意图，发送设备和接收设备之间有 10 个信道，其中 8 个信道用来传输数据，另外 2 个信道用来询问和应答。每一个信道发送 1 比特，发送设备每次可以同时发送 8 比特信号，8 个信号沿不同的信道传输，它们之间相互不会发生冲突。并行传输每次传输的数据多、速度快、效率高，适合大量数据快速交换时使用，但是，由于并行传输需要的信道数量较多，线路复杂，信道成本比较高，因此，并行数据传输多用于近距离的数据传输。

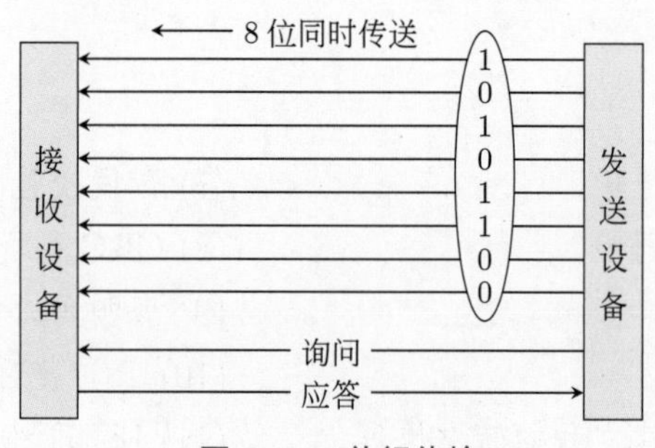

图 3.1 并行传输

计算机内部总线通常以并行方式传送数据，例如，硬盘与内存之间，CPU 与内存之间均使用并行传输。现在的 64 位操作系统，就是在 CPU 和内存之间使用并行传输，内存每次给 CPU 发送 64 比特的数据，同理，32 位系统指内存每次给 CPU 发送 32 比特的数据。内存每次给 CPU 发送的数据越多，说明 CPU 的处理能力越强。目前 32 位系统已基本淘汰，主要使用的都是 64 位系统，将来还会出现 128 位操作系统。

在 Windows 系统中，打开控制台，输入 systeminfo 命令可以查看操作系统的类型。该命令执行结果如下所示，屏幕输出的第 11 行 System Type 的值为 x64-base PC，说明该操作系统是 64 位系统，内存和 CPU 之间每次发送 64 比特的数据。

```
systeminfo
```

```
---------------------------------------屏幕输出---------------------------------------
1  C:\Users\stud> systeminfo
2  ...
3  OS Name:                  Microsoft Windows 11 专业版
4  OS Version:               10.0.22621 N/A Build 22621
5  OS Manufacturer:          Microsoft Corporation
6  OS Configuration:         Standalone Workstation
7  OS Build Type:            Multiprocessor Free
8
9  System Manufacturer:      LENOVO
10 System Model:             90M2CT01WW
11 System Type:              x64-based PC          # 操作系统类型
12 Processor(s):             1 Processor(s) Installed.
--------------------------------------------------------------------------------------
```

串行传输只需要一个信道就可以实现数据通信，其通信的基本原理如图3.2所示，其中，发送设备和接收设备之间只有一个信道，数据按照先后顺序排队依次发送。当发送字符（8 比特）时，发送方先发送第 1 个比特，然后发送第 2 个比特，……，第 8 个比特。图中的 D0 是字符的第 1 个比特，D7 是字符的第 8 个比特，接收方按照发送顺序先接收 D0，最后接收 D7。

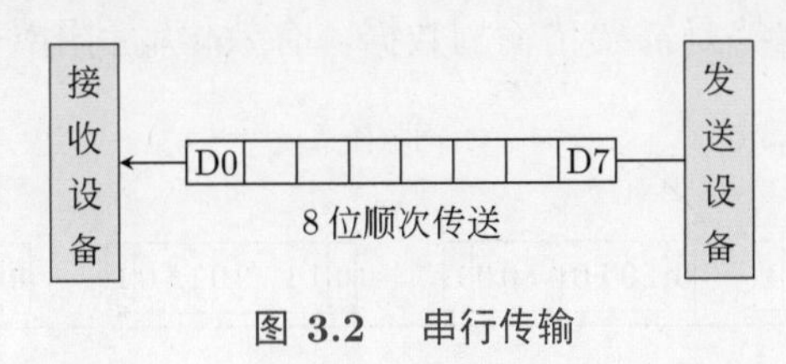

图 3.2 串行传输

串行传输的接收方每收到一个比特先将该比特数据暂存起来。当接收到第 8 个比特时（暂存区的比特数量达到一个字符的数据量），负责接收数据的进程就把暂存区的 8 个比特一起交给操作系统处理。串行通信每次发送的数据少，数据传输速度比并行慢，但是串行通信方式的优点是需要的信道数量少，网络建设成本低，是广域网的主要通信方式。

并行传输传输速度快，但是需要的信道数量较多。远距离网络数据传输时，如果使用并行传输，需要多个信道，通信成本高。因此，网络数据传输很少使用并行传输。串行数据传输使用少量的信道就可以实现数据通信，通信成本低，是计算机网络通信的主要方式。

串行传输还可以分为异步串行和同步串行两种，其中异步串行主要用来传输数据较短的数据，如字符，同步串行主要用来传输较大的数据，如传输数据帧。它们的目的都是正确识别数据，让双方按照相同的时钟频率处理数据，正确地识别字符或者帧[1]。异步串行传输用来识别字符的开始位置和结束位置，然后正确识别字符，同步串行传输用来识别帧的头和尾，然后正确地识别帧中的标记信息和用户数据。

3.1.2 异步串行传输

异步串行传输以字符为单位发送数据，且字符之间有间隔。该间隔可长可短，不要求间隔统一。图3.3(a) 是异步串行的原理示意图，发送数据由起始位、数据位、奇偶校验位和停止位四部分组成，起始位 1 比特，停止位 1 比特，数据 8 比特，共 10 比特，发送数据时字符之间都有间隔。接收方检测到起始位信号后，就准备结束数据，随后收到的数据都是构成字符的数据，当检测到停止位信号时，就认为一个字符数据传输结束。

如果传输中没有起始位和停止位，接收方按照每收到 8 比特构成一个字符的方法进行接收。如果接收方从第一个比特开始正确接收，数据能够正确传输；如果接收方错过了第一个比特，误把第 2 个比特当成了数据的开始，就会造成后面所有数据解析错误。在字符的两端增加起始位和停止位，明确地告诉接收方每个字符的边界，就可以避免数据解析错误。字符中的起始位和停止位也被称为同步标记。

异步串行传输的字符中增加校验位可以提高数据检错的能力。图3.3(b) 是在数据中增加校验的示意图，每个字符由 10 比特组成，第一个比特是开始标记，后面是 7 个数据比特，第 9 位是校验位，第 10 位是停止标记，校验位通常用奇校验或者偶校验[2]。

异步串行传输中每个字符都需要添加“同步”标记，用来指明字符开始和结束的位置，并解决字符基线漂移问题。但是因为增加了额外的数据位，会产生额外开销，所以其有效传输率低。如图3.3(b) 所示，字符帧总的长度是 10 比特，其中 3 比特是用来同步的附加信息，只有 7 比特是需要传输的数据，有效传输利用率是 70%。

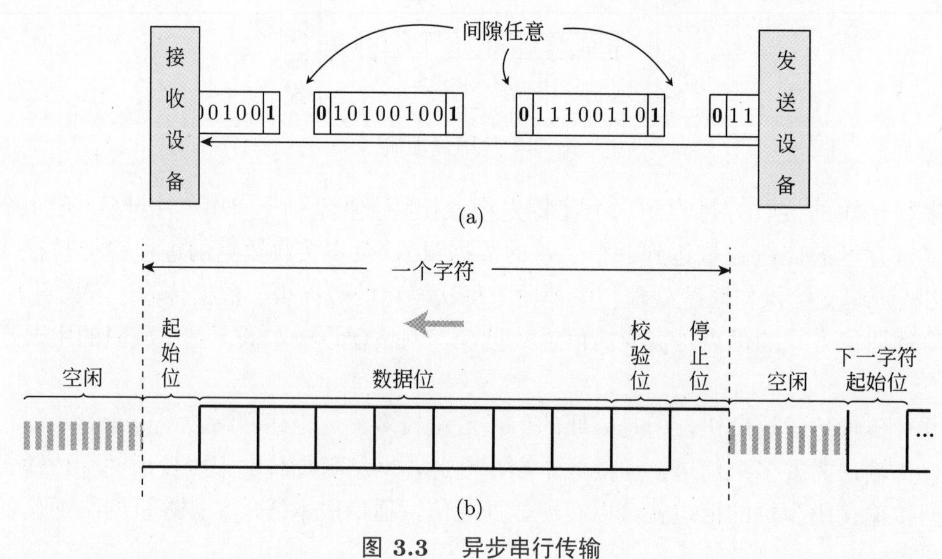

图 3.3 异步串行传输

3.1.3 同步串行传输

同步串行与异步串行最大的区别是发送的数据长度不一样。异步串行以定长的字符为单位发送数据，字符数据顺序排列，字符之间有间隔[3-4]。同步串行以不定长的字符块为单位发送数据，同步传输中的数据单位称为帧，帧的前面有 1~2 个同步字符。

数据帧的结构如图3.4所示，包括同步字符（SYN）、帧头开始标记、数据块、块结束标记和块校验 5 部分。其中 SYN①是数据帧的开始标志，用来告诉接收方准备接收数据，接收方也可以利用该字符同步自己的时钟频率。SOH②是标题的开始位置，表示该字符后面是标题字符，标题字符用来指明该数据帧使用的协议名称。STX③是数据的开始位置，用来告诉接收方从这里开始后面的都是用户数据。数据块是用户发送的数据，其长度可变。ETB④是用户数据结束标记，表明接收方数据已经发送完毕，ETX⑤是

SYN	SYN	SOH	标题	STX	数据块	ETB/ETX	块校验

图 3.4 数据帧的结构

① SYN：Synchronous Character，同步字符。

② SOH：Start of Header Character，标题开始字符。

③ STX：Start of Text Character，正文开始字符。

④ ETB：End of Transmission Block，传输块的结束标记。

⑤ ETX：End of Text Character，全文结束字符。

全文结束的标记，用来告诉接收方数据发送任务结束。块校验存放用户数据的校验值[5]，接收方使用该校验值检查数据在传输过程中是否出错。

帧的长度通常约 500 字节（4000 比特），其中约 100 比特是标志位数据，附加数据大约占整体数据的 2.5%，有效传输率约 97.5%，有效传输率较高。增加用户数据长度，可以进一步提高有效传输效率。但是，如果数据帧过长，占用共享信道的时间会更长，会挤占其他设备的网络时间，导致其他设备无法平等地使用网络服务，而且帧长度增加会导致发生冲突的可能性增加，降低网络性能，因此，网络中的帧不能太长。

3.2 透明传输

透明传输指用户可以无视数据帧格式的定义和特殊标记，把它当作一个透明的不存在的东西，可以发送任意二进制数据组合，不用担心用户数据与特殊帧标记发生冲突。数据帧的结构如图3.4所示，接收方检测到 SYN 标记后认为是数据帧的开始，然后开始准备接收数据。如果用户数据中包含了帧结束标记，接收方就会误以为数据帧结束，会导致数据解析错误。虽然透明传输允许用户传输任意二进制组合，但是避免用户数据中出现 SYN 标记仍是必须的，该工作由传输进程代替上层协议完成。

计算机中的文件类型各种各样，各种二进制数据组合都有可能出现，也可能出现和帧标志相同的二进制串，透明传输在数据传输过程中加了一个处理特殊数据的过程，能自动把用户数据中与帧标记相同的数据转换成其他数据，消除用户数据中的特殊组合，避免其在传输中被设备错误解析。在接收方，透明传输负责还原转换后的数据。由于数据转换和还原操作对用户不可见，用户也不需要关心这个过程，该过程对用户是“透明的”，因此命名为透明传输。

透明传输的数据转换和还原的方法主要有两种，一种是高级数据链路控制协议（High-level Data Link Control，HDLC）中使用的零比特插入法，另一种是点对点协议（Point to Point Protocol，PPP）中使用的 7D5E 替换法。

3.2.1 零比特插入法

零比特插入法①是 HDLC 协议中使用的透明传输协议。HDLC 是一个面向比特的传输协议，它是 ISO 在 IBM 公司 SDLC（Synchronous Data Link Control）协议的基础上开发的链路层协议。HDLC 的结构如图3.5所示，其中数据帧的开始标志是比特串 0111110，转换成十六进制数是 7EH②，帧的结束标记也是 7EH。

接收方一边接收数据，一边检测帧标志，第一次发现数据 7EH 时，会认为其是数据帧的开始，第二次发现数据 7EH 时，会认为其是数据帧的结束，用户数据信息中不

---

① 零比特插入法：部分教材也将其称为零比特填充法。

② 7EH：H 表示这个数是十六进制，7E 是具体的数值。

能出现和帧标志相同的数据组合。当连续传输多个帧时，前一个帧的结束字段 F 可以兼作后一帧的起始字段，实现更高效的数据传输。

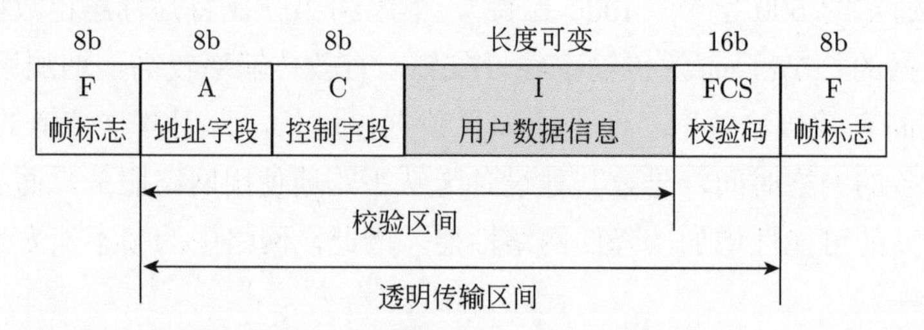

图 3.5 HDLC 帧结构

零比特插入法的工作原理如图3.6所示。发送数据为 01001111110101，发送方一边发送数据一边统计比特数据，当发现 0 后面有 5 个连续的个 1 时，就在第 5 个 1 后面插入一个 0，然后重新计数。因为从第 4 到第 9 个比特是 011111，满足 0 后面有 5 个 1 的条件，于是就在第 9 个比特后面插入一个 0。然后重新开始计数，直到处理完所有的用户数据。经过零比特插入后，用户数据就变成了 010011111010101，不会出现连续 6 个 1 的序列，避免了和帧标记 01111110 冲突。

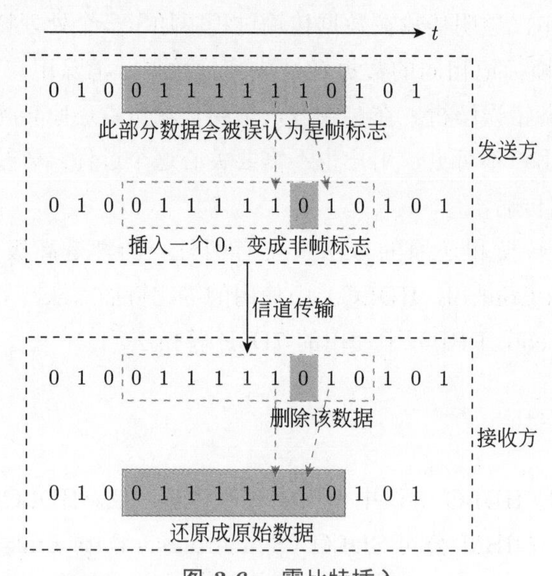

图 3.6 零比特插入

接收数据时，一边接收一边计数，当发现 0 后面有 5 个连续的 1 时，删除第 5 个 1 后面的 0，就可以还原数据。图3.6中，接收方收到的数据是 010011111010101，从第 4 到第 10 个比特满足 0 后面有 5 个 1 的条件，此时接收方直接删除第 11 位的数据 0，就能还原得到原始数据 01001111110101。

在这个示例中，发送进程执行零比特插入操作，接收进程执行零比特删除操作。使用零比特插入法后，插入和删除操作都由协议进程完成，用户可以无视（透明）帧的各

种特殊标记，可以发送任意比特组合。即使用户数据中存在一些特殊数据，该方法也能保证数据正确传输。

3.2.2 7D5E 透明传输

PPP 是一种面向字符的传输协议，其处理数据的最小单位是字符，因此不能使用零比特插入法。PPP 的帧开始标记和帧结束标记也是 7EH，它使用 7D5E 替换法实现透明传输。当 PPP 帧中的数据出现 7EH 时，就把 7EH 替换为 7D5E（RFC 1662），如果用户数据中包含 7D，则将其替换为 7D5D。7D5E 透明传输的替换规则如下。

(1) 7E → 7D5E: 原始数据 7E 被替换为 7D5E;

(2) 7D → 7D5D: 原始数据 7D 被替换为 7D5D。

例如，用户原始数据是 7E8E2D7E6A7D，其透明传输的原理如图3.7所示。原始数据中有 2 个 7E，它们都被替换为 7D5E。数据的最后一个字符是 7D，该字符被替换为 7D5D。最后线路上传输的数据是 7D5E8E2D7D5E6A7D5D。

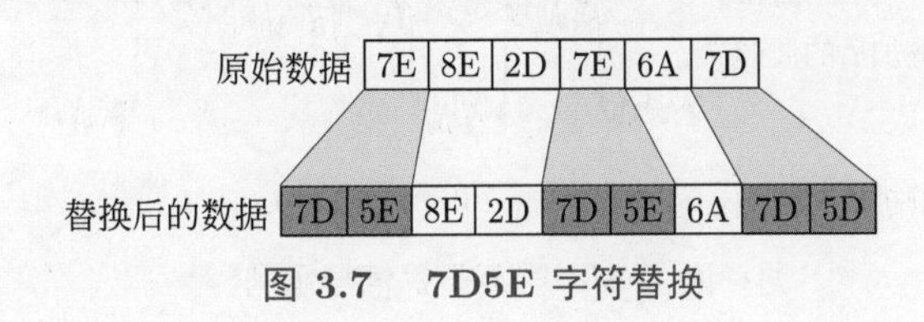

图 3.7 7D5E 字符替换

接收方收到数据后，执行还原操作还原出原始数据。还原规则和替换规则相反，把数据中的 7D5E 还原为 7E，把数据中的 7D5D 还原为 7D。上面示例中，接收方收到的数据是 7D5E8E2D7D5E6A7D5D，数据中 2 个 7D5E 还原为 7E，一个 7D5D 还原为 7D，按照还原规则进行还原，最后得到的数据是 7E8E2D7E6A7D，与用户发送的数据相同。

7D5E 透明传输中帧头是 7E，使用第一条替换规则就可以实现帧头的替换。可是为什么还要增加第二条替换规则？设计一个特殊的数据可以用来解释这个问题。假设，有一个特殊的数据，其内容是 AAA7D5EBBB。如果仅有第一条规则，发送方发送数据时，它发现数据中没有特殊的 7E 组合，所以它不做任何替换，直接发送。但是当接收方收到这个数据时，接收方需要按照第一条规则进行逆向替换，数据解析就会错误变成 AAA7EBBB。设计第二条规则，在发送方对 7E 和 7D 都进行替换，接收方处理数据时就不会出现还原错误。

3.3 差错检测

在传输过程中如果数据信号受到噪声干扰，噪声信号和数据信号碰撞，将导致数据被破坏且无法被识别。网络噪声主要有两种，一种是来自系统内部的随机热噪声（又称白噪声），它由导体内部电子的热振动引起，无法彻底消除。另一种是外部的冲击噪声，通常由外部因素引起，其能量较大且突发性和随机性强，是导致网络信号出错的主要因素。生活中电钻、大型机械或者家用电器等设备产生的电磁干扰都是外部冲击噪声。

噪声信号和数据信号在信道相遇后会相互叠加发生冲突，发生冲突后，原本的高电平可能会变成低电平，原本的低电平可能会变成高电平，数据信号会发生变化导致解析出错。例如，原始数据是 0101100 时，噪声破坏数据的原理如图3.8所示。该信号进行不归零编码后的波形是一个包括 3 个高电平和 4 个低电平的方波，传输的过程中受到外部噪声干扰，两个信号相互叠加，导致第 6 个比特位置能量特别高，数据的第 6 个比特的电平从低电平变为高电平。接收方解析得到的数据是 0101110，与发送数据不一致，传输出现错误。

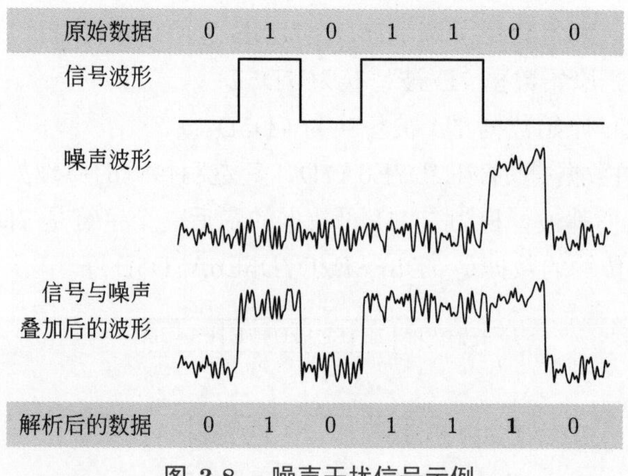

图 3.8 噪声干扰信号示例

噪声信号和正常的数据信号发生冲突后会导致数据解析错误，应当尽量避免。但是，实际生活中噪声无处不在，无法绝对避免，因此，检测数据在传输过程中是否发生错误非常必要。常见的差错检测方法包括检错和纠错两大类，如表3.1所示。其中，检错方法用来检查数据在传输过程中是否发生了错误，不关心发生错误的数据和位置，也不能纠正错误。常见的检错方法有奇偶校验和循环冗余码校验（Cyclical Redundancy Check，CRC），奇偶校验能够检查出数据中出现的奇数个错误。例如，当数据中有 1 个，3 个，5 个等奇数个比特发生错误时，奇偶校验都能够检测到错误。但是，如果有 2 个，4 个，6 个等偶数个数据发生错误时，奇偶校验无法检测这些错误。循环冗余的校验的检测能力比奇偶校验强，能够检测更多类型的错误，但是也有一些错误检测不到。

纠错方法是比检错更高级的方法，它不仅可以检测错误，而且能对错误进行修正。海明码 (Hamming code) 是网络中常用的纠错码，它不仅能够检测到数据传输中的错误，而且还能够计算出发生错误的数据位置。因为，二进制数据只有两种状态 1 和 0，只要能够确定错误发生的位置，纠正就比较容易，只要把错误位置的数据取反，即把数据 0 改为 1，或者把数据 1 改为 0 就能得到正确的数据。

表 3.1 常见的差错控制方法

名 称	类 别	说 明
奇偶校验	检错	检错能力低
循环冗余码校验	检错	检错能力强
海明码	纠错	纠正 1 比特错误

3.3.1　奇偶校验

奇偶校验是奇校验和偶校验的统称，实际应用中只需要选择其中一种。奇校验是在校验位添加一个比特使得数据串中 1 的数量为奇数，偶校验是在校验位添加 1 比特使得数据串中 1 的数量为偶数。

在奇校验算法中，如果用户数据中 1 的个数是偶数，需要在校验位置添加 1，使得这个数据串中 1 的数量是奇数。如果用户数据中 1 的数目已经是奇数个，就在校验位增加 0，继续保持整体数据中 1 的个数是奇数。

在偶校验算法中，如果用户数据中 1 的个数是奇数，需要在校验位置放置 1，使得这个数据串中 1 的数量是偶数。如果用户数据中 1 的数目已经是偶数个，就在校验位增加 0，继续保持整体数据中 1 的个数是偶数。

表3.2所示为奇偶校验的示例，表中的第 1 行数据是 7 个 0，1 的数量是 0，为偶数。使用偶校验时，在该数据最后校验位添加 0，保持整体数据中 1 的总数是偶数，偶校验码是 00000000。使用奇校验时，在校验位添加 1，让数据中 1 的数量变为奇数，奇校验码是 00000001。第 2 行的数据是 1010001，其中共有 3 个 1，1 的数量是奇数。采用偶校验时，为了保证整体的偶数性，需要在校验位添加一个 1，这样整体数据中 1 的数量变为 4，数据中 1 的数量变为偶数，偶校验码是 10100011。采用奇校验时，在校验位添加 0，保持整体数据中 1 的总数是奇数，奇校验码是 10100010。以此类推，第 3 行数据 1101001 的偶校验码是 11010010，奇校验码是 11010011。第 4 行数据的偶校验码是 1111111，奇校验码是 11111110。

表 3.2　奇偶校验示例

7 位数据	偶　校　验	奇　校　验
0000000	0000000<u>0</u>	0000000<u>1</u>
1010001	1010001<u>1</u>	1010001<u>0</u>
1101001	1101001<u>0</u>	1101001<u>1</u>
1111111	1111111<u>1</u>	1111111<u>0</u>

接收方收到奇偶校验数据后，先检测数据整体的奇偶性，如果奇偶性正确，就认为数据在传输过程中没有发生错误。例如，收发双方事先约定使用偶校验，那么接收方就检查数据中 1 的数量是不是偶数。如果是偶数，则认为数据传输过程中没有出错，接收方就去掉数据中的校验位，提取剩余数据作为用户数据交给系统进行处理。如果数据中 1 的数量不是偶数，就认为数据在传输过程中出现了错误，接收方将直接丢弃该数据并要求对方重新发送该数据。如果双方事先约定使用奇校验，那么接收方就检查数据 1 的数量是不是奇数。如果是奇数，则认为传输过程没有出错；如果不是奇数，则认为传输过程中出现了错误。

奇偶校验算法的原理简单且电路实现相对容易，但是，奇偶校验的检错能力有限，不能检测出所有的错误。例如，原始数据是 11010010，偶校验的检错能力如表3.3所示。如果数据中的第一个比特出错，数据变成了 01010010，数据中 1 的数量不是偶数，接收方能够发现错误。如果数据的前 2 个比特出现了错误，数据变成了 00010010，数据

中 1 的数量仍然是偶数，接收方就不能发现这个错误。以此类推，当有数据中有奇数个数据出错时，偶校验都可以发现错误，但是，当有偶数个数据出错时，偶校验则不能发现错误。奇校验和偶校验的检测能力相同，即当有 1，3，5 等奇数个数据出错时，能够检测出错误。当有 2，4，6 等偶数个数据出错误时，该方法不能检测到错误。

表 3.3　偶校验异常情况

原 始 数 据	出错后的数据	是否能发现错误
11010010	01010010	是
	00010010	否
	00110010	是
	00100010	否
	00101010	是
	…	

3.3.2　循环冗余码校验

CRC 是一种比奇偶校验检错能力更强的方法。它利用除法余数的原理来检测错误，两个数据使用二进制除法（没有进位，使用 XOR 来代替减法）计算，计算得到的余数称为校验码或冗余码。在原始数据后面增加冗余码形成发送码。其计算过程如下。

设待发送数据为 $f(x)$，双方约定的 CRC 多项式为 $G(x)$，多项式最高次幂为 k，则发送码 $T(x)$ 可以使用式(3.1)计算。

$$T(x) = f(x) \times 2^k + R(x) \tag{3.1}$$

其中：

$$R(x) = (f(x) \times 2^k) \ \% \ G(x) \tag{3.2}$$

式中：%——计算余数符号。

CRC 发送和接收算过程如图3.9所示，发送数据时，发送方把 $f(x)$ 和 $G(x)$ 相除，得到余数 $R(x)$，再利用式(3.1)计算得到发送码。接收方收到数据后，把接收到的数据 $T'(x)$ 和 $G(x)$ 相除，如果余数等于 0，则说明没有出现错误；如果余数不等于 0，则说明出现了错误。

CRC 除法使用异或（计算符号：$\oplus$）计算，如果操作数相同，则结果为 0；如果操作数不同，则结果为 1。可以简记为："相同为 0，相异为 1"。例如，$1 \oplus 1 = 0$，$0 \oplus 1 = 1$。

例如，待发送数据 $f(x) = 101001$，$G(x) = 1101$，CRC 发送码的计算过程如下。

(1) 计算参数 k。因为多项式 $G(x) = 1101$，该数据用多项式表示为 $G(x) = 1 \cdot x^3 + 1 \cdot x^2 + 0 \cdot x^1 + 1 \cdot x^0$。因为多项式的最高次幂是 3，所以 $k = 3$。参数 k 等于 $G(x)$ 的数据长度减 1。

(2) 计算 $f(x) \times 2^k$。二进制数据计算，一个数乘以 2^n 等于在数的后面添加 n 个 0①。$f(x) \times 2^k = 101001 \times 2^3 = 101001000$。

① 0：二进制数中，$1 \times 2^0 = 1, 1 \times 2^1 = 10, 1 \times 2^2 = 100, 1 \times 2^3 = 1000$。可以发现二进制数乘以 2^k 就等于在该数后面增加 k 个 0。

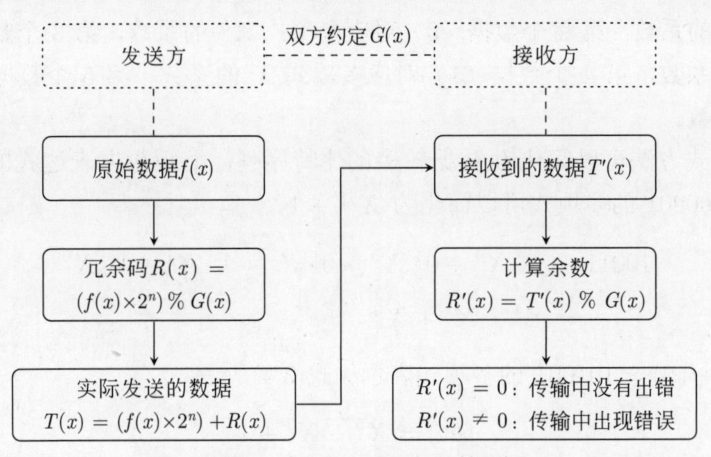

图 3.9 CRC 原理与计算过程

(3) 计算冗余码（余数）。利用式(3.2)计算冗余码，冗余码的长度保留 k 位。计算的过程如图3.10所示，得到冗余码为 001。冗余码保留 k 位比特。

(4) 计算发送码 $T(x)$。使用式(3.1)计算发送码。$T(x) = f(x) \times 2^k + R(x) = 101001000 + 001 = 101001001$。

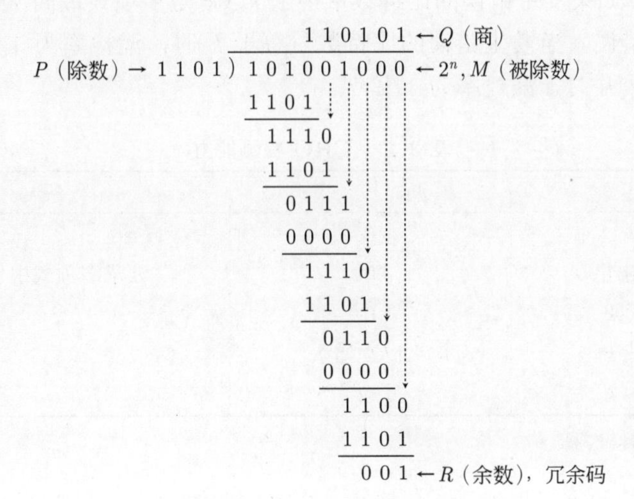

图 3.10 CRC 计算过程

设接收方收到的数据是 $T'(x)$，如果传输过程中没有出错，则 $T'(x) = 101001001$。接收方使用除法检测数据传输错误，它用 $T'(x)$ 除以多项式 $G(x)$ 计算出余数。如果余数等于 0，则它认为数据在传输中没有出错，然后丢弃数据末尾的 3 ($k = 3$) 个比特 001，剩余数据就是发送方的原始数据 101001。

如果 $T'(x)$ 在传输的过程中第 4 个比特发生了错误，接收到的数据 $T'(x)$ 变成了 101101001，该数据和 $G(x)$ 相除，余数不等于 0。接收方认为数据 101101001 中存在错误，直接丢弃该数据并要求发送方重新发送。

CRC 数据可以使用多项式表示，多项式的系数对应二进制串。例如，二进制 10011 对应的多项式是 $X^4 + X + 1$。其转换过程如式(3.3)所示，数据中的第 1 个数据（1）对

应多项式 X^4 的系数，第 2 个数据（0）对应多项式 X^3 的系数，第 3 个数据（0）对应多项式 X^2 的系数，第 4 个数据（1）对应多项式 X 的系数，第 5 个数据（1）对应多项式 X^0 的系数。

使用多项式方法可以简化 0 数据较多的比特序列，缩短数据表达式的长度。例如，10000000000000001 的多项式可以简化为 $X^{16}+1$。

$$\begin{aligned}10011 &\rightarrow 1\cdot X^4+0\cdot X^3+0\cdot X^2+1\cdot X^1+1\cdot X^0\\ &=X^4+X^1+X^0\end{aligned} \tag{3.3}$$

发送数据 $f(x)=101001$ 的多项式表示如式(3.4)所示。

$$f(x)=X^5+X^3+1 \tag{3.4}$$

CRC 多项式 $G(x)=1101$ 的多项式表示如式(3.5)所示。

$$G(x)=X^3+X^2+1 \tag{3.5}$$

CRC 检错能力如表3.4所示，当数据中只有一个比特发生错误时，CRC 一定能够检测到错误。当数据中有 p 个比特出现错误时，只要多项式 $G(x)$ 中含有 X^p 的项，就能够检测到该错误。如果发生错误的比特数量小于 k（k 是多项式最高次幂），则 CRC 能够检测出所有的错误。当发生错误的比特数量等于 k 时，漏检率为 $1/2^{k-1}$。当发生错误的比特数量大于 k 时，漏检率为 $1/2^k$[6]。

表 3.4 CRC 检测能力

错　误	漏 检 率	条　件
1 比特	0	
奇数个比特出错	0	要求多项式中包含奇数项
错误长度 $<k$	0	
错误长度 $=k$	$1/2^{k-1}$	
错误长度 $>k$	$1/2^k$	

注：k 为多项式最高次幂。

观察表3.4中的数据可以发现，k 越大，CRC 的检错能力越强。为了提高网络的检错能力，CRC 使用 k 值较大的多项式进行检错。目前计算机中普遍使用的 CRC 多项式为 CRC-32，其最高次幂是 32，如式(3.6)所示，该 CRC 多项式的漏检率是 $1/2^{32}$[7]。

$$\begin{aligned}\text{CRC-32}_{\text{标准}} &= X^{32}+X^{26}+X^{23}+X^{22}+X^{16}+X^{12}+X^{11}+\\ &X^{10}+X^8+X^7+X^5+X^4+X^2+X+1\end{aligned} \tag{3.6}$$

科学家还发现了更好的 CRC 优化方案，如式(3.7)所示[8]。虽然这个优化后的 CRC 多项式看起来非常复杂，实际上，这些计算在电路上实现起来非常容易[9]。

$$\begin{aligned}\text{CRC-32}_{\text{优化}} &= X^{32}+X^{30}+X^{29}+X^{28}+X^{26}+X^{20}+X^{19}+\\ &X^{17}+X^{16}+X^{15}+X^{11}+X^{10}+X^7+\\ &X^6+X^4+X^2+X+1\end{aligned} \tag{3.7}$$

3.3.3 海明码

海明码（Hamming code）是美国人 Hamming 发明的能够纠正传输错误的一种纠错方法。为了纠正数据错误，海明码需要在数据中增加校验位。海明码纠正不同数量的错误时需要使用的校验位数量不尽相同，本书以纠正 1 比特错误为例讲解海明码的工作原理。设数据长度为 m，需要增加的校验位数量为 k，则冗余位数量 k 应满足式 (3.8) 的要求。海明码实际发送的数据长度为 $m+k$，其传输效率为 $R=m/(m+k)$，为了提高有效传输率，通常 k 取满足要求的最小值。

$$2^k \geqslant m+k+1 \tag{3.8}$$

式 (3.8) 中，m 是数据的长度，k 是海明码校验位的个数。

例如，当数据长度为 7 比特时，根据式(3.8)计算后，需要 4 个校验位，最后发送数据的长度为 $7+4=11$。海明码在 m 位数据中增加 k 个校验位，校验位的位置分别位于数据的第 1，2，4，8，$\cdots$，2^k 位。每一个校验位使用不同的监督公式计算校验值，校验位和监督公式之间的关系如图3.11所示。图中表格上方数字 1，2，4，8 是校验码的位置，左侧的数字 3，5，6，7，9，10，11 是用户数据的位置，表格中的数据是左侧数字的二进制形式。例如，第 1 行纵坐标是 3，表格中的 0011 是 3 的二进制数据。

	$a4$ 8	$a3$ 4	$a2$ 2	$a1$ 1
3	0	0	1	1
5	0	1	0	1
6	0	1	1	0
7	0	1	1	1
9	1	0	0	1
10	1	0	1	0
11	1	0	1	1

图 3.11 海明码校验位确定

注：横坐标是校验位的位置，标题为 $(a4)8$，$(a3)4$，$(a2)2$，$(a1)1$。纵坐标是用户数据的位置，表格中的数据是行标题的二进制数据。

校验码使用异或计算 ①，具体计算规则如式(3.9)所示。校验码 $a1$ 列对应第 1 个监督公式，因为 3，5，7，9，11 的二进制数据在 $a1$ 列的值为 1。校验码 $a2$ 列对应第 2 个监督公式，因为 3，6，7，10，11 的二进制数据在 $a2$ 列的值为 1。校验码 $a3$ 对应第 3 个监督公式，因为 5，6，7 的二进制数据在 $a3$ 列的值为 1。校验码 $a4$ 对应第 4 个监督公式，因为 9，10，11 的二进制数据在 $a4$ 列的值为 1。

$$\begin{aligned} a1 &= X_3 \oplus X_5 \oplus X_7 \oplus X_9 \oplus X_{11} \\ a2 &= X_3 \oplus X_6 \oplus X_7 \oplus X_{10} \oplus X_{11} \\ a3 &= X_5 \oplus X_6 \oplus X_7 \\ a4 &= X_9 \oplus X_{10} \oplus X_{11} \end{aligned} \tag{3.9}$$

① 异或计算：异或运算符为 $\oplus$。计算规则为若操作数相同，结果为 0，若操作数不同，结果为 1。

接收方收到数据后，根据监督公式重新计算校验码，然后和接收到的校验码比对。如果两个校验码相同，其则认为数据在传输过程中没有发生错误。如果两个校验码不相同，其则认为数据在传输中出现了错误。海明码使用异或运算对数据进行比对，如果异或运算的结果为 0，接收方则认为没有出现错误，如果异或运算的结果为 1，则说明参与计算校验码的数据中有一个出现了错误。综合所有校验位就可以计算出具体出错的位置。接收方校验的基本原理如式(3.10)所示，其中 a_i 是发送方计算的第 i 位校验码，h_i 是接收方对第 i 位校验码的验证结果，$h_i=0$ 表示接收方认为第 i 位校验正确，这些位置中的数据没有发生错误。$h_i \neq 0$ 表示接收方认为第 i 位校验不正确，这些位置中的数据发生了错误。

$$\begin{gathered}\text{校验结果} = \text{重新计算校验值} \oplus \text{发送方校验码} \\ h_i = \text{重新计算校验值} \oplus a_i\end{gathered} \tag{3.10}$$

以 7 位数据 4 位校验位为例，接收方的验证如式(3.11)所示。

$$\begin{gathered}h_1 = X_3 \oplus X_5 \oplus X_7 \oplus X_9 \oplus X_{11} \oplus a1 \\ \text{因为 } a1 = X_1\text{，所以} \\ h_1 = X_3 \oplus X_5 \oplus X_7 \oplus X_9 \oplus X_{11} \oplus X_1\end{gathered} \tag{3.11}$$

把 a_i 带入式(3.11)分别计算 4 个校验值的比对结果，具体式子如下。

$$\begin{aligned}h_1 &= X_3 \oplus X_5 \oplus X_7 \oplus X_9 \oplus X_{11} \oplus a1 \\ &= X_3 \oplus X_5 \oplus X_7 \oplus X_9 \oplus X_{11} \oplus X_1 \\ h_2 &= X_3 \oplus X_6 \oplus X_7 \oplus X_{10} \oplus X_{11} \oplus a2 \\ &= X_3 \oplus X_6 \oplus X_7 \oplus X_{10} \oplus X_{11} \oplus X_2 \\ h_3 &= X_5 \oplus X_6 \oplus X_7 \oplus a3 \\ &= X_5 \oplus X_6 \oplus X_7 \oplus X_4 \\ h_4 &= X_9 \oplus X_{10} \oplus X_{11} \oplus a4 \\ &= X_9 \oplus X_{10} \oplus X_{11} \oplus X_8\end{aligned} \tag{3.12}$$

按照校验位下标从大到小的顺序排列得到的二进制数据为 $(h_4h_3h_2h_1)_2$，把该二进制数据转换成十进制后，如果结果是 0，则说明没有发生错误，如果不等于 0，则该数字就是发生错误的数据位置。纠错时只需要把对应位置的数据取反即可。

1. 海明码发送示例

例：已知原始数据为 1001011, 采用海明码编码，求实际发送的数据。

计算过程如下。

(1) 计算校验位数量。从题目中可知数据的长度为 7，即 $m=7$，带入公式 $m+k+1 \leqslant 2^k$，求得 $k \geqslant 4$，为了避免过多冗余，选择 $k=4$ 个校验位。

(2) 重新排列数据。根据海明码原则组合排列 7 位数据和 4 位校验码，定义 4 位校验码分别是 $a1$，$a2$，$a3$，$a4$。校验码的位置分别是 $2^0=1$，$2^1=2$，$2^2=4$，$2^3=8$，其他数据按照原始顺序依次排在剩余的位置。排列后的顺序如表3.5所示，数据从左到右排列，第 1 个校验码 $a1$ 放置在第 1（a^1）位，第 2 个校验码 $a2$ 放置在第 2（a^2）位，第 3 个校验码 $a3$ 放置在第 4（a^3）位，第 4 个校验码 $a4$ 放置在第 8（a^4）位。

表 3.5　海明编码

下标	1	2	3	4	5	6	7	8	9	10	11
发送码	**1**	**0**	1	**1**	0	0	1	**0**	0	1	1
数据	***a*1**	***a*2**	1	***a*3**	0	0	1	***a*4**	0	1	1

(3) 计算校验码。根据式(3.9)计算校验码的值。计算结果为 $a1$=1，$a2$=0，$a3$=1，$a4$=0，具体计算过程如式(3.13)所示。

$$\begin{aligned}
a1 &= X_3 \oplus X_5 \oplus X_7 \oplus X_9 \oplus X_{11} = 1 \oplus 0 \oplus 1 \oplus 0 \oplus 1 = 1\\
a2 &= X_3 \oplus X_6 \oplus X_7 \oplus X_{10} \oplus X_{11} = 1 \oplus 0 \oplus 1 \oplus 1 \oplus 1 = 0\\
a3 &= X_5 \oplus X_6 \oplus X_7 = 0 \oplus 0 \oplus 1 = 1\\
a4 &= X_9 \oplus X_{10} \oplus X_{11} = 0 \oplus 1 \oplus 1 = 0
\end{aligned} \tag{3.13}$$

(4) 计算发送码。把 4 个校验码分别填入对应位置，得到发送码为 10110010011。如果传输过程中没有发生错误，那么接收方收到的数据就是这个发送码。

2. 海明码校验示例

在上面的示例中，发送方实际发送的数据是 10110010011，如果传输中没有错误，接收方收到的数据也是 10110010011。该数据与通用表达式 X_i 的对应关系如表3.6所示。X_1 对应第 1 个比特 1，X_2 对应第 2 个比特 0，其他以此类推。

表 3.6　接收到的数据

接收到的数据	1	0	1	1	0	0	1	0	0	1	1
位置	X_1	X_2	X_3	X_4	X_5	X_6	X_7	X_8	X_9	X_{10}	X_{11}

接收方使用式(3.12)分别计算 h_1，h_2，h_3 和 h_4，计算过程如式(3.14)所示。

$$\begin{aligned}
h_1 &= X_3 \oplus X_5 \oplus X_7 \oplus X_9 \oplus X_{11} \oplus a1\\
&= 1 \oplus 0 \oplus 1 \oplus 0 \oplus 1 \oplus 1 \oplus 1\\
&= 0\\
h_2 &= X_3 \oplus X_6 \oplus X_7 \oplus X_{10} \oplus X_{11} \oplus a2\\
&= 1 \oplus 0 \oplus 1 \oplus 1 \oplus 1 \oplus 0\\
&= 0\\
h_3 &= X_5 \oplus X_6 \oplus X_7 \oplus a3\\
&= 0 \oplus 0 \oplus 1 \oplus 1\\
&= 0\\
h_4 &= X_9 \oplus X_{10} \oplus X_{11} \oplus a4\\
&= 0 \oplus 1 \oplus 1 \oplus 0\\
&= 0
\end{aligned} \tag{3.14}$$

计算结果按顺序排列 $h_4h_3h_2h_1 = 0$，说明传输数据没有发生错误。删除数据中的校验数据，剩余数据 1001011 就是发送方的原始数据。

3. 海明码纠错计算示例

假设，数据在传输过程中有 1 个比特发生了错误，接收方收到数据是 10110110011，请问该数据传输过程中是否发送错误？如果发生了错误，正确的数据是什么？

对比上例中的数据 10110110011 和本例中的数据 10110010011，可以发现本例中数据的第 6 个比特发生了错误，如表3.7所示。

表 3.7　数据传输错误

发送数据	1	0	1	1	0	0	1	0	0	1	1
接收到的数据	1	0	1	1	0	1	1	0	0	1	1
位置	X_1	X_2	X_3	X_4	X_5	X_6	X_7	X_8	X_9	X_{10}	X_{11}

接收方对数据进行海明码纠错的计算过程如下。

(1) 校验码对比。使用式(3.12)计算 4 个校验码的对比结果，计算过程如式(3.15)所示。

$$\begin{aligned} h_1 &= X_3 \oplus X_5 \oplus X_7 \oplus X_9 \oplus X_{11} \oplus X_1 \\ h_2 &= X_3 \oplus X_6 \oplus X_7 \oplus X_{10} \oplus X_{11} \oplus X_2 \\ h_3 &= X_5 \oplus X_6 \oplus X_7 \oplus X_4 \\ h_4 &= X_9 \oplus X_{10} \oplus X_{11} \oplus X_8 \end{aligned} \tag{3.15}$$

代入数据后可以得到计算结果，如式(3.16)所示。

$$\begin{aligned} h_1 &= 1 \oplus 0 \oplus 1 \oplus 0 \oplus 1 \oplus 1 = 0 \\ h_2 &= 1 \oplus 0 \oplus 1 \oplus 1 \oplus 1 \oplus 0 = 1 \\ h_3 &= 0 \oplus 1 \oplus 1 \oplus 1 = 1 \\ h_4 &= 0 \oplus 1 \oplus 1 \oplus 0 = 0 \end{aligned} \tag{3.16}$$

(2) 判断是否出错。把计算结果按照 $h_4h_3h_2h_1$ 的顺序进行排列得到 $h_4h_3h_2h_1 = 0110$，结果不等于 0，说明传输过程出现了错误。

(3) 查找错误位置。把二进制数据 $h_4h_3h_2h_1 = 0110$ 转换为 10 进制数，$h_4h_3h_2h_1 = (0110)_2$ ①$= (6)_{10}$ ② 结果等于 6，说明数据中的第 6 位比特出现错误。

(4) 纠正错误。因为二进制数据中数据只有两种形式 1 和 0，发现第 6 位出现错误，那么，只需要把第 6 位的 1 取反改为 0，就是纠正这个错误。纠错后的数据是 10110010011。

(5) 还原数据。删除纠正后数据中的校验位数据，剩余数据顺序排列，得到的就是正确的发送数据 1001011。

---

① $(0110)_2$：括号外下标 2 表示括号中的数是二进制数。

② $(6)_{10}$: 括号外的下标 10 表示括号里面的数是十进制数。

海明码发送和接收的完整过程如图3.12所示。原始数据 1001011 经过海明编码后为 10110010011，发送的过程中发生错误。接收方实际收到的数据为 10110110011，接收方利用监督公式计算后结果等于 6，发现第 6 位比特出现错误。接收方对第 6 位比特取反，纠正传输错误。最后删除接收数据中的校验数据，剩余的数据就是发送方传输的数据。

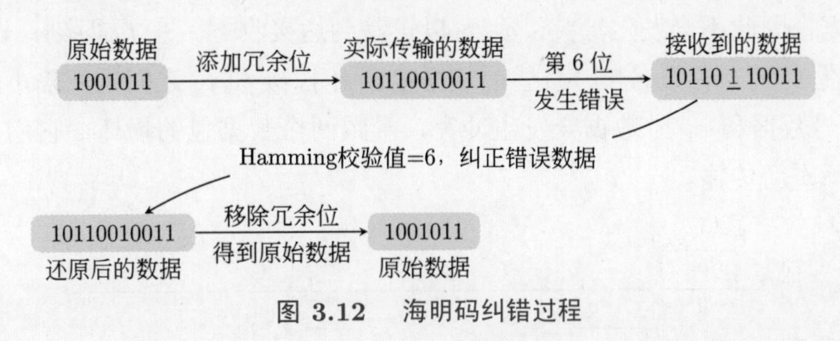

图 3.12 海明码纠错过程

确定海明码校验位和监督公式是海明码计算的关键，当校验位数量比较少时，可以使用如图3.11所示的方法寻找校验公式。如果校验位数量较多，可以使用表3.8中展示的规律推导监督公式。例如，表3.8中第 1 个校验数据 P_1 存放第 1，3，5 等位置的校验结果，这些数据从第 $2^{1-1}=2^0=1$ 个位置开始，每隔 1 个比特取 1 个比特进行校验。第 2 个校验数据 P_2 存放第 2，3，6，7 等位置的数据，这些数据从第 $2^{2-1}=2^1=2$ 个位置开始，每隔 2 个比特取连续 2 个比特参与校验。第 3 个校验数据 P_3 存放第 4，5，6，7，12，13，14，15 等位置的数据，这些数据从第 $2^{3-1}=2^2=4$ 个位置开始，每隔 4 个比特取连续 4 个比特参与校验。其他的校验位以此类推。

表 3.8 海明码校验位规律

下标		1	2	3	4	5	6	7	8	9	10	11	12	13	14	15	16	17	18	19	20
数据位置		**P1**	**P2**	d1	**P4**	d2	d3	d4	**P8**	d5	d6	d7	d8	d9	d10	d11	**P16**	d12	d13	d14	d15
校验位覆盖率	P1	×		×		×		×		×		×		×		×		×		×	
	P2		×	×			×	×			×	×			×	×			×	×	
	P4				×	×	×	×					×	×	×	×					×
	P8								×	×	×	×	×	×	×	×					
	P16																×	×	×	×	×

3.4 介质访问控制

网络设备相互访问时需要遵守一定的规则，才能完成信息的正确传输。如果没有规则，大家随意发送数据，共享信道中信号发生冲突的可能性就比较大，会降低网络传输性能。网络中为了传输数据而设计的规则称为协议，有线网络中的协议是 CSMA/CD[①]（载波侦听多路访问/冲突检测），无线网络中的协议是 CSMA/CA[②]（载波侦听多路访

① CSMA/CD：Carrier Sense Multiple Access with Collision Detection，带冲突检测的载波监听多路访问。

② CSMA/CA：Carrier Sense Multiple Access with Collision Avoidance，带冲突避免的载波感应多路访问。

问/冲突避免)。这两个协议都源于 20 世纪 70 年代初美国夏威夷大学开发的 Aloha 无线交换协议[①]，该协议用来解决夏威夷群岛之间的无线通信问题，目的是让分布在各个岛上的工作站可以通过无线信道进行通信，它是网络中最早使用的通信协议。

Aloha 的工作原理如图3.13所示，四个设备按照各自的需求发送数据，每次发送的时长为 T。在 t_1 时刻，设备 A 发送了编号为 a_1 的数据包，该数据发送期间其他站都没有发送数据，因此不会发生冲突，a_1 可以正常到达接收方。在 t_2 时刻，设备 B 发送 b_1 数据包，在 t_3 时刻，设备 C 发送 c_1 数据包。由于 t_2 和 t_3 之间的间隔小于发送时长 T，因此 b_1 号数据和 c_1 号数据会发生冲突，导致两个数据包的损坏，它们都需要在暂停一段时间后重新传输。

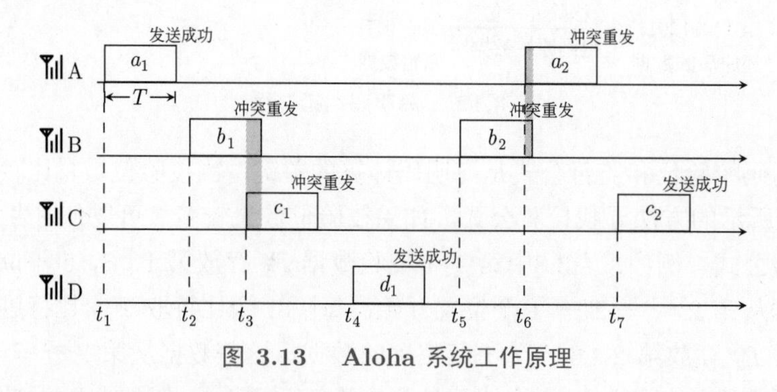

图 3.13 Aloha 系统工作原理

在 t_4 时刻，设备 A 没有发送任务，设备 B 和设备 C 在冲突暂停，只有设备 D 在发送数据，该数据可以正常到达接收方。t_5 时刻，设备 B 暂停结束，重新发送数据(图3.13中的 b_2 数据包)。t_6 时刻，b_2 数据包还没有发送结束，设备 A 开始发送 a_2 号数据包，该数据包与 b_2 发生冲突，两个数据包都被破坏，无法被正常接收。t_7 时刻，只有设备 C 发送数据，网络中没有其他数据传输，因此，c_2 数据包可以发送成功。

Aloha 协议发送数据时，不监听信道中是否存在其他信号，只是按照自己的需要发送数据。网络中的主机之间没有协调，都是想发就发。发生冲突后，主机会暂停发送任务，随机等待一段时间，然后重新发送数据。该网络协议缺少冲突避免机制，冲突发生的概率较高。当网络中发送任务较少时，这种协议可以维持网络运作，但是，当网络中主机发送任务较多时，冲突概率急剧增加，网络性能急剧下降，严重时会导致网络陷入瘫痪。

为了减少冲突发生的概率，提高网络有效传输率，科研人员对 Aloha 协议进行了优化。在 Aloha 协议中增加的监听算法，降低了冲突发生的概率，提高了共享信道的有效传输率。优化后的协议称为载波侦听多路访问和冲突检测协议。

3.4.1 以太网 CSMA/CD 协议

古希腊哲学家亚里士多德认为，世界由水、火、土、气、以太这五种元素组成。他认为以太是一种看不见摸不着的物质，充斥着整个宇宙空间，以太是波的传输媒介。早

① Aloha 无线交换协议：Aloha 是夏威夷人表示致意的问候语，因此这个网络协议也就取名为 Aloha。

期科学家认为，无线信号就是依靠以太才能传输的[10-11]。虽然目前无法证明以太的存在，但是这个古希腊先贤发明的名词却被保留了下来，并被广泛使用。

以太网是一种总线型网络，如图 3.14所示，网络上的计算机使用 CSMA/CD 协议进行通信。该协议具有载波侦听功能，降低了信号冲突的概率，提高了网络性能。CSMA/CD 协议包含若干通信规则，以便计算机之间能顺畅地通信。该协议的基本思想和教室中的发言交流类似。

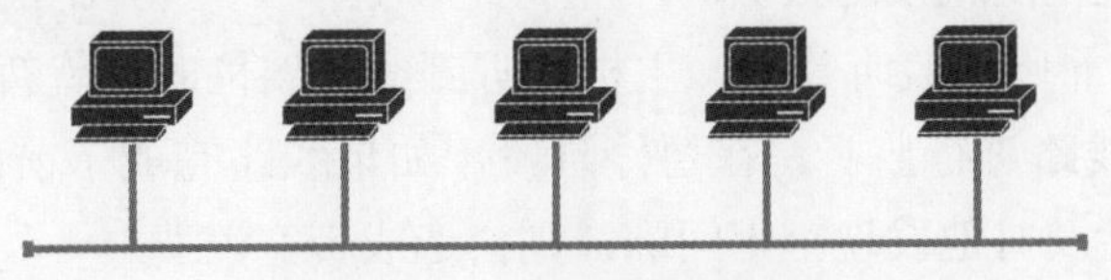

图 3.14 总线型网络拓扑

CSMA/CD 协议要求网络设备应具备以下功能。

(1) 载波侦听 (Carrier Sense，CS): 在网络环境中载波侦听指网络设备应具有探测和侦听信道中信号的能力，该功能类似于参与交流的师生都必须具有听力，能够听到其他人说话的声音。

(2) 多路接入 (Multiple Access，MA): 一个设备可以和多个设备连接，例如，网络中一个交换机可以连接多个计算机主机。类似于教室中的每个学生都可以和老师交流。

(3) 冲突检测 (Collision Detection，CD): 设备应具有发现网络冲突的能力，一旦网络中发生了冲突，设备就暂停发送。教室进行讨论时，如果大家一起讲话，整个教室将乱糟糟的，最后什么也听不清。为了能够听清楚对方的讲话内容，就应该设定一个规则，同一时间只允许一个人发言。

CSMA/CD 协议要求设备发送数据时按照一定规则使用上面的功能，该规则可以概括为四句话：**“先听后发，边听边发，冲突停发，随机重发。”**

(1) 先听后发: 发送数据之前先监听线路，如果线路空闲则发送数据，如果线路繁忙则不发送数据。CSMA/CD 通过检测线路上是否存在电信号来判断线路是否繁忙，如果线路上没有电信号，则说明线路空闲；反之则说明线路繁忙。设备发现线路繁忙后，会启动监听算法计算下一次发送的时间，监听算法包括 0–坚持（0–persistent），1–坚持（1–persistent）和 P–坚持（P–persistent）三种。

(2) 边听边发: 数据发送出去后，设备仍然要继续监听线路上的电信号。因为数据在传输过程中有可能被噪声干扰，如果有两个主机同时监听，同时发现线路空闲，然后它们同时发送数据，那么这两个信号就会发生冲突。因此，设备发送数据后仍必须对线路进行监听，探测网络中是否发生冲突。

(3) 冲突停发: 在发送过程中如果发生了冲突，发送主机就必须立即停止发送数据。及时停止发送，可以避免更多的数据冲突，减少冲突持续的时间，同时也减少被冲突破坏的数据量。

(4) 随机重发: 冲突发生后，卷入冲突的所有发送主机都要暂停发送，然后各自选择一个随机时间重新开始发送任务。采用随机等待时间可以有效避免二次冲突的发生。在 CSMA/CD 算法中，主机使用二进制指数回退算法选择退避时间，该算法的特点是退避时间会随着冲突次数的增加而变长，当冲突次数增多到一定程度时，暂停时间会超过系统设定的阈值[①]，主机就会认为对方不可到达，从而放弃通信。

1. 监听算法

监听线路是否可以传输数据的方法有三种：0–坚持，1–坚持和 P–坚持。0–坚持就是不坚持监听，一旦发现信道繁忙就放弃监听，暂停一个较长时间再重新监听。1–坚持是持续监听，一旦发现空闲就发送数据。P–坚持是以概率 $P \in [0,1]$ 决定是否继续监听。

(1) 0–坚持又称非坚持监听算法，主机监听到线路繁忙时，就暂停线路监听，暂停一段时间后重新对线路进行监听。在暂停阶段，如果线路完成了前面数据的传输任务，线路空闲，主机不能及时地发现空闲间隙，则会造成带宽浪费。

(2) 1–坚持是持续对线路进行监听。当主机监听到线路繁忙时，主机会持续对线路进行监听，直到线路空闲。一旦发现线路空闲，就立刻开始发送数据。1–坚持算法可以及时发现空闲状态，提高了线路的利用率。但是，如果网络中所有主机都使用 1–坚持算法，线路出现空闲后，大量主机会同时抢发数据，从而造成大规模的冲突，线路有效利用率会急剧下降。

(3) P–坚持是以概率 P 进行监听。当主机监听到线路繁忙时，以概率 P 决定继续监听，以概率 $1-P$ 放弃监听进入暂停、等待状态。P–坚持是介于 0–坚持和 1–坚持之间的折中策略，0–坚持和 1–坚持是 P–坚持的特例。

监听算法类似于人们出行时根据道路拥堵程度对出行做出的选择。假设有一个人准备开车出去办事，如果他采用 0–坚持算法，他的做法是先出去在路边看一眼，发现交通拥堵，他就转身回家，休息一会儿后再出去查看路况。如果采用 1–坚持算法时，当他发现交通拥堵时，他不会回家休息，车不熄火，他就一直在路边等待，一旦发现有空隙，就见缝插针地穿插进去。如果是采用 P–坚持算法，当发现交通比较拥堵时，他的做法就比较特殊，他会掏出一个色子，用掷色子的方法来决定是继续等待，还是回家休息。

P–坚持算法是一种介于 0–坚持算法和 1–坚持算法之间的方法，假如局域网中有 N 个主机等待发送数据，局域网中所有主机的发送数据的总期望值为 $NP = N \times P$。P 值对网络性能影响较大，选择合适的 P 值，可以提高网络传输效率。如果 P 值过大，使得 $NP > 1$，就会产生冲突。如果 P 值过小，媒体利用率会大大降低。

不同 P 值与网络性能之间的关系如图3.15所示。图3.15中，横坐标是单位时间内网络中发送数据的数量，该数值与网络中设备的数量成正比。纵坐标是网络整体吞吐率，吞吐率越高，网络利用率越高。观察不同 P 值的走势，总体规律是随着网络规模增加，P 值越接近 1，性能下降越明显；P 值越接近 0，网络整体吞吐率越高。从图3.15中还可以发现，随着发送数量增加，1–坚持算法的吞吐率下降很快，当发送数量达到 8G/s 时，网络吞吐率几乎降为 0，网络瘫痪。0–坚持算法的吞吐率随着发送数量的增加而增加，但最高吞吐率都小于 0.9，无法继续提高。网络性能最好的是 0.01–坚持算法，使用

① 阈值：音 yù zhí，临界值的意思。

该算法时，随着网络规模增加，网络的吞吐率也在增加，而且吞吐率接近 1，性能优于其他监听算法。

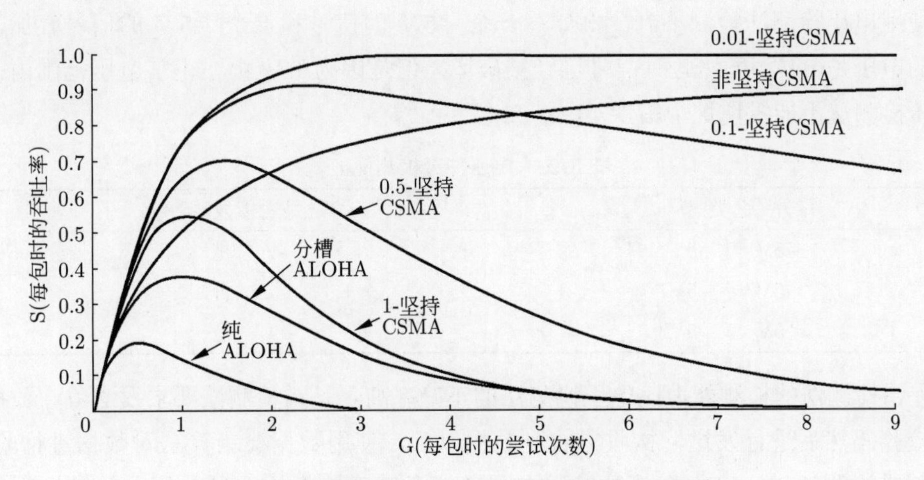

图 3.15 监听算法（0–坚持、1–坚持、P–坚持）

网络中主机数量少，单位时间内的传输请求就少；网络中主机数量多，单位时间内的传输请求就多。当局域网规模较小时，这些协议基本都可以正常工作。当网络中设备数据增加时，1–坚持算法的性能会快速下降。因为 1–坚持网络中主机一直都在争用信道，所有的主机都不退避，设备都在争抢发送数据，冲突次数增加。当设备数量较多时，整个网络将一直处于冲突状态，无法进行正常的通信，无法正常地转发数据，吞吐率降为 0，网络陷入瘫痪状态。

如图3.15所示，当网络发送量大于 9Gb/s 时，只有少数算法可以正常工作。其中，0.1–坚持算法虽然可以工作，但是曲线已经出现下降趋势，这意味着如果继续增加主机数量，网络也会瘫痪。0–坚持算法曲线一直呈现增长趋势，没有出现下降趋势，意味着即使继续增加主机数量，该协议也能正常工作。0.01–坚持算法在发送量大于 9Gb/s 时，吞吐率一直都接近 1，而且比较平稳没有出现下降趋势。这意味着即使再增加主机，网络性能仍能够保持在相对较高的水平。因此 0.01–坚持算法的网络性能最好。

为了适应不同规模的网络，网络设备通常不能采用固定的 0–坚持和 1–坚持算法，也不能使用固定 P 值的 P–坚持算法，而是使用一种动态调整的 P–坚持算法[12-13]。网络设备通畅时使用 $P=1$ 坚持算法尝试发送数据，然后逐步调整 P 值，使用网络环境。如果对 P 值的选择感兴趣可以阅读这篇博士论文: Abukharis S.H.S. *Accurate Cross-Layer Modelling and Evaluation of IEEE 802.11e using a Differentiated p-Persistent CSMA Protocol.* PhD diss., University of Sheffield, 2013 [14]。

2. 冲突检测

冲突检测的方法主要有电压检测和差错检测两大类。电压检测是在发送数据的同时检测线路上的电压值，如果某一时刻信道上的电压值超出了阈值范围，则线路被称为发生了冲突。例如，正常信号的电压范围是 [−5 V, +5 V]，若某时刻检测到了一个 +10 V

的电压，则意味着信道上有电压叠加现象发生，判定网络发生了冲突。电压检测法速度快，可以及时发现冲突，但是检测能力有限，不能检测所有的冲突，如表3.9所示，部分冲突使用电压检测法检测不到。例如，一个 +5 V 的信号和一个 −5 V 的信号叠加，叠加后的电压是 0 V，虽然此时信号已经被破坏，但是因为 0 V 仍在正常电压范围内，所以电压检测法不能发现这个错误。

表 3.9 电压冲突检测能力

冲 突 类 型	是否能发现冲突
+5V 与 +5V	是
+5V 与 −5V	否
−5V 与 −5V	是

差错检测法的检测能力比电压检测法的正确率高。差错检测法要求发送方在数据中附加校验码然后进行发送，接收方收到数据以后，使用数据检错算法对数据进行验证。如果差错检测通过，接收方就给发送方回送一个正确接收的信号。如果差错检测未通过，接收方就给发送方回送一个数据出错信号。和电压检测法相比，差错检测法检错能力强，但是，这类方法需要在数据中增加校验位，使得信道的有效传输率低。

3. 退避算法

退避指暂停发送避免继续发生冲突，从而减少冲突破坏的方法。退避算法的核心是选择暂停时间，退避时间不能太长，否则会造成线路空闲浪费带宽，也不能太短，否则会造成二次冲突。二进制指数退避是实现网络退避的主要算法，退避时间使用式(3.17)计算。

$$\xi = \mathrm{random}[0, 2^n] \tag{3.17}$$

其中，n 为数据包发生冲突的次数，random 表示随机数区间。

二进制退避算法的取值范围随冲突次数的增加而增加。第 1 次发生冲突时，$n = 1$，退避时间将在 $[0, 2^1]$ 选择，最大退避时间是 2。第 2 次发生冲突时，$n = 2$，退避时间将在 $[0, 2^2]$ 选择，最大退避时间是 4，其他以此类推。可以发现冲突次数越多，n 值越大，退避时间就可能越长。当冲突时间超过一定阈值时，系统认为对方不可达，放弃发送任务。

CSMA/CD 是比 Aloha 更高级的一个网络协议，网络中的主机争用共享信道。为了减少冲突发生的概率，CSMA/CD 协议在发送数据前需要对信道进行监听，信道空闲时主机才能发送数据。为了降低冲突的影响，在传输过程中仍需要对信道继续进行监听，一旦发现冲突就暂停发送。CSMA/CD 协议减少了冲突发生的概率，提高了网络性能，但是仍不能完全避免冲突，它只是减少了冲突发生的概率。与此相比，令牌环协议是另外一种完全不同的网络协议，它可以完全避免冲突发生。

3.4.2 令牌网 Token 协议

在 CSMA/CD 网络中，冲突只能尽量减少，但是无法完全避免，但是，令牌网络与 CSMA/CD 网络不同，它可以完全避免冲突发生。令牌网络的工作原理可以用某非洲部落的集会做类比。在非洲有个部落，该部落全体集会时，为了保持发言有序进行，所有的成员围成一个圈，首领将自己的权杖作为信物在人圈中传递。规定只有拿到权杖的人才能发言，其他人只能静听。每当发言结束后权杖需要传递给下一个成员，如此循环。因为只有一个权杖且只有持有权杖的人才可以发言，所以每次只有一个人发言且每一个人都有不受干扰的发言权力，不会出现同时发言争吵（冲突）的情况。

令牌网络中有一个特殊数据的数据帧，称为“令牌 (token)”。该令牌与部落中的权杖类似，令牌只有一个且按照一定的顺序在主机之间传递。只有得到令牌的主机才被允许发送数据，没有得到令牌的主机不能发送数据，只能等待令牌。令牌网络中数据主机按照一定的顺序轮流持有令牌，轮流发送数据，数据不会冲突，线路有效利用率高。因为令牌网络中不会发生冲突，所以该网络不需要冲突检测，减少了计算量，提高了效率。令牌网络按照拓扑结构还可以划分为令牌总线网络和令牌环网络两种。

1. 令牌总线网络

令牌总线网络中所有的主机都连到同一根总线上，网络物理拓扑结构是总线型，但是逻辑拓扑是环状结构。网络启动后，主机会依次加入一个逻辑环网络（又称 overlay network，覆盖网络）中，各主机依次首尾相连形成一个逻辑环。令牌总线网络中每个主机都有一个前导主机和一个后继主机，令牌在逻辑环中依次转发。图3.16所示为令牌总线的一个结构示例，图中的实线代表物理信道，虚线代表逻辑环网络。网络中 5 台主机连接在同一总线上，虚线箭头表示逻辑环中主机之间的先后关系。网络中的每一个主机都保存一个链接表，记录其在逻辑环中的前驱节点和后继结点。例如，主机 A 的链接表记录了主机 A 的前驱节点是 D，后继节点是 C，意味着主机 A 将从主机 D 接收令牌，令牌使用结束以后转交给主机 C。其他主机都在链接表中保存类似的记录，这些链接表的内容联合起来就形成了一个逻辑环路。

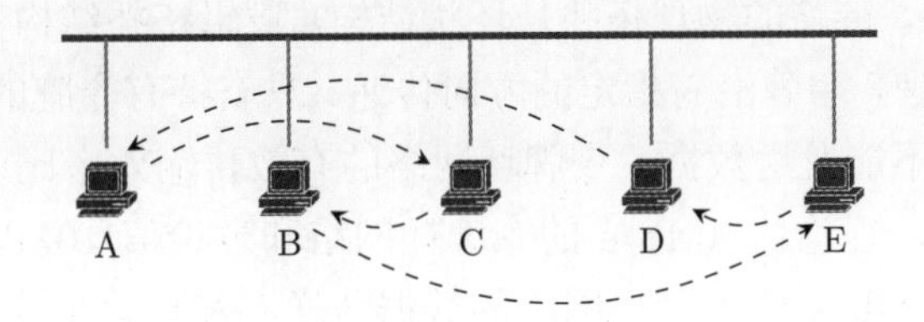

图 3.16　令牌总线。实线为物理连接，虚线表示逻辑环

网络中令牌沿着逻辑环依次向后传递，只有得到令牌的主机才可以发送数据，其他主机不能发送数据。令牌传送到主机后，如果主机有发送需求就发送数据，如果没有发送需求，就把令牌传给下一个主机。主机持有令牌的时间有限，如果令牌时间到期，但是数据还没有发送完，主机不能继续占有令牌，必须把令牌传递给下一个节点，同时，保存当前的发送状态，剩余的数据等到下一次得到令牌时继续发送。

令牌网络使用逻辑环网（又称覆盖网）实现令牌的环状传递，网络中增加或者删除节点时，逻辑环网络也需要进行调整。增加和删除主机节点时需要使用环状算法，需要相邻 2 个主机都修改链接表才能实现。例如，在图3.16中所示的网络中的主机 B 和 C

之间增加一个新的主机 F 时，首先需要把 F 的前驱节点指向主机 B，后继节点指向主机 C，然后把 B 的后继节点指向 F。如果该网络中删除主机 E，需要把 B 的后继节点指向 E 的后继主机 D，并释放主机 E 中链接表的资源。

令牌总线网使用链接表实现环状数据传输，网络中信号有序传输，不会发生冲突，信道的有效利用率高。该网络的主要特点如下。

(1) 各主机公平有序地享有公共信道的访问权。各主机持有令牌的时间长度相同，平等地享有传输时长，并公平地享有发送数据的时间。令牌按照逻辑环中的顺序依次传递，持有令牌的主机有序发送，避免了多个主机同时发送数据的情况，网络中不存在冲突。

(2) 数据无最小帧长限制。在时间允许的范围内，主机可以发送任意长度数据，可以发送体积小的数据，也可以发送体积大的数据。最小用户数据长度可以是零，仅用来传输令牌。最大用户数据长度与令牌持有时间相关，令牌持有时间越长，用户数据可以越大。

(3) 网络平均延时较小。因为令牌总线网络中没有冲突，数据出错率较低，发送过程中也不需要冲突检测，为设备和交换设备节省了计算时间，减少了传输延时。

虽然令牌总线网络无冲突，传输延时小。但是，在令牌总线网络增加和删除节点时需要邻居节点参与，逻辑环的维护工作复杂。同时，逻辑环信息由分别存储在不同主机的链接表构成，任何一个节点的链接表发生错误都会导致整个环网无法工作，网络稳定性和安全性较差。网络中的主机如果频繁地开机和关机，会导致网络结构变化，逻辑环网需要不停的调整和更新，从而消耗大量的计算时间维护网络，严重降低网络性能。

2. 令牌环网络

令牌环网络是令牌总线网络的改进版本。把令牌总线的首和尾相互连接起来，原来的令牌总线网络就变成了令牌环网络。令牌环网络的结构如图3.17所示。主机 A，主机 B 和主机 C 相互连接，链路的物理拓扑是环状结构，逻辑拓扑结构也是环状结构。网络中同样也只有一个令牌，令牌沿着指定的方向传递。只有持有令牌的主机可以发送数据，没有得到令牌的主机不能发送数据。令牌环网络的有效传输效率比以太网（CSMA/CD 网络）的传输效率高，理论值 4Mb/s 的令牌环网络和理论值 10Mb/s 的以太网数据传送率相当，理论值 16Mb/s 的令牌环网络的数据传送率和理论值为 100Mb/s 的以太网几乎相当[15-16]。

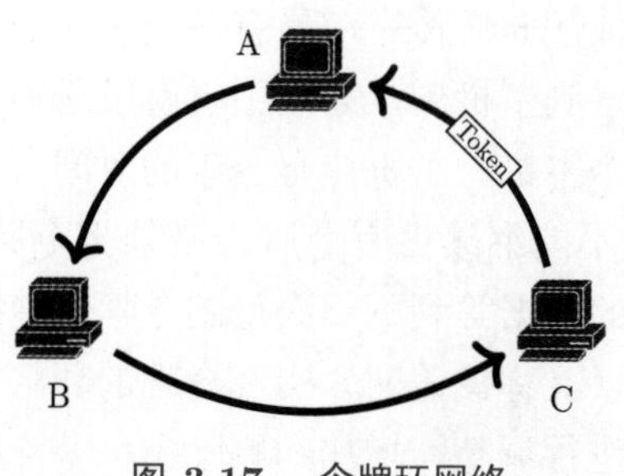

图 3.17 令牌环网络

为了让紧急数据能够及时地发送出去，令牌环网络中增加了优先权设定，令牌传递按照主机的优先级传递，优先级高的先得到令牌，优先级低的后得到令牌。使用优先级机制后，紧急数据可以及时发送出去，但是，这个机制增加了网络维护成本。每当优先级发生变化时，网络逻辑拓扑都需要重建，系统开销较大。

令牌环网络的工作包括初始化环、加入环、离开环三个主要操作。初始化环时，网络中的所有的主机都监听信道，查看网络中是否存在令牌。如果检测到有令牌存在，则主机发送请求命令申请加入环网络。如果网络中没有令牌，主机就自己产生一个令牌并广播到网络中。若有多个主机同时产生新令牌向网络发送时，则会产生令牌冲突。令牌冲突后，所有主机都撤销自己令牌，暂停一段时间后，重新开始监听信道探测是否存在令牌，若没有就再次广播自己的令牌。在初始化阶段，经过多次尝试后，网络中最终将只保留一个令牌。

IEEE 802.4 协议规定每个主机在信息传输完毕之后，如果还有空余的持有令牌时间，则应执行必要的环路维护工作，询问是否有新主机加入。如果有，则查看新主机是否满足成为节点的要求，当新主机满足要求时，持有令牌的主机还必须协调相应的节点进行链表更新，把新主机加入逻辑环中。

主机离开令牌网络时需要通知相应的主机更新信息，完成后才能正式离开。离开主机给自己的前驱和后继主机各发送一个特殊的“离开帧”，里面包含离开请求，自己的地址，前驱主机地址和后继主机地址。前驱主机收到该离开帧后把自己的后继设置为将离开帧中的后继；后继主机收到该离开帧后把自己的前驱设置为将离开帧中的前驱。如果主机离开时遇到了网络故障，导致维护工作中途断开，无法形成闭合的环路，网络就会销毁当前逻辑环，重新构建逻辑环路。

当网络规模较小、网络中主机数目比较少时，主机加入和离开的频率低，令牌环网络相对稳定，线路有效利用率高。但是，当网络规模较大，主机加入和离开的频率较高时，网络结构不稳定，网络中的主机需要耗费大量时间维护网络，会增加网络维护的工作量。这样会导致正常的数据传输时间被挤占，从而降低网络有效传输效率，因此令牌环网络适用于规模较小（网络中设备数量少）的网络，不适用于规模大（网络中设备数量大）的网络。

3.5 无线局域网

无线局域网指使用无线技术组建的局域网。早期无线局域网使用 2.4GHz 的微波发送信号，信号频带较窄，信号冲突可能性较大。扩展无线信号使用 5GHz 频率发送信号，增加了信号频带宽，减少了信号冲突。

无线局域网中使用的协议主要有 802.11b、802.11g、802.11a 和 802.11n 四种。802.11b 工作频率为 2.4GHz，最大传输速度为 11Mb/s。802.11g 工作频率是 2.4GHz，最大传输速度达到 54Mb/s，使用频分复用技术发送信号。802.11a 工作频率为 5GHz，最大传输速度也是 54Mb/s。802.11n 使用多输入多输出技术[17]，传输的速度可以达到 600Mb/s。

家庭无线路由器的工作频率为 2.4GHz 和 5GHz，每个路由器有 13 个频道。为了使路由器之间不发生冲突，路由器启动后会自动探测空闲信道，使用空闲信道通信。但是，如果环境中无线路由器的数量超过 13 个，就会有两个路由器使用同一个频道的情况发生，产生信号冲突。因此，同一个局域网内，无线路由器的数量不能超过 13 个。

连接在同一个路由器的所有设备构成的集合称为服务集合（Basic Service Set，BSS），同一个 BSS 内部的主机可以相互通信。同一个 BSS 内部的主机使用冲突避免算法 CSMA/CA 进行通信。

3.5.1 CSMA/CA

CSMA/CA 利用确认机制避免冲突的发生。发送方发送数据之前需要向网络发送一个请求传送的报文，得到对方确认后才开始发送数据。发送完一个数据包后，需要等待对方确认传输无误后，才能继续发送。

CSMA/CA 的工作流程如图3.18所示。主机 A 是发送方，主机 B 是接收方。主机 A 发送数据之前需要广播一个请求传送（Request to Send，RTS）报文给接收方，该请求包有两个作用，第一个作用是询问接收方是否准备好接收数据，第二个作用是通知网络中其他主机暂停发送。

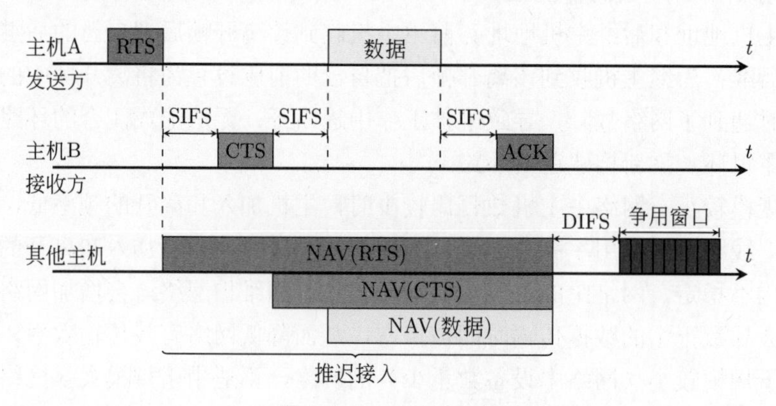

图 3.18　CSMA/CA

注：RTS—请求发送；CTS—清除发送；DIFS—介质空闲；SIFS—帧间小空闲；NAV—网络分配值。

接收主机 B 同意接收数据时，它需要回应一个 CTS 信号（Clear to Send）。该信号也有两个作用，一是告诉主机 A 自己已经准备好，可以开始发送数据。二是再次向网络中其他主机广播，告诉其他主机：“我们准备发送数据了，请暂停避让”。CTS 的目的是为数据传输清除可能的冲突，让其他主机暂停避让。

CSMA/CA 协议中，主机 A 只有在收到 CTS 确认后才能开始发送数据，每发送一个数据包需要暂停，等待接收主机发送确认信号 ACK 后，才能发送下一个 RTS 发送请求。802.11ax 协议中定义一次传输的最大时间长度（NAV）为值定义为 200μs。如果主机 A 需要发送的数据较多，需要多个包才能传输完。它不能独占信道，在规定时间结束后，它必须释放信道，剩余数据只能等到下一次重新竞争到信道使用权后发送。

3.5.2 多设备 CSMA/CA 通信

CSMA/CA 算法使用 RTS 和 CTS 机制避免发生冲突，但是不能完全消除冲突的发生，只能降低冲突发生的概率。图3.19所示为冲突无法完全避免的原理示意。图中 5 台设备组成的一个无线局域网，其中，设备 B、设备 C、设备 E 都在设备 A 的无线信号覆盖的范围内，设备 D 不在设备 A 无线覆盖范围内。设备 A、设备 E、设备 D 在设备 B 的无线信号覆盖的范围内，但设备 C 不在设备 B 的无线覆盖范围内。

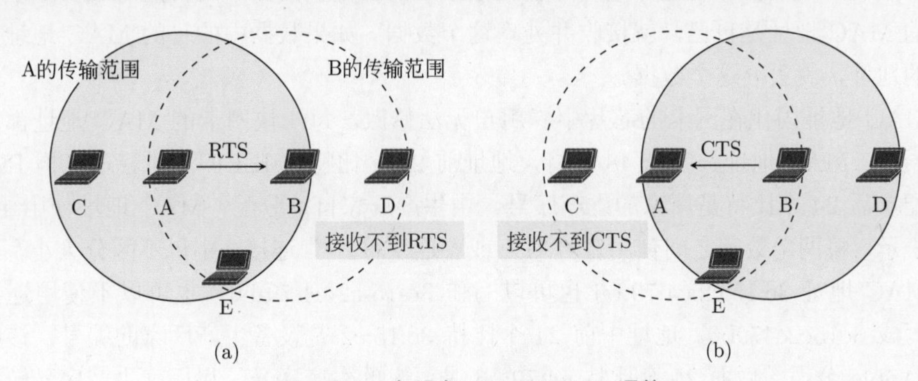

图 3.19 多设备 CSMA/CA 通信

(a) A 发送 RTS 帧；(b) B 发送 CTS 帧

如图3.19(a) 所示，当设备 A 向设备 B 发送数据时，A 先向 B 发送一个请求发送（RTS）帧。设备 B 收到 RTS 帧后就向设备 A 回应一个允许发送（CTS）帧，设备 A 收到 CTS 帧后就可发送其数据帧了。在这个过程中，设备 C 处于设备 A 的无线传输范围内，它能够监听到设备 A 发送的 RTS 帧，但是，由于它不在 B 的传输范围内，它接收不到 B 发送的 CTS 帧，如图3.19(b) 所示。因此，设备 C 认为上一次 RTS–CTS 通信没有成功，它就有可能向网络中发送数据，造成冲突。

通过上面的例子可以发现，当无线网络规模较大时，存在相互不能直接通信的设备，网络中的冲突无法避免。减少这种无线冲突的有效方法是减少网络规模，可以使用多个无线路由器将设备分组连接，各组的路由器使用有线连接。这样每一个无线 BSS 小组内，所有设备均可见，就能有效避免发生上面的冲突。

RTS 帧和 CTS 帧的长度都比较小，分别是 20 字节和 14 字节，数据量小，网络开销非常小。它们类似军队中的先遣队伍，为大部队行军探路。一旦发现道路通畅且没有危险，后面的大部队就可以开始行军。一旦发现道路存在危险，后续大部队就会停止行军。使用 RTS 和 CTS 帧后，网络中发生冲突的概率下降明显。但尽管 CSMA/CA 协议经过了精心的设计，冲突仍然会发生，当发生冲突时，CSMA/CA 使用退避算法暂停一段时间，然后重新监听信道。例如，设备 B 和设备 C 同时向设备 A 发送 RTS 帧。这两个 RTS 帧在发生冲突后，会各自随机地推迟一段时间，然后重新发送 RTS 帧。CSMA/CA 的暂停时间算法与 CSMA/CD 一样，也是使用二进制指数退避。

CSMA/CA 和 CSMA/CD 都是局域网中常用的信号传输协议，他们之间主要的区别是冲突处理方式，CSMA/CD 算法通过检测冲突，减少冲突对网络性能的影响，

CSMA/CA 算法在发送数据前，使用 RTS 和 CTS 机制广播信道占用权，尽量避免通信过程发生冲突。

3.6 MAC 地址

物理地址（Media Access Control，MAC）是局域网发送和接收数据的重要依据，相当于主机的“收信”地址。接收方收到数据后需要检查数据中的目的 MAC 地址，如果目的 MAC 地址是自己，就接收并处理这个数据。如果数据中的目的 MAC 地址不是自己的地址，就丢弃这个数据。

MAC 地址固化在网卡的芯片中，用户无法修改，每一块网卡的 MAC 地址都是全球唯一的。MAC 地址长度是 48 比特，地址前 24 个比特由 IEEE 注册管理机构 RA 负责分配，后 24 个比特是厂家的生产序号，由生产厂家自定分配。MAC 地址使用 16 进制数表示，每两个数字之间使用冒号“:”或者连字符“-”连接，字母不区分大小写。例如，MAC 地址 3c:15:c2:c4:79:b6 也可以写作 3c-15-c2-c4-79-b6，也可以不使用连字符直接写成 3c15c2c479b6。地址中前 24 个比特 3c:15:c2 是设备生产厂家的编号，该编号代表 Apple 公司。后面 24 个比特 c4:79:b6 是厂家的生产序号，将厂家生产序号转换为十进制后值为 12 876 214，表示该网卡是苹果公司生产的第 12 876 214 块网卡。

在 Windows 系统中，可以使用系统自带命令 ipconfig[①]查看本机的 MAC 地址。打开 Windows 的命令窗口，或者直接按⊞+r快捷键，然后在对话框中输入 cmd 命令，进入命令窗口，输入命令 ipconfig/all，查看本地的 MAC 地址。

```
ipconfig /all    # 显示详细的网卡信息
```

```
---------------------------------------屏幕输出 ---------------------------------------
1  Windows IP Configuration
2
3  Host Name . . . . . . . . . . . . . : w516
4  Primary Dns Suffix  . . . . . . . . :
5  Node Type . . . . . . . . . . . . . : Unknown
6  IP Routing Enabled  . . . . . . . . : No
7  WINS Proxy Enabled  . . . . . . . . : No
8
9  Ethernet adapter 本地连接:
10
11 Connection-specific DNS Suffix  . . :
12 Description . . . . . . . . . . . . : Realtek RTL8139 PCI NIC
13 Physical Address. . . . . . . . . . : 00-E0-4C-62-BD-FE
14 DHCP enabled. . . . . . . . . . . . : No
15 IP Address. . . . . . . . . . . . . : 202.203.22.150
16 Subnet Mask . . . . . . . . . . . . : 255.255.255.0
17 Default Gateway . . . . . . . . . . : 202.203.22.254
18 DNS Server. . . . . . . . . . . . . : 202.203.16.17
---------------------------------------------------------------------------------------
```

其中 Physical Address 就是 MAC 地址，Description 是网卡的信息，Realtek 是公司名称，RTL8139 是网卡芯片型号，PCI 是接口类型，NIC 是 network interface card

① ifconfig：interface configuration 的简写。

的缩写。MAC 地址是 00-E0-4C-62-BD-FE，利用 MAC 地址查询接口可以知道该网卡是 Realtek 公司制造的第 6 471 166 块网卡。

在 Linux 系统中，需要使用 ifconfig 查看主机的 MAC 地址。打开 Linux 终端，输入命令 ifconfig，就会显示网络信息。

```
ifconfig -a    # 查看网卡信息
```

```
-----------------------------------------屏幕输出-----------------------------------------
1 en0: flags=8863<UP,BROADCAST,SMART,RUNNING,SIMPLEX,MULTICAST> mtu 1300
2 ether 3c:15:c2:c4:79:b6
3 inet6 fe80::26:940b:774f:c4d4 en0 prefixlen 64 secured scopeid 0x5
4 inet 192.168.3.37 netmask 0xffffff00 broadcast 192.168.3.255
5 nd6 options=201 <PERFORMNUD,DAD>
6 media: autoselect
7 status: active
------------------------------------------------------------------------------------------
```

其中 en0 是网卡的名称，en0 是 ethernet 0 的缩写，ethernet 表示以太网，0 表示网卡序号。Linux 系统的网卡编号从 0 开始，en0 表示主机的第 1 块网卡。ether 表示以太网 MAC 地址，后面的数据 3c:15:c2:c4:79:b6 是网卡的 MAC 地址。inet 表示网络地址，192.168.3.37 是该网卡使用的 IP 地址。status 的值为 active 说明该网卡处于激活状态，表示该网卡处在工作状态，正在使用中。

互联网中有很多网站提供 MAC 查询功能，能够查询 MAC 的厂家信息。登录网站在查询界面中输入 MAC 地址就可以查询生产厂家名称。

图3.20所示为查询 MAC 地址信息的结果展示。图中待查询的 MAC 地址是 3C:15:C2:C4:79:B6，查询结果显示该网卡由 Apple 公司制造。由此可以反推出该设备

图 3.20 MAC 地址查询

很可能是一台苹果计算机。网络管理员利用这个功能可以快速定位设备。例如，当发现网络中有一台设备的通信出现异常时，管理员可以先通过交换设备提取异常通信设备的 MAC 地址，然后通过网站查询该设备类型。结合网络设备信息可以快速定位故障设备，有助于解决网络故障。

MAC 地址是局域网接收和转发数据的重要依据，局域网中的主机通过对比数据中的 MAC 地址，决定是查看该数据还是丢弃该数据，如果数据中的目的 MAC 和自己网卡的 MAC 地址相同，则说明该数据是发送给自己的，主机就可以接收并处理数据。如果数据中的目的 MAC 地址和自己的 MAC 地址不相同，则说明该数据包不是发给自己的，主机就丢弃该数据包。局域网中的交换机同样依靠 MAC 地址转发数据，交换机收到数据后，查看目的 MAC 地址的连接端口，然后从指定端口把数据转发出去，可以避免大规模数据广播，降低网络发生冲突的概率。

3.7 交换机

交换机（switch）是局域网信息交换的主要设备，它可以处理 OSI 参考模型中第一层和第二层的数据，最高工作在 OSI 模型的第二层，因此又称交换机是第二层设备。交换机处理数据的流程如图3.21所示，数据到达交换机后，交换机的物理层模块负责把信号转化为数据，然后交给链路层。链路层需要对数据进行差错检验，提取数据中的目的 MAC 地址，然后启动交换算法选择数据转发端口。交换算法找到转发端口后把数据重新封装交给第一层模块，最后由物理层模块负责将数据重新编码为数字信号，从指定端口转发出去。为了便于区分不同阶段的数据，通常将 OSI 参考模型第一层的数据称为比特（bit），第二层的数据称为帧（frame）。

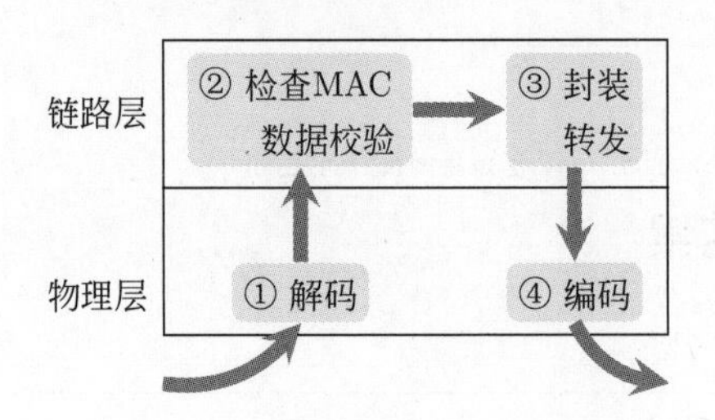

图 3.21　交换机数据处理流程

对数据进行校验是交换机的一个主要特点，可以有效减少网络中的错误数据。在数据经过长途跋涉到达中转站后，链路层需要对携带的货物进行检验，看看有没有发生错误，如果数据没有错误，就可以继续转发。如果数据出错，交换机就丢弃该数据，并要求上级节点重新发送。数据每经过一个交换机，都要进行一次检错，这样有利于及时发现错误，避免错误数据继续传播，从而避免更大规模错误的发生和不必要的传输。减少网络中无用的数据，能够提高网络有效利用率。

3.7.1 交换方式

交换机从一个端口接收数据再向其他端口发送数据的过程称为数据交换。其交换方式主要有三种，分别是直接转发、存储转发和无碎片转发。这三种算法由美国 Kalpana 公司研发，1994 年该公司被美国思科（Cisco）公司[①]收购，这些算法的所有权也转移到了思科公司。

直接转发不对用户数据进行差错检查，只根据目的 MAC 地址转发数据。存储转发先把数据存储在自己的内存中，然后对数据进行差错检验，确认没有错误后再进行转发。无碎片转发是直接转发的一个改进版本，交换机收到数据后先检测数据长度，如果长度太小，则认为该数据是一个不完整的碎片数据，直接丢弃。无碎片转发能够筛除网络中的噪声干扰，减少不必要的数据传输。三种交换方式中直接转发的速度最快，存储转发的检错能力最强。

1) 直接转发

该方式中交换机只检查数据的头部信息，获取数据包中的目的地址，然后在端口地址表中查找目的 MAC 地址对应的端口，把数据从相应出口转发出去。该算法不检查数据中的错误，计算量小，速度快，延迟小。因为没有对数据进行校验，一旦数据发生错误，错误会被一直传递下去，造成带宽的浪费。

直接转发交换方式的优点是转发速度快，延迟小，但要求收发双方的速度一致。如果双方速度一致，那么发送方每发送一个比特，接收方正常解析一个比特，传输工作可以顺利进行。如果接收方的速度比发送方的速度慢，那么接收方处理速度跟不上信道速度数据，会造成数据溢出。例如，两台相连的交换机速度都是 100Mb/s, 他们可以进行直接转发。如果，发送方的速度是 100Mb/s，接收方的速度是 10Mb/s，接收方的速度低于发送方的速度，那么信号到达后，接收方就会来不及解码和接收，造成数据丢失。直接转发交换方式类似免费高速路通行方式，车辆进入和离开高速路时不需要停车缴费，通过效率高。

2) 存储转发

存储转发指交换机收到数据后先把数据存储在自己的内存中，然后对数据进行 CRC 校验，校验通过后，再进行转发，如果校验失败，则丢弃数据并要求上级设备重新发送。与直接转发相比，存储转发增加了数据校验的过程，处理延时比直接转发长，转发速度相对较慢。但是，该方式能够及时发现传输错误，可以避免错误持续传播，是交换机的主要交换方式。

存储转发还可以在不同速度的设备间进行数据传输。例如，交换机以 10Mb/s 的速度从前一个设备接收数据，存储在自己的内存中，然后以 100Mb/s 的速度发送给下一个设备。同样，交换机也可以从高速设备接收数据然后转发给低速设备。

存储转发类似海关进口货物的查验过程，货物到达海关后必须接受检查，然后才能

---

① 思科公司：1984 年由斯坦福大学的一对教授夫妇创办，目前是世界上技术最先进的网络互联解决方案提供商。

放行进入国内。这样做的最大优点是可以在关口及时发现违禁物品，避免非法物品流入国内造成更大规模的不良影响。关口两边的运送能力和速度不一样，货物进入海关时通常使用空运和海运，出关时可以使用汽车、火车运送到国内其他地区。虽然两边的运送能力不同，但是来不及处理的货物可以暂存在海关的仓库中慢慢转运，同样可以完成所有货物的转运。

3) 无碎片转发

无碎片转发是直接转发和存储转发的改进版本，其传输速度介于直接转发和存储转发之间，检错能力也介于二者之间。碎片指冲突后产生的数据片段。冲突通常发生在数据前 64 字节内，如果前 64 字节没有发生冲突，数据一般就不会再发生冲突[18-19]。无碎片转发读取数据前 64 字节进行，提取数据帧中的目的 MAC 地址，然后就从指定端口转发数据。无碎片不对数据进行错误校验，即使数据中有错误也会转发数据。

与直接转发相比，无碎片转发需要对数据的长度进行检测，增加了计算，因此转发速度较慢。与存储转发相比，无碎片转发不对用户数据进行校验，速度较快。虽然无碎片转发方式过滤了网络中的碎片数据，避免冲突碎片继续传播，降低了冲突对网络的影响。但是，没有对数据进行 CRC 检错，如果数据中存在错误，该算法不能检测到错误，仍会把错误数据转发出去，浪费网络带宽。实际上，数据出错概率与数据的长度是成正比的，数据越大出错概率也越大，因此该工作方式不适合在出错率高的网络中使用，只适合在出错率低的网络中使用。

三种转发方式中，直接转发方式的延迟最小，存储转发方式的可靠性最高，无碎片转发的延迟和可靠性都介于前二者之间。目前交换机使用最多的交换方式是存储转发。

3.7.2 交换机工作原理

交换机中的 MAC 地址表记录了局域网中所有主机的 MAC 地址和交换机端口的对应关系, 是数据转发的重要依据。当数据到达交换机后，交换机需要执行转发和学习两个操作。在数据转发阶段，交换机读取数据帧 [①]中的目的 MAC 地址，在 MAC 地址表中查询该 MAC 地址对应的端口，然后把数据从对应端口转发出去。地址学习阶段，交换器提取数据帧中的源 MAC 地址，按照规则将其添加到 MAC 地址表中。

交换机数据转发和学习的工作过程如图3.22所示。当数据从交换机端口 X（X 是交换机的端口号，$X \in \{1,2,3,...\}$）进入交换机后，交换机首先提取数据帧中的目的 MAC，在地址表中查找该 MAC 地址对应的记录。如果存在记录，交换机则将提取 MAC 地址对应的目标端口，检查目标端口是否处于繁忙状态（或阻塞状态）。如果目标端口空闲，交换机就把数据从指定的目标端口转发出去。此时，其他端口看不到这个数据。如果目标端口繁忙，交换机会丢弃该数据。如果没有找到记录，交换机会把该数据从其他端口广播 [②]出去。

数据转发结束后，交换机还需要学习 MAC 地址，维护自己的 MAC 地址表。数

① 帧：OSI 参考模型第二层数据称为数据帧。

② 广播：广播也称为洪泛，指交换机从一个口接收数据，然后复制数据从其他所有端口转发的操作。

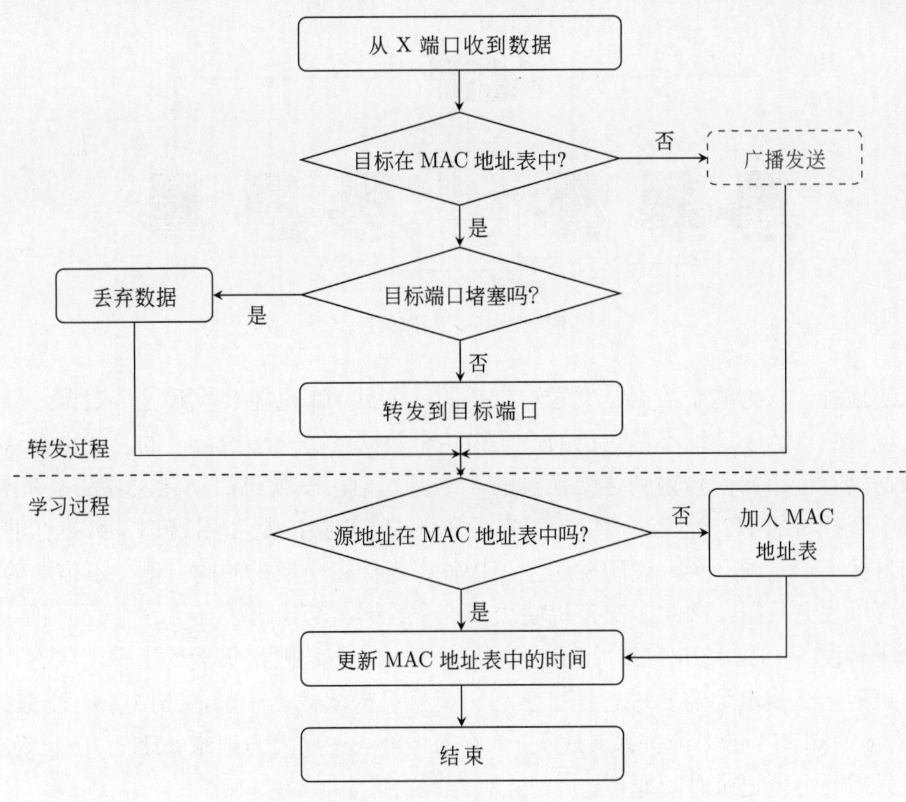

图 3.22　MAC 地址表转发/学习过程

据转发工作结束后，交换机提取数据包中的源 MAC 地址（发送方的地址），并检查源 MAC 地址是否存在于 MAC 地址表中。如果不存在，交换机就在地址表中增加新记录，记录数据中源 MAC 地址和进入端口的对应关系。例如，源 MAC 地址是 MAC_SRC，进入端口是 X，则需要在 MAC 地址表中增加记录（MAC_SRC，X，time），表示该设备连接在交换机的 X 端口，记录中的 time 是交换机增加记录的时间。如果源 MAC 在交换地址表中已经存在，交换机只需要更新时间即可。当交换机 MAC 地址表空间存满后，交换机会根据 time 排序，删除时间较早的记录，为新记录腾出空间。

交换机以 MAC 地址为关键字更新地址表中的记录。例如，计算机 A 以前连接在 X 端口，其记录为（A，X，time1）。因为网络调整该设备更换了位置，重新连接到交换机的 Y 端口，那么交换机收到数据后，之前的记录就被更新为（A，Y，time2）。

1. 局域网转发

图3.23是交换机连接的局域网拓扑图，H1，H2，H3，H4，H5，H6 分别表示不同主机的 MAC 地址，交换机 MAC 地址表中记录了该局域网中所有设备与端口的对应关系。H1，H2，H3 对应的端口号是 1，表示这些主机连接在交换机的 1 号端口。H4，H5，H6 对应的端口是 2，表示这些主机连接在交换机的 2 号端口。

当 H1 给 H2 发送数据时，信号从 H1 发出后，H2 和 H3 都能看到这个信号。H2 查看数据里的目的地址（本节中的地址特指 MAC 地址），发现目的 MAC 地址是自己

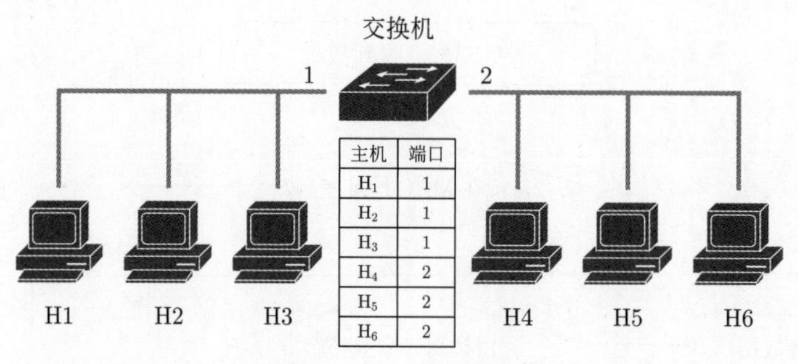

主机	端口
H_1	1
H_2	1
H_3	1
H_4	2
H_5	2
H_6	2

图 3.23 网桥转发

的 MAC 地址，认为这个数据是发送给自己的。主机 H3 也能够收到这个数据，但是检查后发现目的 MAC 地址不是自己的，认为这个数据不是发送给自己的，就丢弃这个数据。数据沿着信道向前传输到达交换机的 1 号端口时，交换机启动转发算法，在 MAC 地址表中查找目的 H2 对应的端口。查表后发现 H2 连接的是 1 号端口，数据帧的进入端口和目标端口是同一个，说明发送方和接收方连接在交换机的同一侧，不需要转发接收方就可以收到数据，因此，交换机就丢弃这个数据。交换机丢弃了这个数据后，右边网段的所有设备（H4，H5，H6）都看不到这个数据，右边网络仍然处于空闲状态。数据转发结束后，交换机还需要进行地址学习。交换机提取数据中的源 MAC 地址 H1，把 H1 和对应的端口 1 的对应关系（H1，1）存入地址表中。因为记录（H1，1）已经存在，交换机只需要更新记录时间即可。

当 H1 发送数据给 H5 时，交换机左侧网络中的 H1，H2 和 H3 都可以看到这个信号，由于数据中的目的 MAC 与它们的 MAC 地址不相同，它们都会丢弃这个数据。当数据帧沿着信道到达交换机的 1 号口时，交换机启动转发算法在 MAC 地址表中查找目的地 H5 对应的端口号。查图3.23中的表可知 H5 连接在交换机的 2 号端口，交换机就把数据从 2 号端口转发出去。数据从 2 号端口转发出去后，主机 H4，H5，H6 都可以看到这个数据，主机 H5 接收该数据，H4 和 H6 丢弃该数据。数据转发结束后，交换机启动地址学习算法，因为记录（H1，1）已存在，交换机更新记录时间。

当多个交换机级联时，其数据转发过程如图3.24所示。图3.24中有两个交换机 B1 和 B2，主机的 MAC 地址分别是 A，B，C，D，E，F。交换机 B1 的 MAC 地址表内容为：(A,1)，(B,1)，(C,2)，(D,2)，(E,2)，(F,2)，交换机 B2 的地址表中的内容为：(A,1)，(B,1)，(C,1)，(D,1)，(E,2)，(F,2)。

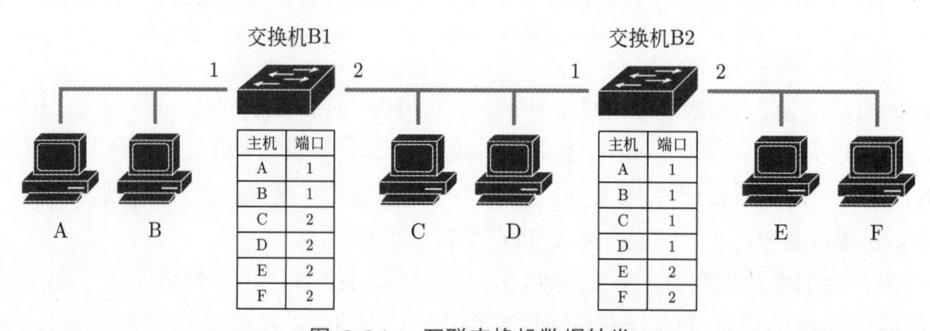

主机	端口
A	1
B	1
C	2
D	2
E	2
F	2

主机	端口
A	1
B	1
C	1
D	1
E	2
F	2

图 3.24 互联交换机数据转发

主机 A 向主机 B 发送数据时，数据沿着信道传输，主机 B 会接收到这个数据，同时交换机 B1 也会从 1 号端口收到这个数据。交换机 B1 收到数据后启动转发算法在地址表中查找 B 的记录，查询到 B 连接在 1 号端口后，判定数据的接收方和发送方在同一侧，因此认为该数据不用转发就可以被接收方接收，于是丢弃这个数据。此时网络中其他主机和交换机 B2 都看不到这个数据。

如图3.25所示，刚开机时，交换机地址表是空的，没有任何记录。当源 MAC 地址是 A，目的 MAC 地址是 E 的数据帧从交换机的 1 号口进入交换机后，交换机首先启动转发算法，在地址表中查询目标 E 所接的端口。因为此时地址表是空的，找不到相关记录，交换机把该数据帧广播出去。如图3.25所示，交换机只有 2 个端口，数据从 1 号端口进入，广播时就从 2 号口转发出去。

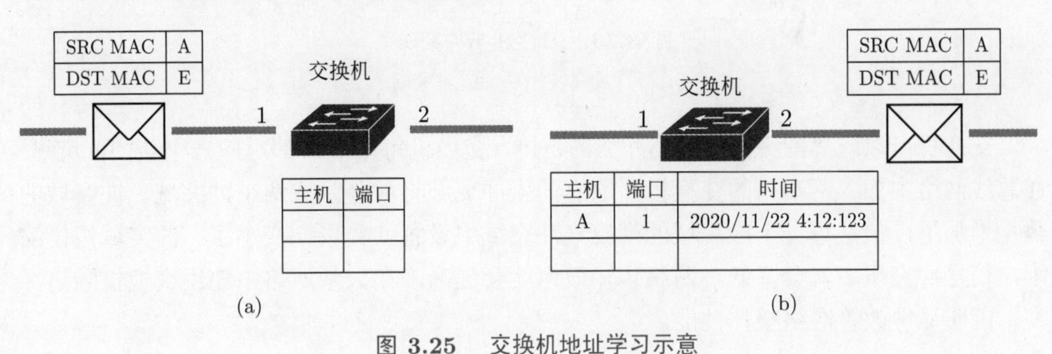

图 3.25 交换机地址学习示意

(a) 数据到达前；(b) 数据转发后

数据转发后，交换机查看源地址 A 是否在地址表中。因为此时地址表是空的，地址表中没有关于 A 的记录，交换机将在表中新增一条记录（A, 1, 2020/11/22 4:12:123）。该记录表示 MAC 地址为 A 的设备连接在交换机的 1 号端口, 记录时间为 2020/11/22 4:12:123，如图3.25所示。当第 2 个数据包从 A 发送给 E 时，由于地址（A，1）已经存在，交换机只更新该记录的时间，交换机会把该记录的时间更新为第 2 个数据到达的时间，新的记录为（A, 1, 2020/11/22 4:13:8）。MAC 地址表中时间用来记录数据帧转发的时间，当需要淘汰记录时，交换机就按照这个时间对记录排序，当 MAC 地址表空间存满后，会首先删除时间最早的记录。

2. 冲突隔离

交换机数据转发算法还可以隔离不必要的网络信号。如果网络中发生了冲突，冲突信号到达交换机后，交换机校验发现数据出错，它会直接丢弃该数据。交换机丢弃冲突数据后其他端口不会看到这个冲突数据，冲突就被限制在一定范围内。因此，交换机具有隔离冲突的能力。如图3.24所示，如果主机 A 和 B 同时发送数据，在交换机 B1 的左侧发生了冲突，冲突信号会被交换机隔离在 1 号端口，交换机右侧的主机不会看到这个冲突信号。

冲突域（collision domain) 是能够接收到同一个冲突信号的所有设备的集合。在如图3.26(a) 所示的网络中，所有主机共同连接在同一个总线上，一旦发生冲突，所有设备都能收到这个冲突信号，因此这些设备构成一个冲突域。在如图3.26(b) 所示的网络中，交换机左侧如果发生冲突，冲突信号会被交换机阻挡，只有左侧的设备能收到这个冲突信号，右侧的设备不会接收到该冲突信号，因此交换机的 1 号端口、左侧的主机 A 和 B 构成一个冲突域。同样如果右侧发生冲突，只有右侧的设备能够收到这个冲突信号，因此右侧的 2 号端口、主机 C 和 D 构成另外一个冲突域。

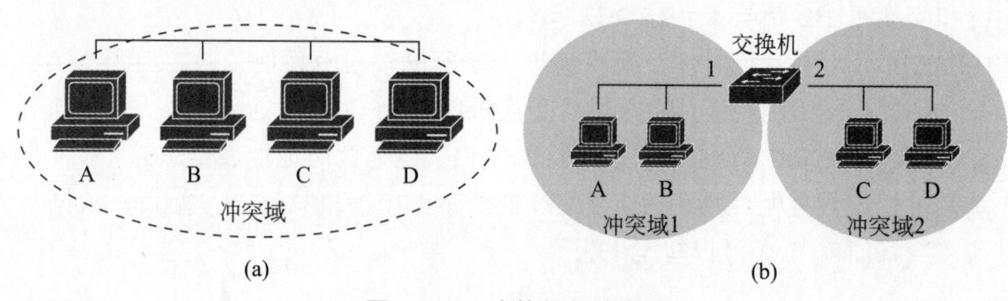

图 3.26　交换机与冲突域

(a) 一个冲突域；(b) 两个冲突域

交换机可以隔离冲突域，缩小冲突的范围，交换机每个端口都对应一个新的冲突域。在总线网络中加入两端口的交换机，原有的大冲突域将被分割成两个冲突域。冲突域的数量增加了，但是每一个冲突域的规模（冲突域中设备的数量）变小了。冲突域规模缩小，信号冲突概率就会降低，网络传输效率就会提高。在大型网络中使用交换机隔离冲突，能明显地改善网络整体性能。

3. 交换环路

交换机依靠地址表转发数据和隔离冲突，提高了网络性能。但是，数据转发算法会产生交换环路，导致局域网瘫痪。图3.27是交换环路产生的原理示意图。网络初始化时，交换机 A 和交换机 B 的 MAC 地址表都是空的。当主机 H1 给 H2 发送数据时，数据帧的源 MAC 地址是 H1，目的 MAC 是 H2，该数据从 3 号端口进入交换机 A。此处，因为交换机 A 的地址表是空的，找不到对应的记录，因此，交换机 A 会广播这个数据，并把数据分别从 1 号端口和 2 号端口同时广播发送出去。广播结束后交换机 A 会学习得到一条新记录（H1，3），表示主机 H1 连接在交换机 A 的 3 号端口。

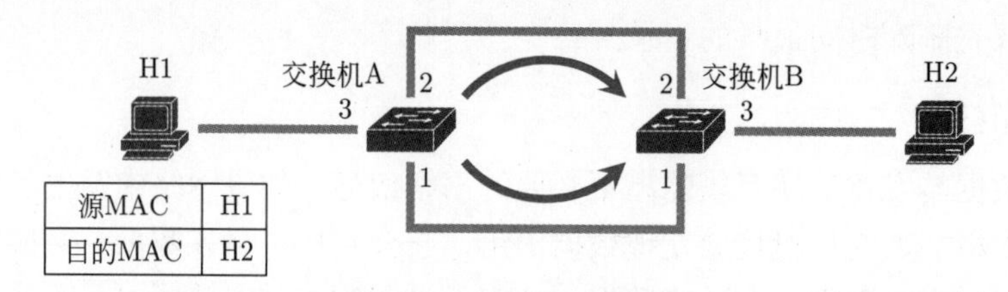

图 3.27　交换环路

数据从交换机 A 广播出去以后，沿着 2 条不同方向进行传输。其中一个数据帧从交换机 A 的 2 号端口出去并从交换机 B 的 2 号口进入。由于此时交换机 B 的地址表也是空的，交换机 B 同样广播该数据，同时交换机 B 学习到一条新记录（H1，2），表示主机 H1 处在交换机 B 的 2 号端口一侧。另一个数据帧从交换机 A 的 1 口出去并从交换机 B 的 1 号口进入，交换机 B 又学习到了新记录（H1，1），该记录和交换机之前

的记录是（H1，2）冲突。因为同一个主机在地址表中只能有一条记录，于是交换机删除原来的旧记录，重新添加新记录（H1，1）。

在图3.27所示的网络中，顺时针和逆时针两个数据一个把交换机 A 中的记录为（H1，1），另外一个接着会把交换机 A 中的记录修改为（H1，2），由于存在环路，信号会一直循环重复，记录一会儿被修改为（H1，1），一会儿又被修改成（H1，2），接着又被修改成（H1，1）……如此循环往复不会停止。交换机 A 和 B 的地址表一直处在不断修改的震荡状态。如图3.28所示，交换机 A 的地址表记录会不断地更新震荡，交换机 B 的地址表也同样会不断地震荡，这样会严重浪费交换机的计算资源。

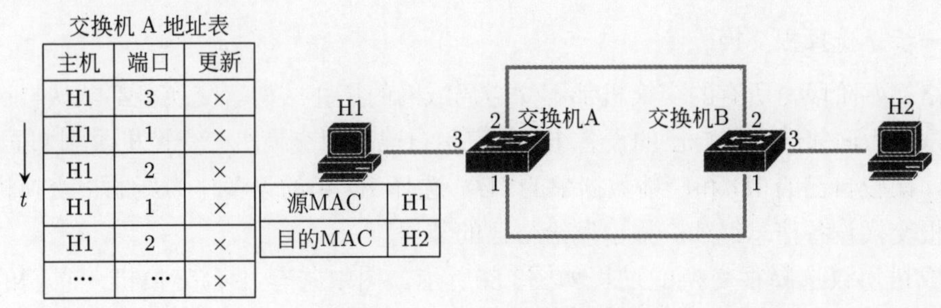
交换机 A 地址表

主机	端口	更新
H1	3	×
H1	1	×
H1	2	×
H1	1	×
H1	2	×
…	…	×

源MAC	H1
目的MAC	H2

图 3.28 交换环路与地址表

注：环路会导致交换地址表中的记录不停地震荡，信号在环路中不停地循环，致使环路一直处于繁忙状态

一旦交换之间存在环路，数据就会在交换机 A 和 B 之间不停地广播发送。信道总是被这个循环数据占据，会导致其他设备发无法发送数据。因为其他设备在发送数据前需要监听线路，而循环信号一直存在，线路一直是繁忙状态，其他设备只能持续等待，不能发送数据。网络中其他主机的等待时间超过设定的阈值后，主机会认为网络出现了连通故障。

3.7.3 生成树协议

生成树协议是一种用来解决交换机环路的网络协议，该协议由美国人 Radia Perlman[①]发明。生成树协议能够在环路中寻找到一条非环路且能连接所有节点的通路，解决传统交换机中的环路问题。生成树协议的基本原理如图3.29所示，图中的网络由四个交换机组成，物理链路存在环路。没有生成树协议之前，这个网络会因为环路而瘫痪，运行生成树协议后，网络中的链路 A–B 和 C–D 将会被逻辑阻断，只剩下双向路径 A–C–B–D，消除了逻辑环路，解决了交换环路问题。

生成树协议包括选择根交换机、计算根路径两个主要过程。选择根交换机指局域网中所有交换机推举设备 ID 最小的设备作为生成树协议网络根的过程。计算根路径指交换机比较从自己到根交换机的所有路径花费，选择路径花费 (path cost) 最小的线路作为数据传输通道的过程，同时还需要阻断路径花费较大的路径。此处的阻断是逻辑阻断，指不向这个路径转发数据。生成树协议算法的具体过程如下。

① Radia Perlman：美国人，出生于 1952 年，被称为互联网之母。

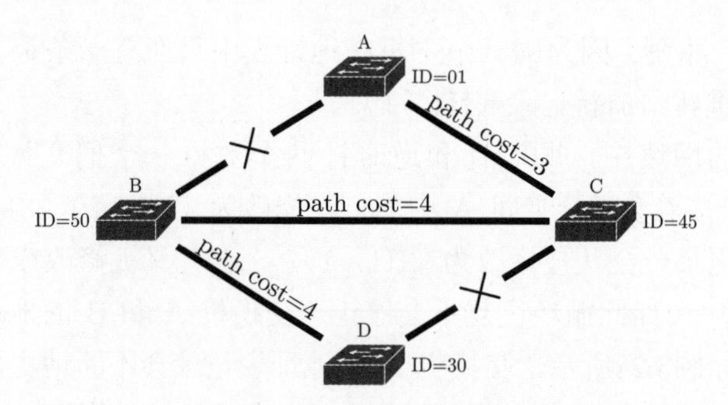

图 3.29 生成树协议阻断示意图

第一步：选择根交换

网络初始阶段，所有的交换机都不知道局域网的拓扑结构。交换机都默认自己就是根交换，然后向邻居广播自己的设备 ID 并宣称自己是根交换机。交换机收到邻居的 ID 广播后，比较自己的 ID 和广播数据中的 ID，选择 ID 小的设备作为新的根交换机，并把新的根交换设备信息继续广播，发给自己的邻居。

生成树协议选择根交换的过程如图3.30所示。图中共有 4 台交换机，它们的设备 ID 分别是 1，30，45 和 50。网络启动时，交换机 A、B、C、D 都向自己的邻居广播信息说自己是根交换机。A 广播信息是“A is root，ID=01”，B 广播信息是“B is root，ID=50”，C 广播信息是“C is root，ID=45”，D 广播信息是“D is root，ID=30”。

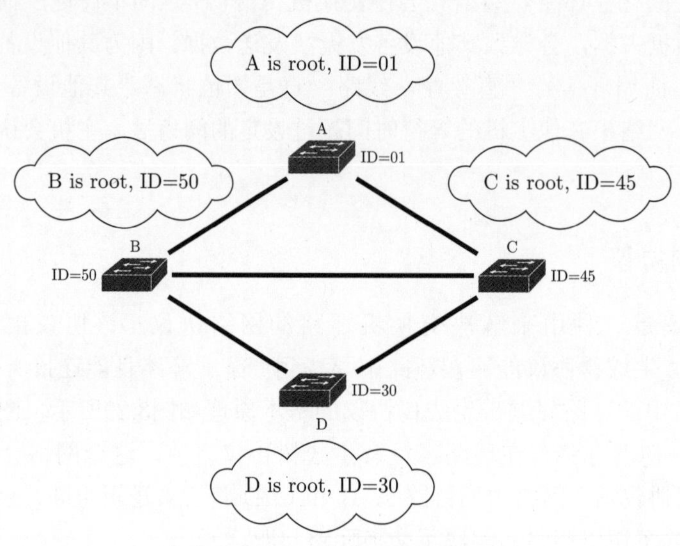

图 3.30 根交换竞选开始状态

C 收到 A 的广播包后，发现 A 的 ID 更小，放弃自己当根交换的想法，认可 A 是根交换机。然后，交换机 C 重新向邻居发送新的根交换广播，新的广播内容是“A is root, ID=01”，如图3.31所示。同理，交换机 B 收到新的根交换广播后，比较发现新的根交换的 ID 比自己的 ID 小，也选择 A 为根交换。B 选择 A 为根交换后，还需要把新的根交换广播给邻居 D。D 收到新的根交换广播后，也选择 A 作为根交换机。

网络中所有的交换机不断重复生成树协议广播。经过若干次广播协商后，网络中所

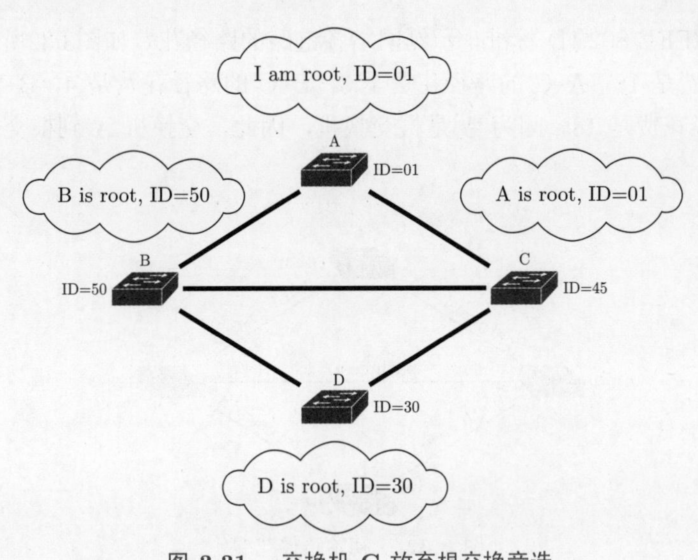

图 3.31 交换机 C 放弃根交换竞选

有的交换机都会达成一致。当所有的设备都选择同一个设备作为根交换时，根交换选择过程结束。

第二步：选择根路径

确定根交换后，每一个交换机都需要计算自己到根交换的路径花费。如果到达根交换机存在多条路径，则交换机保留路径花费最小的一条作为自己的根路径，阻断其他路径。同样经过若干次的比较，最终每个交换机只保留一条到根交换机的路径。

路径花费是按照线路参数计算得到的数值，它与链路速度相关，网速越快路径划分越小。不同协议对路径花费的定义不同，不同交换机厂家对路径花费的定义也不同。表3.10是 IEEE 802.1D，IEEE 802.1t [19] 和华为公司定义的路径花费。观察表3.10中的数据可以发现，速度越快路径花费越小，速度越慢路径花费越大。生成树协议选择路径花费小的路径为根路径，阻断路径花费大的链路，其目的是优先选择速度快的线路发送数据。

表 3.10 路径花费的定义

速度	模　式	路 径 花 费		
		IEEE 802.1D-1998 标准	IEEE 802.1t 标准	华为设备标准
0	—	65 535	200 000 000	200 000
10Mb/s	Half-Duplex	100	2 000 000	2000
	Full-Duplex	99	1 999 999	1999
100Mb/s	Half-Duplex	19	200 000	200
	Full-Duplex	18	199 999	199
1000Mb/s	Full-Duplex	4	20 000	20
	Aggregated Link	3	10 000	18
10Gb/s	Full-Duplex	2	2000	2

假设根据 IEEE 802.1D 标准，示例网络各链路的路径花费如图3.32所示。其中链路 A–B 的路径花费是 18，A–C 的路径花费是 3，B–C 的路径花费是 4，B–D 路径花费是 4，C–D 的路径花费是 18。因为 A 是根交换机，因此，交换机 A 到根交换机的路径花费是 0。

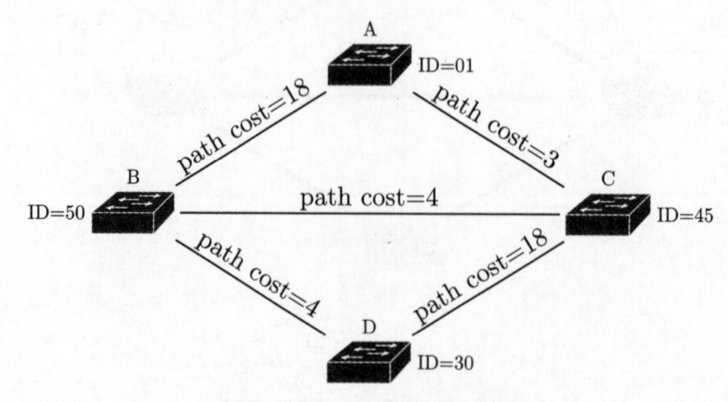

图 3.32　初始路径花费

交换机 B 选择根路径的过程如图3.33所示。交换机 B 有两条路径可以到达根交换机，第一条路径是 $B \to A$，其路径花费是 18，第二条路径是 $B \to C \to A$，其路径花费是 $4+3=7$。因此交换机 B 选择路径 $B \to C \to A$ 为根路径，阻断链路 $B \to A$，最后，交换机 B 到根交换机 A 的路径花费是 7。

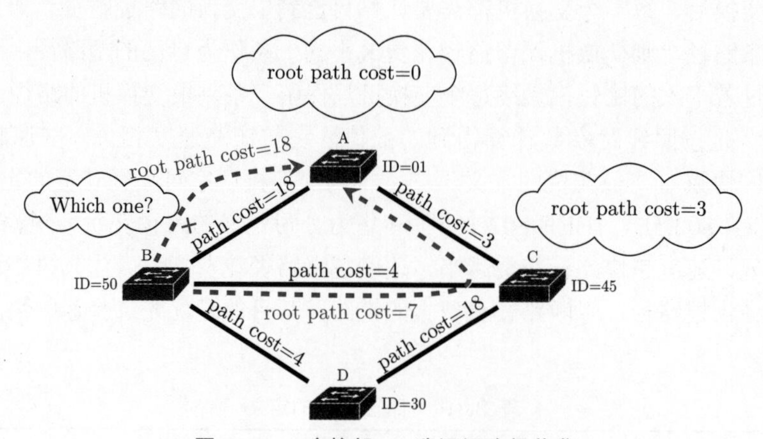

图 3.33　交换机 B 选择根路径花费

交换机 C 选择根路径的过程如图3.34所示。交换机 C 同样有两条路可以到达根交换机的路径，路径 $C \to B \to A$ 的路径花费是 $18+3=21$，路径 $C \to A$ 的路径花费为 3。C 会选择路径 $C \to A$ 作为根路径，阻断 $C \to B$ 之间的链路。最后交换机 C 到根交换的路径花费为 3。

交换机 B 和 C 在计算完根路径花费之后，都会给 D 广播它们到根交换的路径花费。其中 B 的广播包内容是 $B \to A = 7$，C 的广播包内容是 $C \to A = 3$。交换机 D 选择根路径的过程如图3.35所示。交换机 D 收到这两个广播包后分别计算 $D \to B \to A = 7+4 = 11$，$D \to C \to A = 18+3 = 21$。经过比较最后选择 $D \to B \to A = 11$ 作为根路径，阻断 $D \to C$ 的链路。

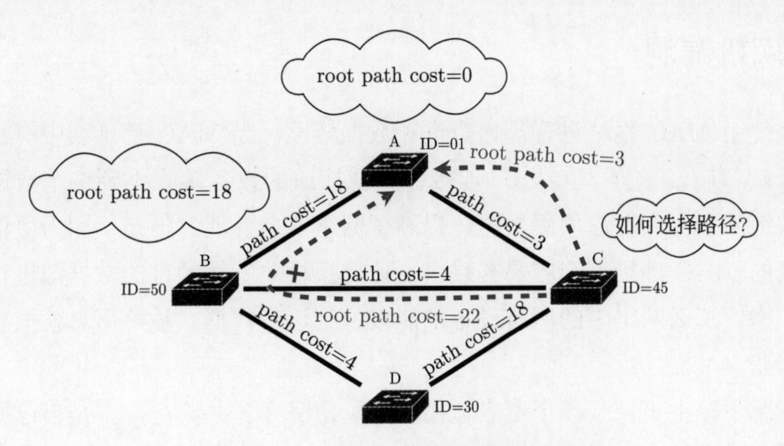

图 3.34　交换机 C 选择根路径花费

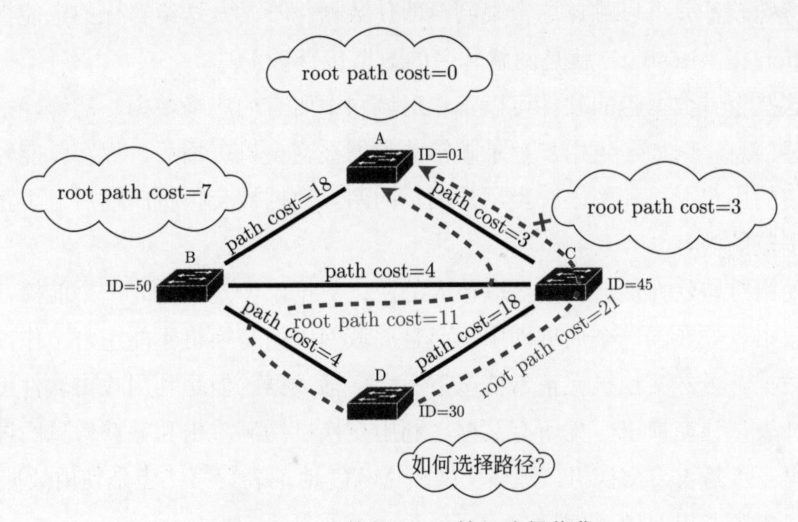

图 3.35　交换机 D 计算根路径花费

最后网络中所有交换机选择的路径如图3.36所示。链路 A–B 和 C–D 被阻断，通信主干道是 A–C–B–D。生成树协议使用根交换和根路径算法消除了网络中的环路，解决了交换机环路问题。

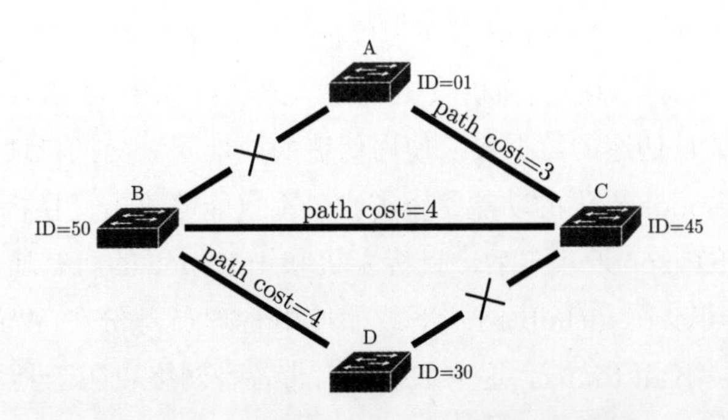

图 3.36　生成树协议消除环路后逻辑链路

3.8 交换机漏洞

交换机使用 MAC 地址进行端口查询和数据转发，当 MAC 地址表中有记录时，交换机从单一端口转发数据（单发），连接在其他接口的设备接收不到这个数据。数据单发能够有效地防止他人非法偷看数据，提高了网络安全性能。但是，因为协议本身的漏洞，交换机的 MAC 地址表很容易被攻击，让交换机对所有经过的数据都进行广播。一旦数据被广播，那么网络中的所有设备都能接收到这个数据，敏感信息就很容易被网络中的黑客截获。

正常情况下，主机像是一个遵守道德的公民，坚守公共约定，不是自己的东西绝对不多看一眼。正常的主机一旦发现数据中的目的 MAC 不是自己，就会丢弃数据。但是使用一些特殊软件就可以跳过这个限制，即使数据包不是发送给自己的也能查看数据包内容。sniffer 和 wireshark 就是两款著名的数据包查看工具。

利用这些查看数据包的软件可以查看局域网中所有的广播数据，能够轻松地获取数据中的敏感信息。例如，当用户登录邮箱的数据被交换机广播后，黑客就能轻松地获取登录信息中的用户账号和密码。当用户浏览的网页数据被交换机广播后，黑客就能知道用户正在浏览的内容。

虽然使用这些软件能够轻松获取他人的网络数据，但是，这有一个前提，就是黑客必须和被攻击者处在同一个局域网中，而且局域网中的交换机不能正常工作，会广播所有的通信数据。虽然交换机在正常情况下不会广播数据，但是利用攻击软件可以破坏交换机的地址表，让交换机广播所有数据。利用交换机漏洞攻击和截获信息的过程主要包括两步。第一步是攻击交换机，破坏交换机 MAC 地址表。第二步是使用数据查看软件，监听数据包内容并提取敏感信息。

攻击交换机的原理比较简单，方法也很粗暴，就是不断地向交换机发送错误的数据，数据中的源 MAC 地址都是伪造的、错误的地址。这样会导致交换机在短时间内学习到大量的记录，塞满交换机的地址表并把正确的记录挤出地址表。正常的用户数据到达交换机时，交换机查表就无法查询到相关记录，然后就会广播用户数据。这个攻击过程一般非常短，利用攻击软件，1~2min 就可以完成这个攻击过程。

ARP spoof 是一款开源的交换机攻击软件，该软件使用 C 语言编写，可以在短时间内向交换机发送大量伪造的数据包，使用伪造的地址塞满交换机地址表，达到攻击交换机的目的。ARP spoof 提供的功能比较丰富，不仅能够攻击交换机，还可以攻击局域网指定主机。被 ARP spoof 攻击后，目标主机和 Internet 的所有通信数据都会被黑客轻易读取。该软件可以在 github 网站下载，使用管理员身份在 Windows 命令行中执行。也可以下载安装 Kali Linux，这个系统中自带各种网络攻防工具，包括 ARP spoof，wireshark 和 sniffer。

3.9 习题

一、选择题

1. 下面（ ）同步技术可以实现字符同步。

A. 异步传输　　B. 同步传输　　C. 调幅　　D. 调频

2. 数据比特串 0101111110011111001 经过 0 比特插入法后实际线路中传输的数据是（ ）。

A. 010111110100111110001　　B. 01011111010011111001
C. 01011111110011111001　　D. 010111110100111111001

3. 若二进制数据为 1110001，使用偶校验后的数据是（ ）。

A. 11100011　　B. 11100010　　C. 01110001　　D. 11110001

4. 若信息码字为 11100011，生成多项式 $G(X) = X^5 + X^4 + X + 1$，则计算出的 CRC 校验码为（ ）。

A. 01101　　B. 11010　　C. 001101　　D. 0011010

5. 设数据为 10010011，采用海明码进行校验，则至少加入（ ）个比特的冗余位才能纠正一个比特的错误。

A. 2　　B. 3　　C. 4　　D. 5

6. 采用 CRC 校验的生成多项式 $G(x) = x^{16} + x^{15} + x^2 + 1$，它产生的校验码是（ ）位。

A. 2　　B. 4　　C. 16　　D. 32

7. 网线标识“100BASE-T”中的“100”表示的意思为（ ）。

A. 网速为 100Mb/s　　B. 基带信号
C. 双绞线　　D. 光纤

8. MAC 地址的长度是（ ）。

A. 128b　　B. 64b　　C. 48b　　D. 32b

9. 下面与冲突相关的说法中，（ ）是正确的。

A. 交换机 1 口和 2 口通信时，如果 3 口和 4 口通信会发生冲突信
B. 连接在同一个设备上的两台设备同时访问同一个主机时会发生冲突
C. 进行全双工通信时，发送的数据一定与接收的数据发生冲突
D. 使用路由器的网络不会发生冲突

10. 海明码（Hamming Code）是一种（ ）。

A. 纠错码　　B. 检错码　　C. 语音编码　　D. 压缩编码

11. CDMA 系统中使用的多路复用技术是（ ）。

A. 时分多路　　B. 波分多路　　C. 码分多址　　D. 空分多址

12. 在生成树协议 IEEE 802.1D 中，根据（　）来选择根交换机。
A. 最小的 MAC 地址　　B. 最大的 MAC 地址
C. 最小的交换机 ID　　D. 最大的交换机 ID

二、简答题

1. 数据同步的方法有哪些？

2. 什么是透明传输？

3. 描述 CRC 工作原理。

4. 使用海明码进行纠错，7 位码长 $(x1x2x3x4x5x6x7)$，其中 4 位数据位，监督公式为

$$\begin{aligned} h0 &= x1 \oplus x3 \oplus x5 \oplus x7 \\ h1 &= x2 \oplus x3 \oplus x6 \oplus x7 \\ h2 &= x4 \oplus x5 \oplus x6 \oplus x7 \end{aligned} \tag{3.18}$$

如果接收到的码字为 1000101，那么纠错后的码字是多少？

5. 要发送的数据是 1101011011，采用 CRC 的生成多项式是 $P(X) = X^4 + X + 1$。试求应添加在数据后面的余数。

6. 描述 CSMA/CD。

7. 计算机如何检测网络中是否发生了冲突？

8. 描述 MAC 地址表创建的过程。

9. 描述生成树协议的工作过程。

10. 如图3.37所示，以太网交换机一共有 6 个接口分别连接 5 台计算机和一个路由器。假定在开始时，交换机的地址表是空的，网络中依次发送了 4 个数据包。请把表3.11中的栏目都填写完整。

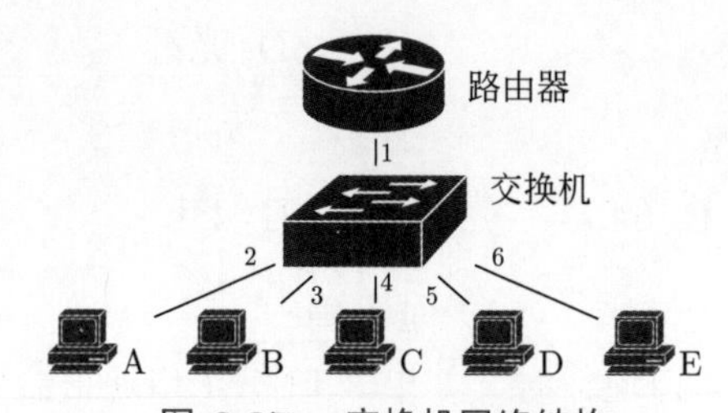

图 3.37　交换机网络结构

表 3.11　交换机地址表

动　作	交换机地址表状态	转发端口	说　明
A 发送给 D 后			
D 发送给 A 后			
E 发送给 A 后			
A 发送给 E 后			

3.10 参考资料

3.10 参考资料

第 4 章 网 络 层

本章要点

(1) IP 层存在的意义。
(2) IP 层数据转发过程。
(3) IP 地址及其分类。
(4) 子网划分、CIDR、NAT。
(5) IPv6。
(6) 路由协议。
(7) 路由环路产生的原因。
(8) 路由环路的解决方案。

从前面的章节中我们了解到三件事情：(1) 互联网的技术核心是 TCP/IP 族 (Protocol family，1.5 节); (2) 互联网中的每一台计算机里都有一个 TCP/IP 协议栈; (3) 以太网上的每一台计算机里都装有以太网卡，并且每块网卡都有一个独一无二的以太网地址 ①。图4.1所示为一台连在以太网上的计算机。本书是从网络的角度来审视一台

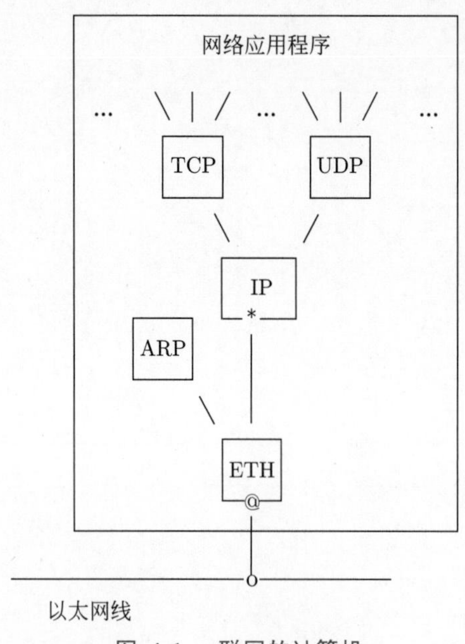

图 4.1　联网的计算机

① 以太网地址：英文为 Ethernet address，还有物理地址（physical address）、MAC 地址、硬件地址等几个名字。

计算机，所以不关心它的显示器、键盘、鼠标等，只关心它内部的协议栈。如图4.1所示，自上而下依次可以看到应用层（network application）、传输层（TCP、UDP[1]）、网络层（IP、ARP）和网络接口层（ETH，也就是以太网卡）。最终，该计算机通过以太网线（Ethernet cable）连接到互联网上。本章的核心就是围绕图中的 IP 模块来探讨一下数据从一台计算机被传输到另一台计算机的详细过程。

4.1 MAC 地址与 IP 地址

同一个以太网上的若干计算机，只要知道彼此的 MAC 地址就可以找到对方了。既然如此，IP 地址又所为何来呢？为了回答这个问题，我们先来简要回顾一下以太网。如图4.2所示，以太网就是把若干计算机连接到同一根网线上，让它们能相互传输信息。协议栈中的数据链路层就是专门针对这种情形而设计的，也就是说，它只负责在同一链路上进行的数据传输。换言之，如果两台机器不在同一根网线上，那么数据链路层就无能为力了。MAC 地址就是计算机在数据链路层用到的地址。异想天开一下，能不能把世界上所有的计算机都连到同一根网线上呢？显然不行。还记得前面 3.4.1 节中讲过的 CSMA/CD 吗？也就是以太网上的数据传输协议。与教室中的交流方式类似，它的几个要点如下。

CS (Carrier Sense): 字面意思就是“对 carrier 有感觉”。我们的耳朵就是 carrier sense 的，因为它能侦测到空气（承载话音的物质）的振动。

MA (Multiple Access): 所谓“多路接入”，说白了就是，每个人都有利用空气传输话音的权利，也就是发言的权利。

CD (Collision Detection): 每个人都能侦测到冲突。一旦发现自己的声音和别人的声音同时出现了，那么双方都要停下来，随机等待一段时间。

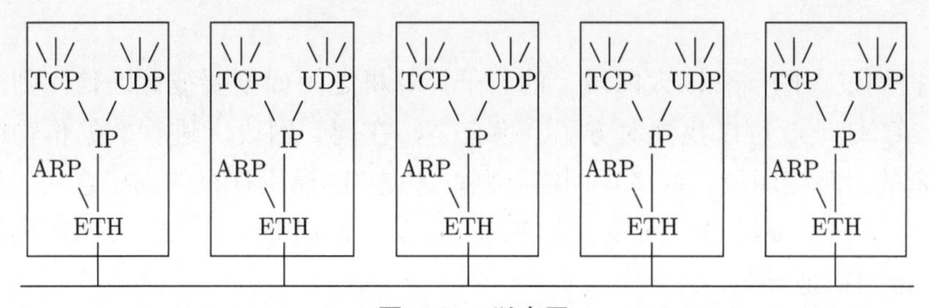

图 4.2 以太网

如果教室里只有几个人，那么这个协议就很完美。如果教室里有成千上万人呢？可以想象到，冲突随时都可能发生，交流就无法进行了。显然，基于同样的考虑，我们也不可能把全世界的计算机串到同一根网线上，因为这样冲突域太大了。

显然，冲突域越小冲突就越少，传输效率就越高。既然如此，我们就要想办法尽量缩小冲突域。把一个大以太网分隔成若干小以太网，就好像把一间 100 人的大教室分隔

---

[1] UDP：User Datagram Protocol，用户数据包协议。

成 10 个各有 10 人的小教室一样，冲突域由 100 变成了 10，冲突自然就大大减少了，网络传输效率自然就大大提高了。随之而来的问题是，各个小网络之间怎样交流信息呢？于是，为了实现跨网段的数据传输，IP 层就应运而生了。

图4.3所示的计算机 Delta 里面有两个以太网模块，可以跨接两个以太网段。下面我们就要详细说说 A 网段上的计算机 Alpha 是如何借助于 Delta 中的 IP 模块给 B 网段上的 Epsilon 发送数据的。为了说清楚这件事情，首先要了解几个基本概念：IP 地址；路由与路由表；ARP。

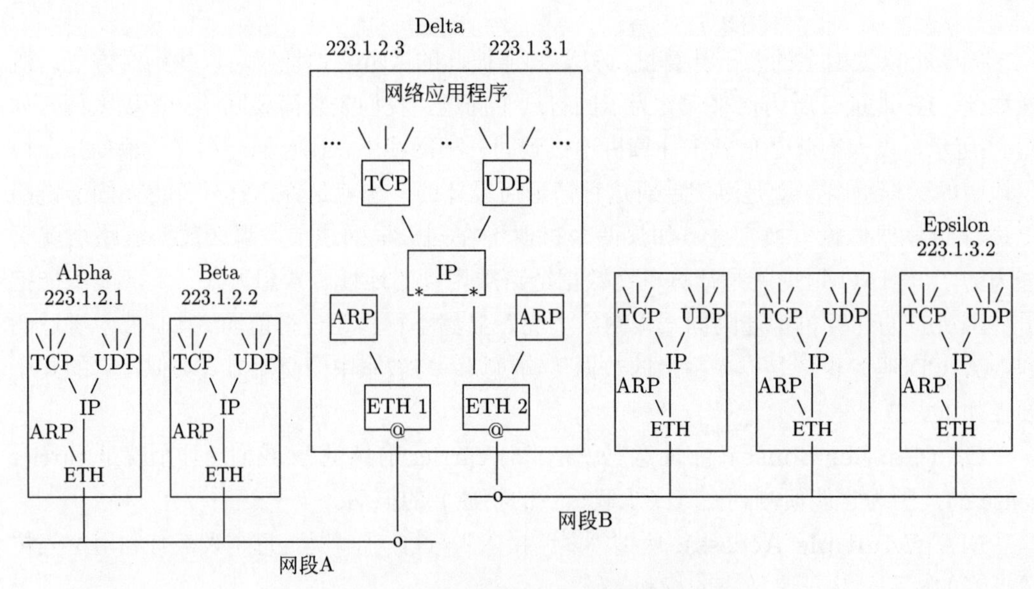

图 4.3 一个跨接两个以太网段的路由器

4.2 IP 地址

4.1节提到过，同一个以太网段上的若干计算机之间如果要彼此通信，则只要知道彼此的 MAC 地址就可以找到对方了。换言之，在同一网段上进行数据传输的话，IP 模块是多余的。跨接网段，或者说网络互联，才是 IP 模块存在的真正意义。所以，如图4.3所示的 Alpha 要给另一网段上的 Epsilon 发 e-mail 时，就要用到 IP 模块了，自然也就要用到 IP 地址了。

在现实世界中寄信，都要在信封上写明收件人的详细地址。同样，在网络世界中发送 e-mail，也要先知道对方的 e-mail 地址，如 who@where.com，这里面的 where.com 叫作域名（domain name），它对应着目标主机的 IP 地址，是 IP 地址的另一种表示方法。关于域名与 IP 地址的映射问题，我们会在本书的6.3节中做详细探讨。关于 IP 地址的格式，先记住两点：第一，IP 的长度为 4 字节，也就是 32 比特；第二，IP 用十进制表示，以“点”分隔。例如 129.11.3.31，是用小数点分隔开的 4 个十进制整数。如果把它写成二进制就是 10000001.00001011.00000011.00011111，的确为 32 比特。IP 地址的数量是有限的，即从 32 个 0（0.0.0.0）到 32 个 1（255.255.255.255），总共 2^{32} 个。

这个 32 比特的 IP 地址被分成了两部分：网络部分和主机部分。可以先根据“网络部分”找到目标网络，再根据“主机部分”找到该网络上的具体某台机器。

4.2.1 IP 地址分类

在 IP 开发的早期，设计师们对网络的规模和数量都没有太多的考虑，也就是说，一个网络该有多大，一共会有多少个网络，大家心里都没谱。“那么，就先把最高位的 8 比特当作网络比特吧，剩下的 24 比特当作主机比特”。这意味着网络的数量最多可达 $2^8 = 256$ 个，而每个网络里最多可以有 $2^{24} = 16\ 777\ 216$ 个主机。没过多久，雨后春笋般出现的新网络让专家们意识到 8 个网络比特实在是太少了。1981 年，一个经过认真考虑的网络分类方案出台了[1-2]。这个方案考虑到了大、中、小型网络的存在，把 32 比特的 IP 地址划分成 A、B、C 三类。后来，又增加了 D、E 两类，如图4.4所示。D 类地址用于多播（multicast），本书将在 4.2.2 节中介绍；E 类地址留作备用（reserved），到现在也没有被用到。

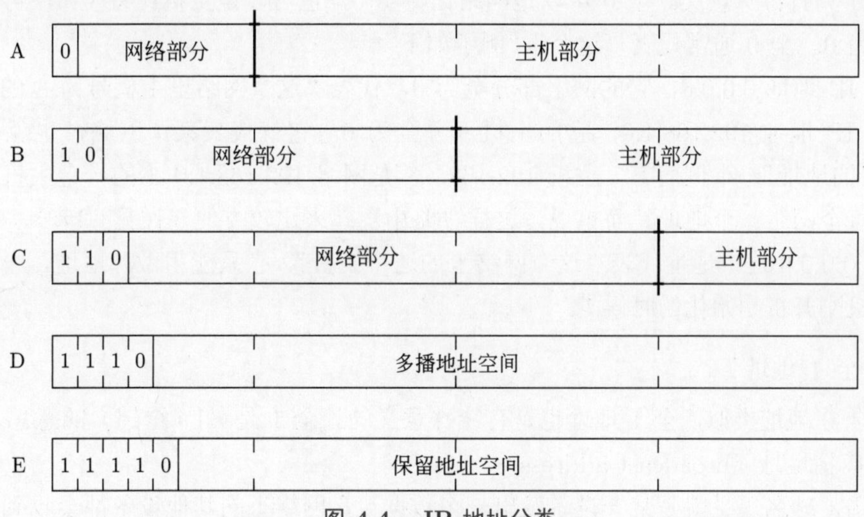

图 4.4 IP 地址分类

表4.1列出了 A、B、C 类网络的网络数和主机数。网络的数量取决于网络部分的取值范围。因为全 0 和全 1 的网络部分有特殊用途，所以网络数可以使用算式 $2^n - 2$ 来计算，其中 n 为可变的网络比特数。例如，在 A 类网络中可变的网络比特数为 7，那么 A 类网络的数量就是 $2^7 - 2 = 126$ 个。同样，网络中主机的数目也可以使用这个算式计算。

表 4.1 IPv4 地址分类

	前缀	网络比特数	主机比特数	网络数	主机数
A 类	0	7	24	$2^7 - 2$	$2^{24} - 2$
B 类	10	14	16	$2^{14} - 2$	$2^{16} - 2$
C 类	110	21	8	$2^{21} - 2$	$2^8 - 2$
D 类	1110		多播（multicast）		
E 类	1111		保留（reserved）		

1. IP 地址的前缀

IP 地址的前缀可以帮助路由器快速判断该地址的分类（算法如图4.5所示）。知道了地址的分类，就知道了该地址网络部分与主机部分的分界点和网络比特数，于是路由器可以快速计算出该地址所对应的网络地址，通过快速查询路由表，快速完成数据转发。关于路由器的工作原理，本书将在4.3节中详细介绍。

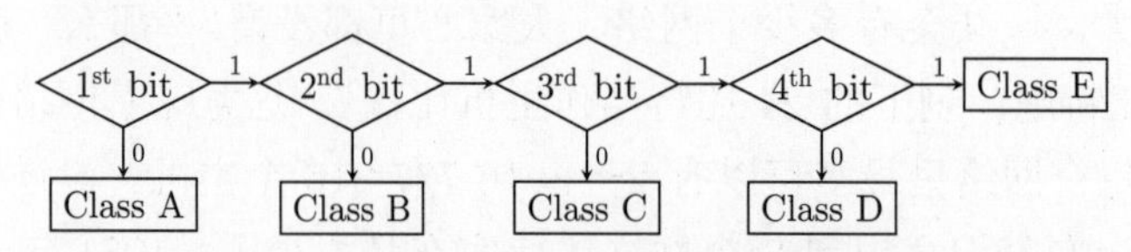

图 4.5　利用 IP 地址前缀判断地址的分类

4.2.2　特殊 IP 地址

1. 全 0 地址

全 0 具有特殊意义。全 0 可以是网络比特全 0，也可以是主机比特全 0，再或是两部分都为 0。全 0 通常代表“这个”，例子如下。

(1) IP 地址 0.0.0.8，它的网络部分全为 0，代表“这个网络里主机号为 8 的设备”。

(2) IP 地址 192.168.1.0，它的主机部分全为 0，它就代表某个网络，也就是所谓“某网络的地址”。举例而言，主机 192.168.1.8 是网络 192.168.1.0 上的一台主机。为什么要给每个网络一个地址？简单说，这样“路由”起来比较方便（详见4.3节）。

(3) 0.0.0.0 这个地址代表“这个网络上的这个主机”，它只能用做源地址，一般只用在计算机刚开机初始化的时候[3]。

2. 全 1 地址

和全 0 地址类似，全 1 地址也是有特殊意义的。全 1 是 all（全部）的意思。

1) 广播地址（broadcast address）

广播，顾名思义就是某一设备发出一个数据包，网络上的其他设备都会收到。广播地址就是主机比特全为 1 的 IP 地址。如果身处 A 类网络，某设备发出了广播，那么 $2^{24}-2$ 台主机都会收到。但实际上，为了网络社会的和谐，广播通常被限制在一个很小的范围内。所以，当设备向 255.255.255.255 发送广播时，不要期待“所有网络上的所有主机”都能听到，因为这实际上只是向自己所在的网络发出了广播。理论上讲，设备可以对着任一网络广播，如 212.111.44.255，但通常网管都会屏蔽掉这类广播。

2) 多播地址（multicast address）

如图4.6所示，“广播”的目的是让所有人听到，而“多播”是想让某些人听到。IPTV、视频会议、文件推送等都很适合用多播来实现。如表4.1所示，整个 D 类地址空间都是用于组播的，其重要性自不待言。D 类地址（也就是组播地址）的数量可以有 2^{28} 个之多，每一个组播地址代表一组主机。发往某一组播地址的数据包，最终会被发给组中的每一个主机。组播地址的前 4 个比特必须为 1110，那么不难算出组播地址的范围为 224.0.0.0~239.255.255.255。

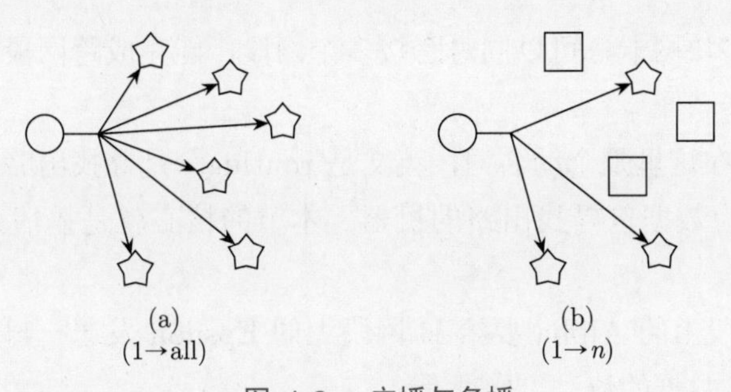

图 4.6　广播与多播

(a) broadcast；(b) multicast

3. 私有地址（private IP addresses）

早期的网络设计师们对互联网的憧憬简单而美好，每一台计算机都有一个独一无二的 IP 地址，大家都可以在信息高速公路上风驰电掣，畅通无阻地相互交流。然而，由于 IP 地址的分类方案不尽合理，IP 地址的分配出现了问题，浪费巨大。IP 地址的数量（如表4.1所示）远没有理论上的（2^{32}）那么宽裕，节约成了当务之急。而且不是所有的网络都要接到互联网上，在这些网络内部，没必要给每台计算机一个全球可以访问的 IP 地址。于是，在 A、B、C 类地址范围中，专家们又分别划出了一小部分用做私有地址，供不需要连接互联网的用户随意使用[4]。私有地址范围如下。

(1) A 类：10.0.0.0~10.255.255.255。

(2) B 类：172.16.0.0~172.31.255.255。

(3) C 类：192.168.0.0~192.168.255.255。

4. 环回地址（loopback address）

首字节为 127 的 IP 地址，如 127.0.0.1，就是环回地址。所谓“环回”，是指本机上的应用程序之间相互通信的情形。如图4.7所示，网络应用程序 APP1 向 APP2 发送的数据包，不需要沿着线路 B 向下绕经以太网模块，而只需要利用环回地址，沿着线路 A 下行到 IP 模块，就可以“环回”到应用层。显然线路 A 比线路 B 短，传输速度也更快。

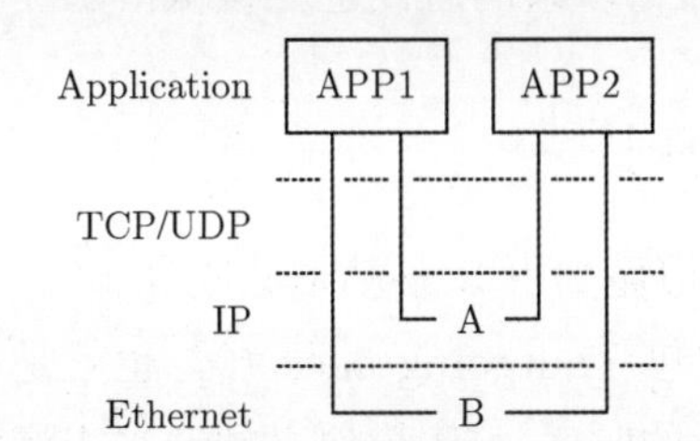

图 4.7　本机网络应用程序间的通信

4.3　路由器与路由表

图4.3画出了连接在 A、B 两个网段上的六台计算机，其中的 Delta 和其他计算机稍有不同，它有两块网卡，因而可以跨接两个网段。它的主要工作就是负责跨网段的数

据转发。这种装有多块网卡，可以同时跨接多个网段，能完成跨网段数据转发的计算机就是传说中的路由器。

所谓“路由”，在这里是个动名词，英文是 routing，是寻找出路的意思。“路由器”是通过查询路由表为数据包寻找出路的机器。本节的核心就是搞清楚这个查找出路的过程。

假如现在 A 网段上的 Alpha 要给 B 网段上的 Epsilon 发送一封电子邮件，那么在 Alpha 的协议栈里，数据的流动方向就是

$$\text{SMTP} \rightarrow \text{TCP} \rightarrow \text{IP} \rightarrow \text{ETH}$$

其中，

SMTP 是负责传输邮件的应用层协议（见6.4.1节）；

TCP 是重要的传输层协议（见5.2.2节）；

ETH 是重要的数据链路层功能模块（见3.4.1节）；

IP 模块是我们现在关心的重点。

4.3.1 不需要 IP 模块的时候

如图 4.3 所示 Alpha 如果给同一网段上的机器（如 Delta）发送数据的话，是不需要 IP 模块的。如果去掉 IP 模块，Alpha 里的协议栈就简化成了如图4.8(a) 所示的样子。原来的 ARP 模块是负责把 IP 地址翻译成以太网地址的，已经没用了，所以也去掉。当然，原来和 IP 模块相关的 TCP、UDP、ETH 等模块也要做相应的修改，这个简化的协议栈才能工作。

世界似乎因此而变得简单，但当 Alpha 要给其他网段上的机器，如 B 网段上的 Epsilon，发送数据的时候就不得不把 IP 模块和 ARP 模块再添加上。为了同时满足两种情况，于是 Alpha 有了双协议栈，如图4.8(b) 所示。显然，事情变复杂了，不仅多了两条线，而且相关模块要做很多烦琐的修改才能同时应付网内、网间这两种不同的数据传输情况。因此哪怕是在它显得多余的时候也应该保留 IP 模块。

4.3.2 路由选择的基本原则

IP 模块的数据转发工作遵循如下 3 条基本原则[5]。

(1) 对于一个出去的数据包（outgoing packet），也就是自上而下穿过协议栈向外走的数据包，在它经过 IP 模块的时候，IP 模块必须通过查询路由表来决定：是直接发送还是间接发送该数据包；从哪个网口把数据包发送出去。

(2) 对于一个进来的数据包（incoming packet），也就是自下而上从网卡进来，穿过协议栈的数据包，在它经过 IP 模块的时候，IP 模块必须决定是把该数据包转发出去，还是接收它，再传递给上层的功能模块。如果要转发出去，那么参见原则 (1)。

(3) 对于一个进来的数据包，绝不能让它原路返回。

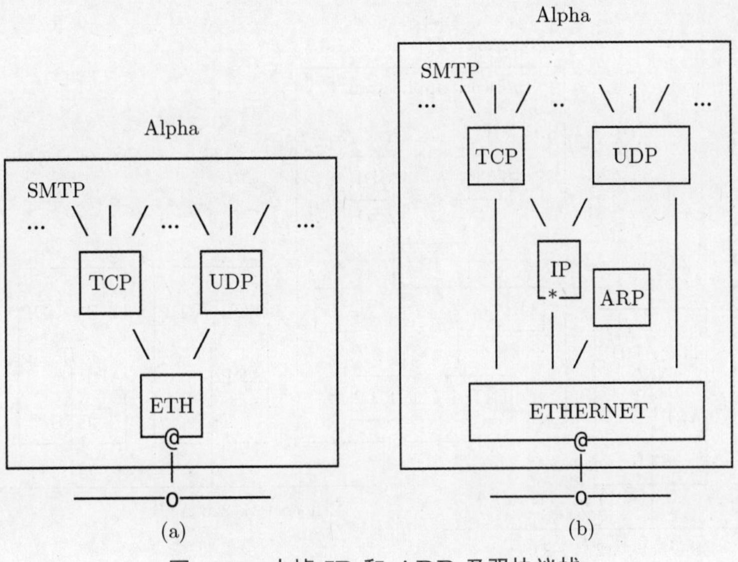

图 4.8 去掉 IP 和 ARP 及双协议栈

(a) 去掉 IP 和 ARP；(b) 双协议栈

为了方便讨论，避免混淆，我们先对不同层数据包的名字做个规范（如表4.2所示）。关于数据包的命名并没有非常严格的规定，我们采用 RFC 1180 中的命名习惯[5]。在不引起混淆的情况下，我们还会经常用到“数据”“数据包”这样笼统的名字。

表 4.2 各层数据包的名称

	数据包名称	中文名称
应用层	Application message	消息，或者信息
传输层	TCP segment	TCP 数据段
	UDP datagram	UDP 数据报
网络层	IP packet	IP 包
链路层	Ethernet frame	以太帧

4.3.3 路由表

立足于上述三条基本原则，现在我们来看看如图4.3所示中 Alpha 给 Epsilon 发邮件的详细过程。方便起见，我们把图4.3重新画在这里，并在图中标明了各网段和主要机器的 IP 地址（如图4.9所示），具体信息如下。

网段 A：IP 地址是 223.1.2.0，上有 3 台主机，分别是

Alpha：223.1.2.1

Beta：223.1.2.2

Delta：223.1.2.3

网段 B：IP 地址是 223.1.3.0，上有若干主机，其中，

Epsilon：223.1.3.2

Delta：223.1.3.1

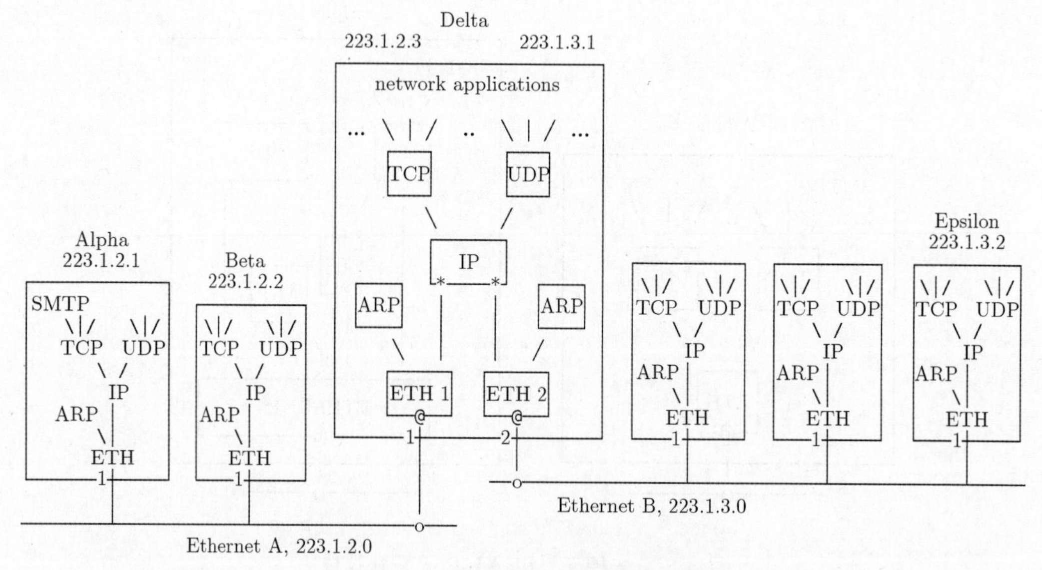

图 4.9 一个跨接两个网段的路由器

不难发现，由于路由器 Delta 跨接两个网络，因此它有两个 IP 地址，分属于两个网络。

首先，邮件在 Alpha 的协议栈中自上而下穿过 SMTP 和 TCP 两个模块，到达 IP 模块。依据 4.3.2 节所示原则 (1)，IP 模块要查询路由表，然后根据查表结果做出两个判断，分别是直接发送，还是间接发送；从哪个网口发送。Alpha 的路由表里只有简简单单的两条记录，如表4.3所示 ①。

表 4.3 **Alpha 的路由表**

目标网络	标志	路由器	网卡
223.1.2.0	direct		1
default	indirect	223.1.2.3	1

目标网络: 目标网络的地址。目标当然也可以是主机，但可以想见，如果把 A 网段上可能存在的 254 台主机的 IP 地址都一一罗列出来，显然没有只写一行 223.1.2.0 来得聪明。毕竟路由器只关心“街道名”，不太关心“门牌号”。

标志: 直接或间接路由的标志。

路由器: 路由器的 IP 地址。

网卡：网卡编号。

表4.3中的两条记录可以被解读如下。

(1) 如果要给 223.1.2.0 这个网络上的主机（如 Beta）发送数据的话，直接发送就好，不需要路由器转发，从 1 号网卡发出去。

① 表 4.3：这是个简化路由表，只列出了我们感兴趣的信息。现实的路由表要更复杂，在 UNIX 系统里，可以用 route 命令查看。

(2) 如果要给任何其他网络上的主机，如 B 网段上的 Epsilon，发送数据的话，间接发送，需要路由器 223.1.2.3 帮助做转发，从 1 号网卡发出去。

路由表是管理员人为配置的。但人工修改路由表是个麻烦事，所以路由器都具有自动配置、自动更新路由表的功能（见4.9节）。

因为是给 B 网段上的 Epsilon 发送数据，所以 Alpha 的 IP 模块决定参照路由表中的第二条记录对数据进行处理，也就是把数据从 1 号网卡发出，发送给路由器。于是，IP 模块把上面送下来的 TCP 数据包封装成一个 IP 包（见4.4节），然后交给下面的以太网模块，由它负责后面的事情。

如图4.10(a) 所示，IP 包里记录着发送端和接收端的 IP 地址，但是并没有记录双方的 MAC 地址。的确，在我们给别人发 e-mail 的时候，我们只知道对方的域名（也就是 IP 地址），并不知道对方的 MAC 地址。但是由图4.10(b) 可知，在把 IP 包封装成以太帧的时候，以太网模块需要知道对方的 MAC 地址，这时需要一个能通过目标 IP 地址找到目标 MAC 地址的办法。于是，ARP 登场了。

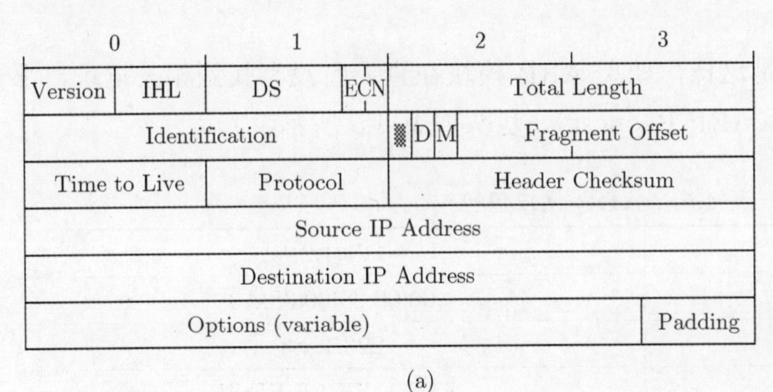

(a)

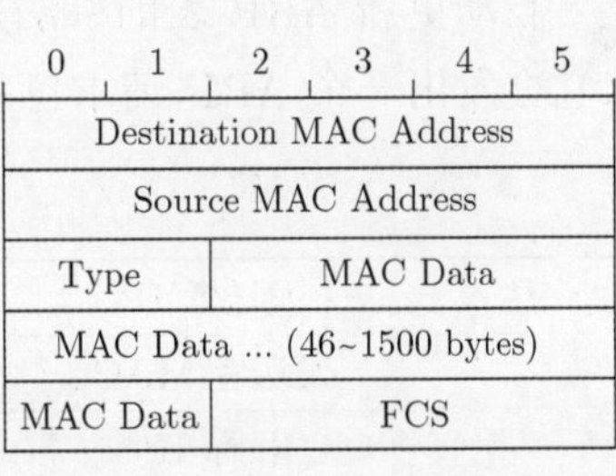

(b)

图 4.10 IP 包头及以太帧格式

(a) IPv4 数据包头格式；(b) 以太帧格式

4.3.4 地址解析 ARP

地址解析协议（Address Resolution Protocol，ARP）的工作就是把 IP 地址翻译成相应的以太网地址，也就是 MAC 地址。先将前面的内容梳理如下。

(1) 每个联网的计算机都有两个地址，IP 地址和 MAC 地址。我们发送邮件的时候，知道对方的邮件地址，如 who@where.com，其中的 where.com 就对应一个 IP 地址。但是我们并不知道对方的以太网地址。

(2) 现在，Alpha 要给 Epsilon 发 e-mail。Alpha 的路由表（如表4.3所示）显示，这中间要请一个路由器帮忙转发。同时，路由表里也标明了该路由器的 IP 地址是 223.1.2.3，也就是图4.9所示的 Delta。那么，现在 Alpha 只要通过以太网把邮件发给路由器 Delta 就行了。但是，在以太网上传送数据，必须要知道对方的以太网地址才行。

(3) 于是 Alpha 求助于自己的 ARP 模块，询问 223.1.2.3 这个 IP 地址所对应的以太网地址。

ARP 是个很简单的协议，其核心思想就是通过查询 ARP 表得到相应的以太网地址。Alpha 的 ARP 表如表 4.4 所示。

表 4.4 Alpha 的 ARP 表

IP 地址	MAC 地址
223.1.2.2	08:00:39:00:2F:C3
223.1.2.3	08:00:5A:21:A7:22

从表 4.4 中得知，路由器 Delta（223.1.2.3）的 MAC 地址 08:00:5A:21:A7:22。于是，Alpha 的以太网模块现在可以把 IP 包封装成以太帧了，随后把封装好的以太帧从 1 号网卡发出去。然而，ARP 表到底是怎么来的？要是表里没有关于 Delta 的记录怎么办？当然它们可以由管理员人为配置，但显然应该有更简便的办法，因为这个以太网段上很可能有几十，甚至上百台计算机，而且总会遇到更换坏网卡，加入新机器，淘汰旧机器等问题。人为更新 ARP 表，工作量巨大。ARP 的开发者提供了拯救管理员的解决方案。

自动更新 ARP 表的办法是这样，如果 ARP 模块在查表时没有找到相关记录，那么它会发出一个 ARP 请求包（ARP Request），包头如表 4.5 所示。

表 4.5 ARP 请求包包头

发送者 IP	223.1.2.1
发送者 MAC	08:00:28:00:38:A9
目标 IP	223.1.2.3
目标 MAC	FF:FF:FF:FF:FF:FF

显然，从目标 MAC 地址（FF:FF:FF:FF:FF:FF）可以看出这是在广播，意思是说："喂，大家听好，我的 IP 地址是 223.1.2.1，我的 MAC 地址是 08:00:28:00:38:A9。请问，223.1.2.3 这台机器的 MAC 地址是多少？"然后，Alpha 的以太网模块会把这个 ARP 请求包封装成一个以太帧（如图 4.11 所示），发送出去。

Destination	Source	Type	MAC Data	
FFFFFFFFFFFF	0800280038A9	0x0806	ARP Request	FCS

图 4.11 Alpha 将一个 ARP 请求包封装成以太帧

以太网本身就是个广播媒介，所以网段 A 上的所有机器都听到了 Alpha 的叫喊，并且接受了它发出的这个以太帧。大家都发现信封上的 Type 域里写的是 0x0806，于是在拆封之后，把里面的 MAC 数据向上传递给了自己的 ARP 模块。所有机器的 ARP 模块在收到这个请求包之后，都要先看看里面的 Target IP（目标 IP 地址）是不是自己的。如果是，就要给人家回应；如果不是，就把这个请求包丢弃了。显然只有 223.1.2.3，也就是路由器 Delta，给了回应，而其他所有机器的 ARP 模块都丢弃了手里的请求包。Delta 的回应如表 4.6 所示。

表 4.6 Delta 的回应

发送者 IP	223.1.2.3
发送者 MAC	08:00:5A:21:A7:22
目标 IP	223.1.2.1
目标 MAC	08:00:28:00:38:A9

显然，从目标 MAC 地址（08:00:28:00:38:A9）可以看出，这个回应不再是广播，而是发给 Alpha 的单播，意思是说：“喂，Alpha，我就是你要找的 223.1.2.3，我的 MAC 地址是 08:00:5A:21:A7:22。”Delta 的以太网模块（ETH 1）把这个 ARP 回应包封装成一个以太帧（如图 4.12 所示），发送出去。

Destination	Source	Type	MAC Data	
0800280038A9	08005A21A722	0x0806	ARP Response	FCS

图 4.12 Delta 将一个 ARP 回应包封装成以太帧

虽然不是广播，但毕竟以太网总线像承载话音的空气一样，是广播媒介，所以大家也都能听见。不同的是，只有 Alpha 收下了这个以太帧，其他所有机器的以太网模块都发现目标 MAC 地址既不是自己的，也不是广播，因此丢弃了它。Alpha 的以太网模块发现信封上的 Type 域里写的是 0x0806，于是在拆封之后，把里面的 MAC 数据向上传递给了自己的 ARP 模块。ARP 模块发现自己的请求终于有了回应，于是更新自己的 ARP 表，也就是把 Delta 的 IP 和 MAC 地址添加到了表里。现在，Alpha 的以太网模块终于可以把那个滞留在手里的 IP 包封装成以太帧（如图 4.13 所示），从 1 号网卡发了出去。

Destination	Source	Type	MAC Data	
08005A21A722	0800280038A9	0x0800	IP packet	FCS

图 4.13 IP 包封装成以太帧

ARP 的工作过程大致如此。还有个小问题，按照上面的过程，ARP 表里可以自动添加新记录了，但是旧记录如果作废了，如换掉一块旧网卡，或者搬走一台计算机，怎么办呢？当然，管理员可以手动删除旧记录，但显然还应该有更简便些的办法。很简单，可以采用老化算法（aging algorithm）来删除，也就是给 ARP 表里的每一条记录都加个时间信息，倒计时，凡是在 300 s 之内没被用到的记录都会被自动清除。

4.3.5 路由器的工作过程

现在，A 网段上的所有计算机（严格说，应该是网卡）都注意到以太网总线上有个以太帧飘过，信封上的收件人地址写的是 08:00:5A:21:A7:22。除了 Delta，其他机器都忽略了它。Delta 的 1 号网卡接收了这个发给自己的以太帧，发现 Type 域里写的是 0x0800，于是在拆掉信封之后，把信的内容上交给了 IP 模块。

Delta 的 IP 模块收到了这个进来的数据包（大致如图4.14(a) 所示），发现目标 IP 地址是 223.1.3.2，显然不是自己的。于是，依据 4.3.2 节路由原则 (2)，决定转发这个 IP 包。既然要转发，那么当然又要参照 4.3.2 节路由原则 (1) 来处理，查询路由表。Delta 的路由表里也是只有简简单单的两行，如图4.14(b) 所示。解读如下：

(1) 如果要给 223.1.2.0 这个网络上的主机发送数据的话，直接发送，不需要路由器做转发，从 1 号网卡发出去。

(2) 如果要给 223.1.3.0 这个网络上的主机发送数据的话，直接发送，不需要路由器做转发，从 2 号网卡发出去。

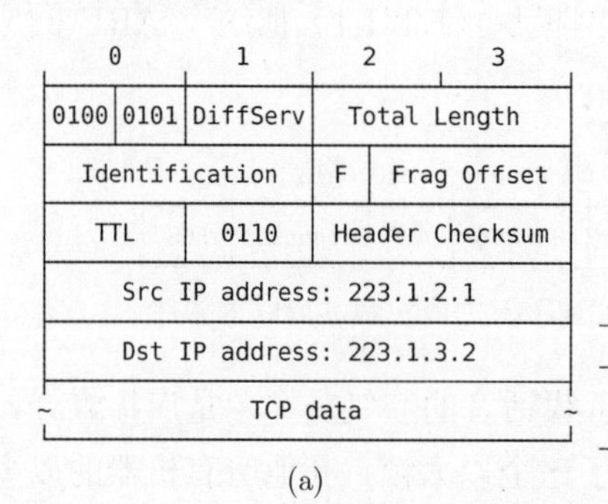

(a)

目标网络	标志	路由器	网卡
223.1.2.0	直接发送		1
223.1.3.0	直接发送		2

(b)

图 4.14　从 Alpha 到 Delta

(a) 从 Alpha 到 Delta 的 IP 包；(b) Delta 的路由表

显然，目标 IP（223.1.3.2）属于 223.1.3.0 这个网络，那么参照路由表的第二行，把这个 IP 包交给 2 号网卡，IP 模块的工作就完成了。

Delta 的 2 号网卡要把这个 IP 包封装成一个以太帧。于是，查询 ARP 表，得到 Epsilon 的 MAC 地址。最后，将封装好的以太帧发送到总线上。B 网段上的所有计算机（严格说，应该是网卡）都注意到以太网总线上有个以太帧飘过。除了 Epsilon，其他机器都忽略了它。Epsilon 的 1 号网卡接收了这个发给自己的以太帧，发现 Type 域里填的是 0x0800，于是在拆掉信封之后，把信的内容上交给了 IP 模块。

Epsilon 的 IP 模块发现来信的目标 IP 地址就是自己的，于是把信收了下来。进一步发现 Protocol 域里填的是 0x06，于是去掉 IP 包头，把信的内容上交给了 TCP 模块。至于 TCP，以及再上一级的应用层将如何处理这个 e-mail，本书后面的章节中会对其有详细介绍。

4.3.6　网络世界中的邮局

现实世界的网络显然不像图4.9所示的这样简单。但在复杂如图4.15(a) 所示的网络中，每个路由器的工作原理还是和我们前面讲的一模一样，它们都遵循三条基本路由规则（详见4.3.2节），通过查询路由表来决定数据包的转发方向。

在图4.15(b) 所示的情景中，一封从昆明寄往北京的信，途中通常会经过若干邮局的转发。当它在昆明邮局的时候，邮局的分拣员就要负责确定下一站要把它送到哪里，是贵阳、重庆还是成都。假设送到了重庆，那么重庆邮局的分拣员也要做同样的抉择，在成都、贵阳、武汉之中选择一个方向，显然昆明不在考虑范围之内，因为信是从那里过来的。依次类推，又经过了武汉、上海、北京等邮局的转发之后，最终到达目的地。

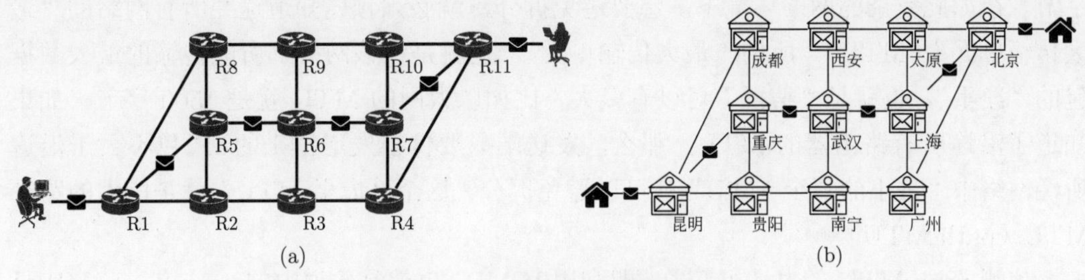

图 4.15　互联网与邮政网的对比

(a) 互联网；(b) 邮政网

路由器在互联网中的角色就像是现实生活中的邮政局。IP 模块的工作就相当于邮局的分拣员，根据信封上的信息，决定信件的去向。互联网技术的灵感大都来源于生活，利用常识思考，就可以很好地帮助我们理解互联网。现在假设图4.15(b) 中，昆明与重庆之间的交通中断了，那么昆明邮局在获得情报之后，显然要对信件转发工作做出必要的调整。相似地，如果图4.15(a) 中的 R1 与 R5 之间的线路出了故障，R1 的路由策略（路由表），显然也要做相应的改变。这种改变是怎样做出的呢？这个问题将在4.9节做专门探讨。

4.3.7　分段和重组

IP 模块有两个基本功能，一是 addressing，也就是路由、转发数据包；二是 fragmentation，字面意思就是“分段”。

1. 分段

理论上讲，一个 IP 数据包可以有 65 535（$2^{16}-1$）字节，但并不是所有的网络设备都能处理这么大的数据包。例如，最常见的以太网能携带的数据最多也就是 1500 字节。这意味着，一个 65 535 字节的大 IP 包必须被拆分成 40 多个小 IP 包，然后才能在以太网上一一发送。这 40 多个小包裹到了目的地，又会被 IP 模块重新组装起来，还原成一个大包裹。这还是运气好的时候，如果运气不好，途经的某个路由器连 1024 字节的数据包都处理不了，那么这 40 多个小包裹将会被进一步拆分成更多、更碎的小包裹。前面我们说过，IP 模块的工作很类似于邮局的，它的服务质量也和邮局的一样，是“不可靠”的。邮局并不保证每一封平信都能送达收件人，IP 也一样，它并不保证每一个数据包都能送达目的地。一个大包裹被分拆成上百个小包裹，只要途中少了一个都将无法完成下载。

显然，分段不是一件受欢迎的事情，一方面是因为拆得越碎，丢包率就越高；另一方面是因为，分段和重组都要增加路由器的工作量，这会拖慢路由处理速度。那能不能避免分段呢？谈何容易。一个 IP 包的旅程，从发送端到接收端，往往要经过多个不同的物理网络，不仅有以太网，还可能会经过令牌环网、FDDI 网、无线网等。不同的物理网络通常都有各自不同的数据格式规范，也就是说，“信封”的格式不一样，信封的容量也不一样。例如，一个以太帧可以装下 1500 字节，而一个 FDDI 帧可以装下 4770 字节。在如此复杂的网络环境下，想要避免拆分，就必须预先知道途经所有网络的“最大传输单元”（MTU）。所谓“最大传输单元”，也就是在该网络上所能传输的最大数据包的“净重”，也就是“信瓤”可以有多大，比如以太网的 MTU 就是 1500 字节。如果知道了沿途所有路由器的 MTU，那么，发送端只要保证发送出来的 IP 包不大于沿途所经网络中“最小的那个 MTU”就可以避免拆分。这个“最小 MTU”就是所谓的路径 MTU（path MTU）。

侦测 path MTU 的办法很简单，即利用 ICMP，也就是传说中的 ping 包。ICMP 是 TCP/IP 网络中重要的故障侦测机制，destination unreachable（目标不可达）就是 ICMP 中定义的错误类型之一。而“目标不可达”的原因很多，其中之一就是 fragmentation needed（需要分段）。显然，如果要传输的 IP 包太大，且其不分片（Don't Fragment，DF）比特置 1 了（详见4.4节），就会导致这种故障。例如，在 Linux 计算机上输入命令：

```
$ ping -c3 -Mdo -s1500 cs6.swfu.edu.cn
```

该命令中的几个选项[①]如下。

(1) -c count: 你想发出几个 ping 包，count 就写几。

(2) -M pmtudisc_opt: 想发现 MTU 的话就要用到这个选项。pmtudisc_opt 的值可以是以下几项。

a. do: 不许分段，也就是将 IP 包头中的 DF 比特置 1。

b. want: 将 DF 比特置 1，但如果数据包太大，则允许在本机（发送端）对数据包分段。离开本机之后，数据包就不能再被分段了。

c. dont: 将 IP 包头中的 DF 比特置 0，也就是允许分段。

上述命令的输出结果如下。

```
------------------------------------------屏幕输出 ----------------------------------------------
1 PING cs6.swfu.edu.cn (39.129.9.40) 1500(1528) bytes of data.
2 ping: local error: message too long, mtu=1500
3 ping: local error: message too long, mtu=1500
4 ping: local error: message too long, mtu=1500
5
6 --- cs6.swfu.edu.cn ping statistics ---
7 3 packets transmitted, 0 received, +3 errors,
8 100% packet loss, time 2054ms
-------------------------------------------------------------------------------------------------
```

从出错信息不难看出，数据包太大了，MTU 是 1500 字节。可是命令行给的选项不就是“-s1500”吗？留意看看输出结果的第一行，可以看到“1500(1528)”。这说明命令中要发送的“数据”是 1500 字节，但“数据包”是 1528 字节，因为一个数据包里不只有数据，还有“信封”。这多出来的 28 字节，其中 8 字节是 ICMP 信封，另外 20 字节是

① 想了解关于 ping 命令的更多细节，可以使用“man ping”命令来查阅。

IP 信封。所以为了避免看到“local error: message too long”，应该将命令修改为：

```
$ ping -c3 -Mdo -s1472 cs6.swfu.edu.cn
```

利用 ICMP 的这一报错机制，发送端可以先参照本网络的 MTU 来封装 IP 数据包，并把 DF 比特置 1。如果该数据包能顺利到达目的地，那么显然就不需要拆分了；如果收到了“目标不可达，需要分段”这样的报错，那么就再尝试发送小一点的 IP 包，直到找到合适的 MTU。

路径 MTU 虽然不难找，但还有一个问题，IP 层的传输是“无连接”的，是 hop-by-hop（一跳接一跳）地进行的。路径选择的不确定性意味着路径 MTU 的不确定性。发送端依据早先得到的路径 MTU 而做好的 IP 包，难保不在半道因路径的临时改变而被拆分。

2. 重组

重组有两个基本方案，一是所谓“透明分段”，另一个自然是“不透明分段”。

所谓“透明分段”，就是让分段这件事情不被别人看见。举例而言，假设某 IP 包要依次穿过 A、B、C 这三个网络，其中 B 网络比较老旧，只能传输很小的数据包。也就是说，该 IP 包在经过了 A，进入 B 时，会被拆分成若干“小包裹”。之后，这些“小包裹”在走出 B 时，又会被还原成一个“大包裹”，然后才进入 C。如此一来，分段这件事情对于 A、C 来讲，就像不存在一样。这种“透明”设计比较好理解，但问题也不少。首先，IP 传输是 hop-by-hop 的，我们并不能保证所有的“小包裹”都是从同一个网关离开 B。当然，我们可以采取某种机制强迫所有的“小包裹”走同样的路径，但如此一来，“无连接”的优势就消失了，因为“无连接”的本意是允许中间路由器临时为数据包选择最佳路径。其次，重组明显会加大路由器的工作量，降低其处理速度。再者，重组显然要等所有的“小包裹”都到齐了才能完成。缓存已到达的“小包裹”，以及等待未到达的“小包裹”，都要耗费更多的路由器资源，拖累其性能。

有鉴于“透明分段”的种种问题，IP 模块的设计采用了“不透明分段”方案，也就是说，中间路由器可以“拆分”，但不能“重组”，把重组工作留给接收端自己去完成。这样做虽然避免了“透明分段”的缺陷，但问题也显而易见。首先，传输几百个“小包裹”，丢包率肯定要远大于传输一个“大包裹”；其次，无论是“大包裹”还是“小包裹”，都要装信封，一个信封至少 20 字节。信封多了，开销也大。

综上所述，分段和重组实在是不得已而为之的事情。在 IPv4 背景下，无法找到数据包传送的完美方案，因此出现了 IPv6。本书将在4.8节介绍 IPv4 的下一代——IPv6。

4.4 信封的设计

网络上的数据传输技术其实就来源于我们的生活常识。举例而言，一封书信分为信封和内容两部分。而信件在邮递过程中，邮政局根据信封上的目标地址、收件人等信息，来决定信件的发送方向。网络上传输的数据包也是一样，分为包头（Header）和内容

（Payload）两部分。路由器根据包头上的信息来转发数据包。IPv4 数据包的头部（信封）格式如图4.16所示，其长度通常为 20 字节，下面我们简要介绍一下包头中的各个字段。

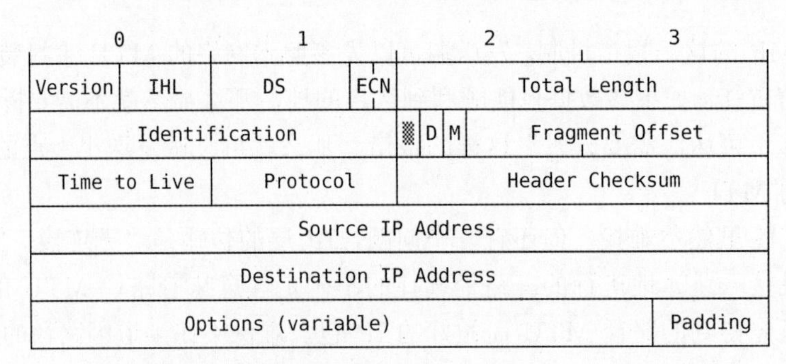

图 4.16 IPv4 包头

1. 版本（version）

尽管我们已经进入了 IPv6 时代，但 IPv4 还是目前网络流量的主流。在这 4 个比特的版本域里填上二进制的 0100。IPv4 已经统治网络世界 40 年了，它的成功经验启发着 IP 的后续开发。本书将在4.8节中详细介绍 IPv6，以及其他的版本号。

2. 头部长度（internet header length）

在这 4 比特里，通常填的是二进制的 0101，也就是 5。但这并不是说“信封”只有 5 字节这么大，而是有 5 个“字”这么大，而一个“字”的长度是 32 比特，也就是 4 字节。那么，5 个字就是 $5 \times 4 = 20$ 字节。为什么要标明头部长度呢？因为头部的长度不固定，它通常是 20 字节，但不总是，后面还可以根据需要添加若干选项（Options）。由 IHL（头部长度域）的最大值 15（二进制的 1111）可以算出，头部最长可达 $15 \times 4 = 60$ 字节。也就是说，选项最多可达 40 字节。

3. 区分服务（differentiated service，DiffServ）

这个字节恐怕是 IPv4 包头设计中最不靠谱的部分了。它原来叫服务类型（Type of Service，ToS），先后有 5 个 RFC 对这个字节做了重新定义。RFC 3168 中的第 22 节详细记录了这一字节的变迁故事[6]。其之所以变化如此频繁，是因为谁都不确定到底该怎么用这 8 比特。最初，它被用来标明数据包的优先级和服务类型。但是让路由器操心这么琐碎的事情，显然会影响转发速度。而且，优先级与服务类型的定义又更新过于频繁，所以绝大多数的路由器都不看这 8 比特，也就是不支持 ToS 功能。后来，在 RFC 2474 中，它的名字由 ToS 变成了 DiffServ。前 6 比特（DiffServ）用于标识服务等级，默认值为二进制的 000000；后 2 比特用做显式拥塞通知（explicit congestion notification，ECN），可帮助缓解网络拥堵[6]。

4. 总长度（total length）

总长度包括包头和数据。一个 IP 包最小也要 20 字节，也就是一个“空信封”。因为这个域只有 16 比特，所以最大的 IP 包可以是 $2^{16} - 1 = 65\,535$ 字节。网络数据包

里内容越多越划算。但并不是所有的网络设备都有能力处理这么大的数据包，例如，在链路层，以太帧所能携带的最大数据也就是 1500 字节，所以，一个 65 535 字节的 IP 包必然要被拆分成若干小的数据包才能在以太网上传输。而拆分和重组会带来较大的开销，所以应尽量避免。关于如何选择数据包的大小以避免拆分，在 4.3.7 节中有详细介绍。RFC 791 规定，所有的路由器和主机最少要能处理 576 字节大的 IP 包，也就是 512 字节的“信瓤”加上最大“信封”的大小（$60+4$ 字节，其中 60 字节是包头，4 字节是 padding）。

5. 标识号（identification）

网络上的每一个 IP 数据包都有一个唯一的编号。如果一个大 IP 包在中途被拆分了，那么拆分出的每一个小 IP 包显然都应该有相同的 ID 号，以便于之后能把它们重新装配成原始的大 IP 包。如图4.17所示，一个 4000 字节的 IP 包（包头 20 字节，内容 3980 字节），被拆分成了三个小 IP 包，每个小 IP 包的 ID 都是 88。这和日常寄快递的方式差不多。如果你有一大箱子的东西，快递的小车装不下，那么就要把大箱子拆开，分装成若干小箱子，利用若干小车来运输。到达目的地后，这些小箱子又被重新组装成原来的样子，以一个大箱子的形式交给收件人。显然，拆分出来的小箱子应该有相同的标识号，这样，在重组的时候才能知道它们同属于一个大箱子。

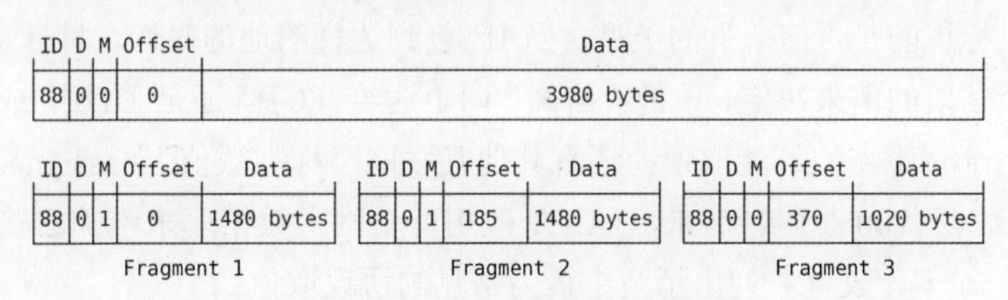

图 4.17 IP 数据包分段示例

6. 标志位（flags）

这部分有 3 比特。第一个空着没用；第二个是 DF 比特，图 4.17 中为 D；第三个是更多分片（more fragment，MF）比特，图 4.17 中用 M 代表。如果 DF 置 1，那么在传输过程中，这个 IP 包就不会被路由器拆分。这意味着，如果它太大，以至于中间路由器处理不了的话，那么它也不会被拆分，而是会被丢弃，发送端会因此收到一个报错信息。如果 MF 置 1，那表明这个 IP 包是从一个大箱子里拆分出来的若干小箱子之一，而且它不是最后一个小箱子。如果是最后一个，那么它的 MF 比特肯定是 0（如图4.17所示）。显然 DF 和 MF 不可能同时为 1。

7. 段偏移量（fragment offset）

这个字段（13 比特）用来标明拆分出来的小箱子在大箱子中的顺序位置。在这里，衡量小箱子的大小时，不以字节为单位，而以 block（块）为单位，一个 block 等于 8 字节。13 比特所能表示的 block 数量为 2^{13}，所以，“段偏移量”字段刚好可以覆盖 $2^{13}\times 8=64$KB，也就是 IP 包的最大值。下面以图4.17为例进行讲解。

(1) Fragment 1 的 offset 为 0，说明它的确是第一个小箱子。它的内容大小为 1480 字节，也就是 $1480 \div 8 = 185$ block。它的 MF 比特为 1，说明它后面还有小箱子。

(2) Fragment 2 的 offset 为 185，因为 Fragment 1 占用了 0~184 这 185 个 block。它的内容大小也是 1480 字节，自然也要占用 185 个 block。且其 MF 比特为 1，说明它后面还有小箱子。

(3) Fragment 3 的 offset 为 370，内容大小为 $3980 - 1480 - 1480 = 1020$ 字节。其 MF 比特为 0，说明它是最后一个小箱子。

8. 生存时间（TTL）

IP 包在网络中的传输和邮局送信的方式一样，都是 hop-by-hop（一跳接一跳），每一跳临时决定下一跳去哪儿。那么，这就有可能出现跳来跳去却永远跳不到目的地的情况，也就是所谓的“路由环路”。这样的 IP 包如果多了，就会造成网络的拥塞。TTL 就是针对这种情况而设计的。发送端要给 TTL 置一个初始值，之后，IP 包每经过一个路由器，TTL 的值会减 1。如果减到了 0 还没能送达目的地，那么这个 IP 包就会被丢弃。同时，丢弃该 IP 包的路由器会向发送端发出一个报错信息。

9. 协议（protocol）

这个字段标识的是“信瓤”的类型。当 IP 包到达目的地的时候，目标主机的 IP 模块会根据这个字段的值来决定，该把“信瓤”向上送给 TCP，还是 UDP，或是其他什么协议模块。Protocol 域的可能取值，还有其他互联网“标准数值”（assigned numbers），以前都放在 RFC 1700 里[7]。后来，IANA 改用一个网上数据库来维护这些信息，网址在 www.iana.org[8]。表 4.7 列出了几个最为常见的协议取值。

表 4.7 常见协议取值

协　议	数　值		
	十进制	十六进制	二进制
ICMP	1	01	00000001
IGMP	2	02	00000010
TCP	6	06	00000110
UDP	17	11	00010001

10. 头部校验和（header checksum）

这只是用来校验 IP 包的包头，而不包括“信瓤”，也就是数据部分。这也是 IP 模块被认为“不可靠”的原因之一。校验的算法很简单，先把包头分成若干个 16 比特长的片段，再把所有这些片段加起来。加的时候要注意以下两点。

(1) 不要把 checksum 的 16 比特加进去。

(2) 如果有进位的话，把进位加到 checksum 里面。

然后，对加出来的和（sum）进行补码运算，也就是按位取反，就得到了 checksum 的值。举个例子，下面这一长串 16 进制数就是你要发出的一个 IP 包的包头，共 20 字节：

```
4500 0073 0000 4000 4011 0000 C0A8 0001 C0A8 00C7
```

其中，用下画线标出的“0000”就是 checksum 部分的 16 比特。我们要先把这 16 比特填上正确的值，然后才能发出去。下面分两步走来计算 checksum。

第 1 步　把所有的 16 比特片段加起来

```
4500 + 0073 + 0000 + 4000 + 4011 + 0000 + C0A8 + 0001 + C0A8 + 00C7 = 2479C
```

因为 checksum 只能有 16 比特，所以超出部分，也就是进位，要再加回来

```
2 + 479C = 479E
```

第 2 步　对和（479E）进行补码运算，得到 B861，这就是最终的 checksum 值。

收到这个 IP 包的路由器，如何对其进行校验呢？很简单，和前面一样，唯一的不同就是在做加法的时候，把 checksum 那 16 比特也带上。

```
4500 + 0073 + 0000 + 4000 + 4011 + B861 + C0A8 + 0001 + C0A8 + 00C7 = 2FFFD
2 + FFFD = FFFF
```

对 FFFF 按位取反，得到 0000，这就表明没发现错误。还要注意以下两点。

(1) 校验算法简单的好处是处理速度快，坏处是不完全靠谱。例如，各比特的顺序如果被篡改了的话，checksum 依然是“正确的”。

(2) 不仅仅是发送端和接收端要计算 checksum，所有的中间路由器也要进行校验运算，因为 checksum 要随包头的变化而改变，而 TTL 是随时在变的。

11. 源地址（source IP address）

在4.2节中有详细介绍，不再赘述。

12. 目标地址（destination IP address）

同上。

13. 选项（options）

选项当然不是必需的，而且由于它的确很少被用到，所以不是所有的路由器都支持选项字段。当初之所以设计出这个字段，一是担心万一以后发现包头设计有疏漏，可以在选项里做些补救；二是可以把这里用作一个小小的“试验场”，给后续开发者留出尝试新想法的空间；三是一些不总是需要的信息可以在需要的时候放到这里，这样，在大多数时候这类信息都不会占用宝贵的“信封”空间。RFC 791 中定义了如表 4.8 所示的几个选项[2]。

表 4.8 RFC 791 中定义的若干选项

选 项	说 明
Security	标明数据包的安全级别
Strict source routing	给出起、止端之间的完整路径
Loose source routing	列出起、止端之间必须经过的路由器
Record route	用于记录经过的每个路由器的 IP 地址
Timestamp	用于记录所经路由器的 IP 地址和时间

14. 填充（padding）

因为选项的长度不固定，而我们希望它能 4 字节对齐，所以如果对不齐的话，就在后面多补几个 0，让它对齐。

4.5 子网划分

IP 地址方案的推出始于 20 世纪 60 年代末，当年网络的数量和规模都小得像原始社会。32 比特的地址空间，在“原始社会”的网络工程师们看来，实在是太奢侈了，尽管如此，互联网先驱们还是努力面向未来，展开想象，小心翼翼地做了地址规划。

(1) 考虑到网络规模的多样性，A 类、B 类、C 类地址分别应对大、中、小型网络。

(2) 考虑到“简单就是美”的原则，利用前缀就可以轻松判别地址的属类。网络部分与主机部分的分界点都是 8 比特对齐，简单而明确，利于路由处理。

(3) 预留出一些 IP 地址用于特殊目的，如组播、私有 IP 等。

很不幸，这个小心翼翼推出的计划，很快就赶不上变化了。谁也没想到互联网会迅速扩大。32 比特的地址空间昨天还觉得奢侈，今天就觉得不够用了。现实应用中，小网络的数量远多于大网络，而分类方案却将四分之三的地址空间分配给了大、中型网络（A、B 类），而小网络（C 类）只占整个地址空间的八分之一（如图4.18(a) 所示）。这样的分类方案与现实需求严重脱节。现实生活中，能用到 A 类大网络的企业凤毛麟角，而 B 类网络，虽然被我们称作是“中型”，但对于绝大多数公司来讲也偏大，可 C 类网络又实在太小了点。所以，现实情况是 A、C 类网络分别由于太大、太小而少人问津，B 类网络尽管偏大，但比较而言，最受欢迎。

如图4.18(b) 所示，假如你们公司拥有一个 B 类网络，却只有 5000 台计算机的话，那么网络中 92% 的 IP 地址将被闲置，直到将来公司网络规模扩大到六万多台计算机。显然，由于分类过粗，类似的地址浪费现象在 A 类、B 类网络中普遍存在。当然，为了避免地址浪费，我们可以不用 B 类网络，而用 20 个 C 类网络，$20 \times 254 = 5080$，刚好可以满足公司需求。但这样一来，路由表会变得很大，因为路由表里原来一条关于 B 类网络的记录，现在变成了 20 条指向 20 个 C 类网络的记录。如果众多公司都采用同样的方案来节约 IP 地址的话，保守估计路由表会胀大几十倍，甚至上百倍。路由表的胀大会导致查表变慢，表的更新变慢，出错机会增多，网络会因此而变得拥塞而低效。

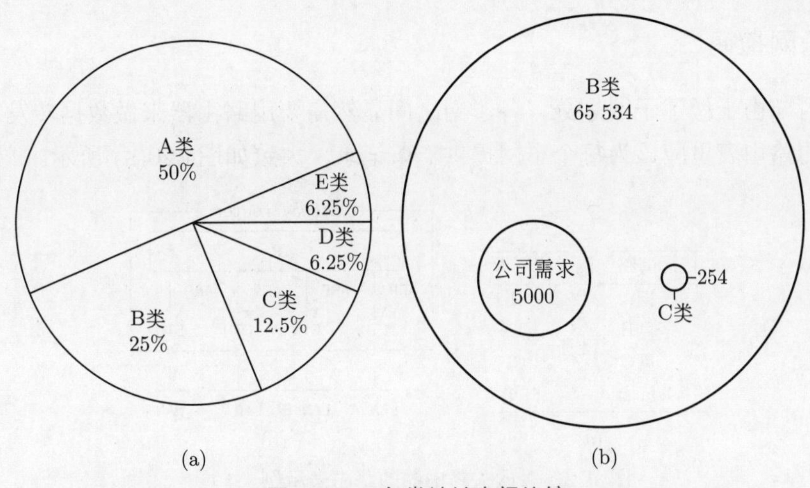

图 4.18 各类地址空间比较

(a) 各类地址所占比例；(b) B 类网络、C 类网络与公司需求对比

还有一个问题，将 5000 台计算机连在单一网络上显然是不明智的，公司内部通常更愿意把大网络按部门划分，每个部门拥有自己的小网络，这样更方便管理。但传统的分类方案并没有考虑到内网划分这一需求。为了解决互联网快速增长而带来的一系列新需求和新问题，20 世纪 80 年代，子网划分标准出台了[9]。子网划分的核心思想就是要把原来的“网络—主机”两级结构变为“外网—内网—主机”三级结构，换言之，就是给内网管理提供便利。

4.5.1 子网划分的方法

子网划分就是保持原 IP 地址的网络部分不变，而向右压缩其主机部分，以便获得更多的网络比特。举例来说，172.12.0.0 是一个 B 类网络地址，有 16 个网络比特和 16 个主机比特，主机数可达 $2^{16}-2=65\,534$。对它进行子网划分，也就是说，把一个拥有 65 534 个 IP 地址的大网络划分成多个拥有较少 IP 地址的小网络，显然，只要减少主机比特的数目，网络比特数自然会相应增多。如图4.19所示，把主机比特数由 16 压缩到 10。那么，多出来的 6 个比特就是“子网比特”，用来做子网划分。6 个子网比特可以划分出 $2^6-2=62$ 个子网，每个子网中主机的数量就是 $2^{10}-2=1022$。

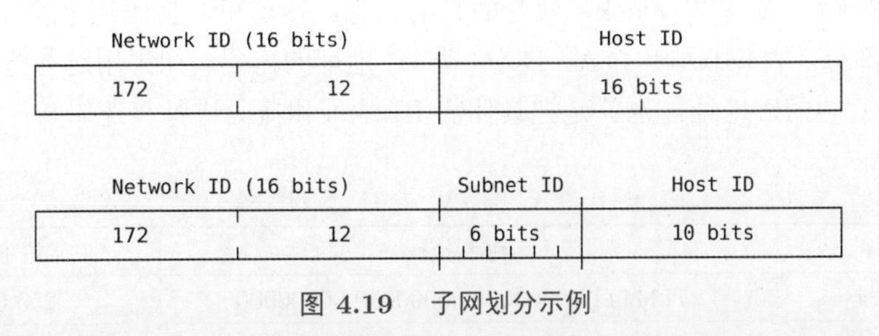

图 4.19 子网划分示例

子网划分最大的好处就是，公司可以随心所欲地管理自己的内网，而且不管内网是否做、如何做子网划分，外网都丝毫不受影响，路由表也不需要做任何的变动。

4.5.2 子网掩码

公司内部由于做了子网划分，各子网之间显然需要用路由器来做数据转发。因此内网路由器的路由表里应该为每个子网提供一条记录，大致如图4.20(a) 所示。

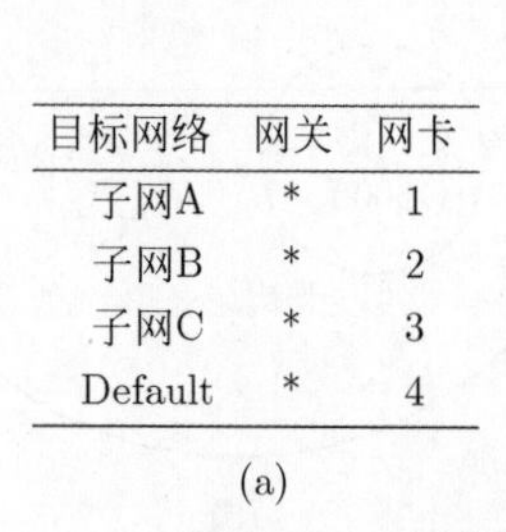

目标网络	网关	网卡
子网A	*	1
子网B	*	2
子网C	*	3
Default	*	4

(a)

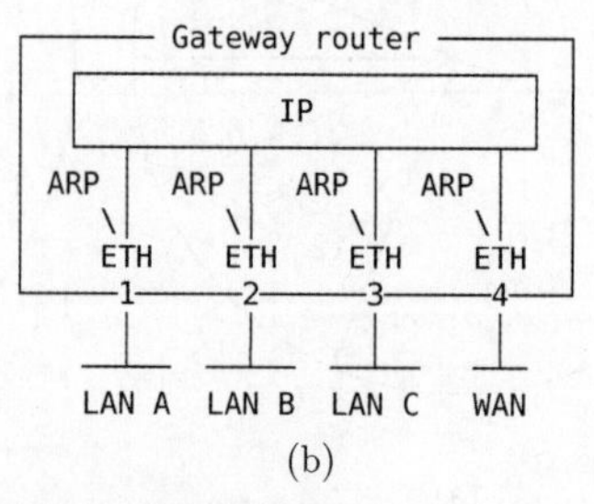

(b)

图 4.20　网关路由器的路由表示例（1）

(a) 路由表；(b) 路由器

早年间，不存在子网划分，自然也不存在所谓“内网路由器”。在那原始的“纯真年代”，路由器们只要看看目标 IP 地址的前缀就可以知道这个地址属于哪一类，同时知道了网络比特数和网络地址，从而能快速查询路由表，找到相应的路由记录。现在，由于做了子网划分，事情变复杂了，新出现的“内网路由器”不能再靠前缀来判断网络部分的比特数，因为路由器并不知道有多少比特用来划分子网。那么，如何快速得到网络比特数呢？我们可以在路由表里添加一个新的字段，用于标明网络比特数。于是，图4.20(a) 就进化成了表4.9中网络比特数一列所示。但实际的路由表里并没有“网络比特数”这个字段，取而代之的是一个“掩码”字段，如表4.9中掩码一列所示。

表 4.9　网关路由器的路由表示例（2）

网络比特数				掩码		
目标网络	网关	网络比特数	网卡	网关	掩码	网卡
子网 A	*	22	1	*	255.255.252.0	1
子网 B	*	22	2	*	255.255.252.0	2
子网 C	*	22	3	*	255.255.252.0	3
Default	*	N/A	4	*	0.0.0.0	4

所谓“掩码”，英文是 mask，就是面具的意思。在这里，掩码用来遮盖 IP 地址中的主机比特部分。表4.10列出了 A、B、C 类 IP 地址的掩码。如果用这些掩码分别“遮盖”A、B、C 类 IP 地址，也就是把具体的 IP 地址和掩码进行“逻辑与”运算，其结

表 4.10　A、B、C 类 IP 地址的掩码

	二进制掩码	十进制掩码
A 类地址	11111111.00000000.00000000.00000000	255.0.0.0
B 类地址	11111111.11111111.00000000.00000000	255.255.0.0
C 类地址	11111111.11111111.11111111.00000000	255.255.255.0

果就是 IP 地址的网络部分保持不变，而主机部分都变成了 0。也就是说，主机比特都被 0 遮盖了，路由器能看到的只有没被遮盖的网络比特部分。

所谓“子网掩码”就是把掩码应用于子网划分。如图4.19所示，公司网管要对 172.12.0.0 这个 B 类网络做子网划分，如果从主机部分拿出 6 个比特的话，可以得到 $2^6 - 2 = 62$ 个子网。于是在配置路由器时，使用了下面这个掩码：

```
11111111.11111111.11111100.00000000
```

该掩码左边的 22 个 1 都对应网络比特，右边的 10 个 0 都对应主机比特。现在路由器用这个掩码来“掩盖”具体的 IP 地址，也就是把掩码和具体 IP 地址进行“逻辑与”运算，其结果就是让该 IP 地址的主机部分都变成了 0，也就相当于被遮挡起来了，而网络部分保持不变。

我们来看看表4.11所示的例子。假设路由器收到了一个目标地址为 172.12.10.8 的数据包，那么它会把这个 IP 地址和掩码做“逻辑与”运算，从而得到该 IP 地址所属网络的网络地址，172.12.8.0。然后利用该网络地址来查询路由表（如表4.12所示），找到相应的路由（表中第四行），于是把这个数据包从网卡 3 发送出去。

表 4.11　掩码运算示例

	二进制	十进制
目标 IP:	10101100.00001100.00001010.00001000	172.12.10.8
掩码:	11111111.11111111.11111100.00000000	255.255.252.0
“逻辑与”结果:	10101100.00001100.00001000.00000000	172.12.8.0

表 4.12　网关路由器的路由表示例（3）

目标网络	网关	掩码	网卡
172.12.0.0	*	255.255.252.0	1
172.12.4.0	*	255.255.252.0	2
172.12.8.0	*	255.255.252.0	3
Default	*	0.0.0.0	4

前文说过，全 0 和全 1 的 IP 地址有特殊用途，子网划分之后这个限制依然有效。但 1995 年出台的 RFC 1812 对这一限制做了适当的松绑，相关规定如下。

(1) 主机部分全 0 依然用做网络地址；主机部分全 1 依然用做广播地址。

(2) 子网比特，如图 4.19 所示的用做子网划分的 6 比特，全 0 或是全 1 都不再有特殊意义[10]，也就是说，用 6 比特做子网划分的话，可以得到 $2^6 = 64$ 个子网，而不是 62 个。

4.5.3 变长子网掩码（VLSM）

尝到子网划分甜头的网管们进一步提出了新需求：“虽然从主机比特中借用 6 比特可以得到 64 个子网（如图 4.19 所示），但这 64 个子网都只能一样大（$2^{16-6} = 1024$ 个

IP 地址)。想要 60 个小子网(各有 100 台主机)和 4 个大子网(各有 1000 台主机),那么每个小子网里的 IP 地址浪费将是惊人的($1022 - 100 = 922$)。60 个小子网将浪费掉 $922 \times 60 = 55\,320$ 个 IP 地址”。传统的子网划分只是把“网络—主机”两级结构变成了“网络—子网—主机”三级结构。网管们的新需求,实质上是要对子网再进行子网划分,而且是任意多级的子网划分,也就是所谓的变长子网掩码(variable length subnet mask,VLSM)。VLSM 并不比传统的子网划分复杂多少,只要路由器和它们所采用的路由协议支持就没问题。现在,只要不是古董路由器,全都支持 VLSM。

4.6 CIDR 标识法

尽管子网划分和 VLSM 帮助我们成功地节省了不少 IP 地址,但并不能根本性地解决地址浪费问题,因为当公司真的只有 5000 台计算机时,不管怎么子网划分,也没法把 65 536 个 IP 地址都利用起来(如图4.18(b) 所示)。而且,子网划分也无助于阻止(外网)路由表的膨胀,因为外网是扁平的,随着网络数量的迅猛增加,路由表必然会急剧膨胀。20 世纪 90 年代初,互联网终于遭遇了它的发展瓶颈。如果沿用传统分类方式,即便有子网划分和 VLSM,过不了一年,IP 地址空间也将彻底耗尽。同时,路由表的加速膨胀对路由器的性能已造成严重影响。

1993 年,IETF 推出了无类别域间路由选择(Classless Inter-Domain Routing,CIDR,读作 ['saidə])用“不分类的方式”取代传统的 IP 地址分类方式[11-12]。可以说,伟大的 CIDR 革命挽救了互联网。其实,CIDR 并不复杂,它只是把 VLSM 的成功经验从内网推广到了外网,也就是整个互联网。不分类了,怎么区分网络比特和主机比特呢?答案是用“CIDR 标识法”(CIDR notation),例如,192.168.1.1/24 这个 IP 地址的后缀“24”就代表网络比特的数目,剩下的 8 个比特自然就是主机比特了。表4.13所示为以 CIDR 方式表示的常见网络规模。

表 4.13 用 CIDR 划分网络

CIDR 标识	对比 C 类网络	IP 数量
/27	C 类网络的 1/8	32
/26	C 类网络的 1/4	64
/25	C 类网络的 1/2	128
/24	1 个 C 类网络	256
/16	256 个 C 类网络 1 个 B 类网络	65 536
/13	2408 个 C 类网络	524 288

CIDR 的好处是显而易见的。如图4.18(b) 所示,一个拥有 5000 台计算机的公司,用一个 B 类网络太浪费,用 20 个 C 类网络太麻烦,而且外网路由表吃不消,那么现在可以采用一个“/19”的网络,也就是说,该网络前 19 个比特都是网络比特,而后面 13 个比特是主机比特,于是这个“/19”网络里可以有 $2^{13} = 8192$ 个 IP 地址。如果用

“/20”网络的话，里面只有 4096 个 IP，不能满足公司的需求。8192 虽然比 5000 大了一些，但比起 B 类网络（65 536）来，还是节约了很多，公司可以放眼未来，为发展壮大预留一些空间。

“古代”互联网的设计大致如图4.21(a) 所示，只有“网络—主机”两级结构。注意，图中的每一个椭圆形大节点（）都是一个路由器，它们互相连接起来，就形成了互联网；菱形小节点（）都是交换机或者集线器，用于连接内部的局域网。换句话说，每一个路由器后面都藏着一个或大或小的局域网。而各大路由器之间，也就是所有的网络之间，无论大小，都是平起平坐的对等关系，各网络都通过各自的网关路由器与其他网络直接或间接相连。换言之，各路由器的路由表里记录着通往所有其他各网络的路由，这就是古老的“flat routing”（扁平式路由）。它的致命缺陷是路由表太大，因为路由表里的记录数量会随着网络数量的增加而增加。20 世纪 80 年代，网络数量呈爆炸式激增的时候，路由表如吹气球般快速膨胀，导致查表速度降低，路由表更新迟缓，数据转发变慢，缓存严重不足等问题。

CIDR 的应用把互联网的结构由“网络—主机”两级变成了多级，如图4.21(b) 所示。注意，图4.21(b) 中的小节点不再是交换机或集线器，而是路由器。这意味着，每个大路由器的后面不再是只有一个扁平网络，而是有若干树状分级的网络。深入图4.21(b) 中任一节点内部，我们都会发现一个类似图4.21(c) 所示的树状分级结构。多级结构大大压缩了路由表，并能防止它膨胀，因为路由表里不再需要记录所有网络的路由信息，而只要记录少数几个直接相邻的路由器的信息就可以了。这也就是所谓的“分级路由”。

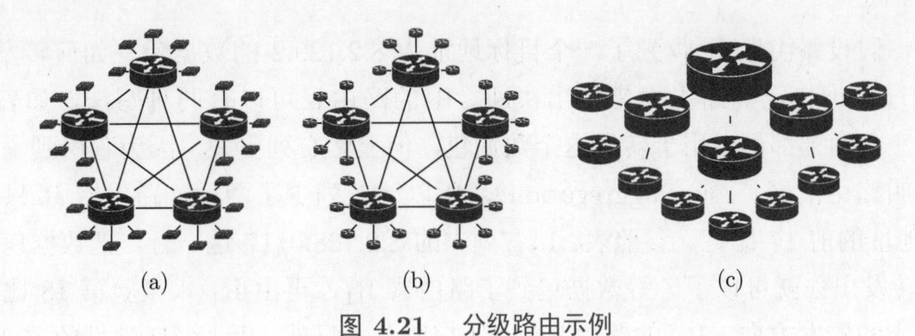

图 4.21 分级路由示例

(a)“网络—主机”两级结构；(b) 多级结构；(c) 树状分级结构

分级路由很类似于电话网络的工作方式，以图4.22(a) 为例，无论从世界的哪个角落，拨打 0086-871-6386-3018 这个电话，号码分析过程都大致如下。

(1) 电话公司的程控交换机先分析号码打头的几位数字，也就是国家号，0086 代表中国，于是，交换机接通中国核心电信局。

(2) 中国核心电信局的交换机继续分析 871-6386-3018 这个号码打头的几位数字，也就是区号，871 代表昆明，于是接通昆明电话局。

(3) 昆明电话局的交换机继续分析 6386-3018 这个号码打头的几位数字，也就是局号，发现 6386 是西南林业大学的局号，于是接通西南林大的交换机。

(4) 西南林大的交换机接通号码为 3018 的电话，并让它振铃。

我们再来看看分级路由的例子。如图4.22(b) 所示，网络 8.2.0.0/16 被划分为两个

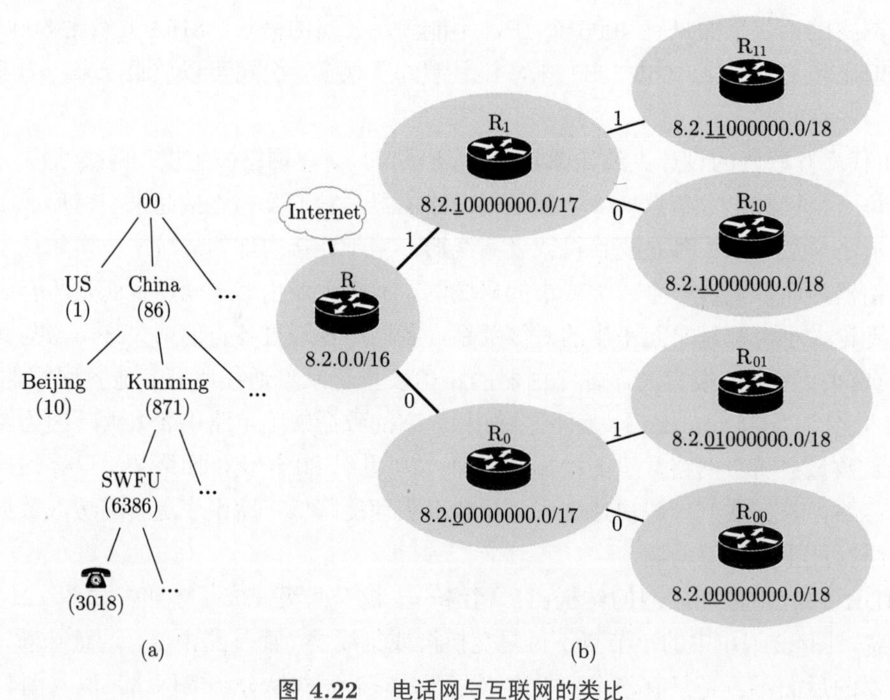

图 4.22　电话网与互联网的类比

(a) 电话号码的分级结构；(b) 分级路由结构

子网，分别是 8.2.0.0/17 和 8.2.128.0/17。这两个/17 的子网又各自被进一步划分为两个/18 的子网。

现在，假设路由器 R 收到了一个目标地址为 8.2.129.2 的数据包。如何转发呢？R 显然要通过查询自己的路由表来做出决断。R 的路由表可以有两种写法，如表4.14所示。虽然左右两列都可以用于转发这个数据包，但显然右列更好，因为它用到了分级路由（或者叫路由汇聚，route aggregation），所以比左列少了两行。路由器 R 只需查验目标 IP 地址的前 17 比特，参照表4.14右列中的 8.2.128.0/17 这一行，把数据包从它的 1 号网卡转发出去就可以了。等数据包到了路由器 R_1，再由 R_1 来查验第 18 比特，以决定下一步的转发方向。R_1 的路由表如表4.14所示。显然，目标 IP 地址的前 18 比特与表4.15中的 8.2.128.0/18 这一行相吻合，于是路由器 R_1 将该数据包从自己的第 0 号网卡发了出去。

表 4.14　R 的路由表

不汇聚				汇聚			
目标网络	标志	网关	网卡	目标网络	标志	网关	网卡
	…				…		
8.2.0.0/18	间接发送	R_0	0	8.2.0.0/17	直接发送	*	0
8.2.64.0/18	间接发送	R_0	0	8.2.128.0/17	直接发送	*	1
8.2.128.0/18	间接发送	R_1	1				
8.2.192.0/18	间接发送	R_1	1				
	…				…		

表 4.15 R_1 的路由表

目标网络	标志	网关	网卡
···			
8.2.128.0/18	直接发送	*	0
8.2.192.0/18	直接发送	*	1
···			

CIDR 技术让路由汇聚成为可能。曾经臃肿、超重的路由表，现在终于苗条了下来。它只需要记录少量直接相关的路由信息就可以了。路由器的查表速度也因此而大大提高。

4.7 NAT

图4.23所示为最常见的一种家用组网形式。家用路由器的一端连接若干家用计算机，另一端接外网。路由器的外网接口（WAN 口）有一个公网 IP（12.13.14.15），内网接口（LAN 口）有一个私网 IP（192.168.1.1）。内网计算机的 IP 地址通常都是由路由器自带的 DHCP 服务器分配的，通常也都是以 192.168 开头的私网 IP。

在家上网，访问外网的服务器当然没问题，因为它们都有一个公网 IP，如图4.23所示右端的服务器（40.30.20.10）。但是一台家用计算机只有一个私网 IP，外网服务器是如何找到，并且回应这台计算机的呢？为了解决这个问题，家用路由器里都提供了一个网络地址翻译功能。下面简单阐述一下它的工作原理。

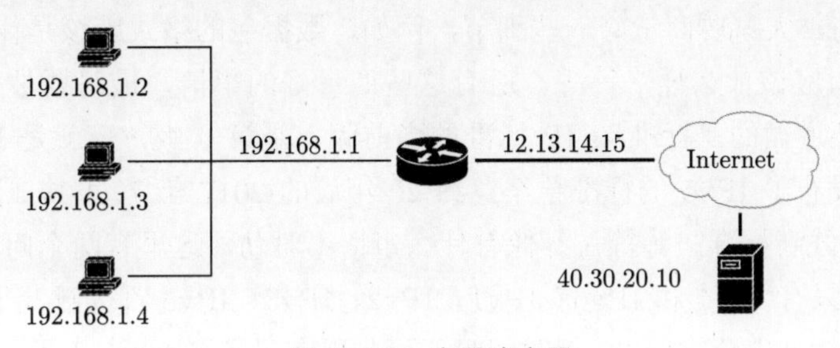

图 4.23 家用路由器

表 4.16 NAT 表

发送端	NAT 路由器
IP 地址 : 端口	IP 地址 : 端口
192.168.1.2 : 3456	12.13.14.15 : 1
192.168.1.3 : 6789	12.13.14.15 : 2
192.168.1.3 : 8910	12.13.14.15 : 3
192.168.1.4 : 3750	12.13.14.15 : 4

网络地址翻译（Network Address Translation，NAT）是用来对地址进行翻译的，也就是通过查表把私网 IP 地址翻译成公网 IP 地址。ARP 地址解析要用到一个 ARP

表；IP 路由选择要用到路由表；现在，NAT 的过程要用到一个 NAT 表（如表4.16所示）。NAT 的过程大致如下。

(1) 一开始，路由器中的 NAT 表是空的。

(2) 当内网主机（如 192.168.1.2）上的某个网络应用程序要通过某端口（如 3456）给外网服务器（如 40.30.20.10）发送数据时，路由器会对经过的数据包进行修改，把其中的源地址信息 192.168.1.2:3456 改为 12.13.14.15:1，并将此信息记录到 NAT 表里。

(3) 路由器把修改后的数据包继续发往目的地（40.30.20.10）。

(4) 目标服务器在回应的时候，显然是回给 12.13.14.15:1。

(5) 当回应数据到达路由器时，路由器通过查询 NAT 表修改包头信息，将目标地址由 12.13.14.15:1 恢复为 192.168.1.2:3456，然后将数据包发给相应的内网主机。

想想看，如果没有 NAT，那么每台内网主机也都必须有一个公网 IP 才能跟外网正常通信。而现在，我们只需要给路由器的外网接口提供一个公网 IP 就可以了，内网主机全都使用私网 IP 地址。这大大节约了 IP 地址空间。

4.8 IPv6

4.8.1 版本历史

TCP/IP 栈，包括其中的 IP 模块，通常以软件的形式存在于操作系统之中。软件都是由码农们设计并且编程实现的。在设计和编程的时候，显然不能自说自话，而要相互协作，因为你的软件只有和其他码农的软件协同工作，才能达到数据传输的目的。所以，在编程之前，大家要商量好一些细节，例如，数据包的格式应该是什么样，各功能模块之间的接口应该什么样，等等。所有这些商量好的事情，最终要被写入一个文件，这就是大家都要遵循的“标准”。IP 标准的当前版本是第 6 版，也就是 IPv6。1998 年 12 月，IETF 发布了 IPv6 的标准草案。约 20 年后的 2017 年 7 月 14 日，它终于成为取代 IPv4 的正式新标准。等等，好像有什么事情不对劲，这里有两个问题。

(1) 为什么只有 IPv4 和 IPv6？IPv1、IPv2、IPv3、IPv5 都去哪儿了？

(2) 一个新标准出台需要 20 年时间吗？而且现在已经是 2024 年了，可貌似我还是在用 IPv4 啊!

以下先来回答这两个小问题。

1. 版本的故事

我们没见过 IPv1、IPv2、IPv3、IPv5，因为它们都没上过台面。网络协议的发展有近 50 年的历史了。50 年前，在冷战、核竞赛、军备竞赛、科技竞赛的大背景之下，一群风华正茂的西方青年在混沌初开的 IT 领域艰难探索，砥砺前行，目标是要开辟出一条前无古人的信息高速公路。这是真正的创新，真正的挑战。他们不畏艰险，屡败屡战，那数以千计的 RFC 文献中记录了他们的光荣。早年的 RFC 另有一个名字，叫 IEN (Internet Engineering Notes)。在 1977 年 8 月发表的 IEN 2 里有如下一段话[13]：

"We are screwing up in our design of internet protocols by violating the principle of layering. Specifically we are trying to use TCP to do two things: serve as a host level end to end protocol, and to serve as an internet packaging and routing protocol. These two things should be provided in a layered and modular way. I suggest that a new distinct internetwork protocol is needed, and that TCP be used strictly as a host level end to end protocol. I also believe that if TCP is used only in this cleaner way it can be simplified somewhat. A third item must be specified as well – the interface between the internet host to host protocol and the internet hop by hop protocol."

其翻译如下。

"我们把互联网协议的设计搞得一团糟，因为我们违背了分层设计原则。尤其是 TCP，我们现在拿它做两件事：既把它用做主机层端到端的协议，又把它用做（中间节点间）打包和路由的协议。而这两件事情应该被分别放到两个不同的层，从而实现设计上的模块化、分层化。所以，我建议单独搞一个协议，把网络互联模块从 TCP 中独立出来，从而只把 TCP 用做主机层端到端协议。我相信，采用这种分层清晰的方式，可以让 TCP 的设计更为简化。另有一点需要规范 —— 端间协议与跳间协议的接口（也就是要规范分层后两层之间的接口）。"

从上面这段话可以看出，早期的协议设计里并没有独立的 IP 模块，更没有分层，只有一个 TCP 模块，它囊括了现在 IP 层的工作，的确有点乱。在 IEN 2 中，作者 J. Postel 对协议设计的模块化与分层做了较为深入、细致的探讨，并给出了一个 IP 数据包格式，其中的第一个域（field，字段）就是 version。可以说，IEN 2 就是 IP 模块的独立宣言。J. Postel 将这个尚未出生的"胎儿"命名为 IPv0[13]。

但是在 IPv0 的基础上，并没有发展出 IPv1。1974 年 12 月，和 1977 年 3 月，TCPv1 和 TCPv2 相继发表[14-15]。针对 J. Postel 在 IEN 2 里指出的 TCP 设计缺陷，TCP 的设计者 V. Cerf 对 TCP 进行了大幅改进。1978 年 1 月，他们共同发表了 TCPv3[16]。从此，IP 才算是与 TCP 正式分居。同年 2 月，J. Postel 发表了 IEN 28。也许是他忘了自己的 IPv0，IEN 28 的标题直接就叫 *Draft Internetwork Protocol Specification Version 2*，于是 IPv2 就这么问世了[17]。同年 6 月，V. Cerf 和 J. Postel 相继发表了 IEN 40 和 41，分别宣告 TCPv4 和 IPv4 诞生了[18-19]。那么，IPv3 呢？也许是 J. Postel 主动把版本号向 TCPv4 看齐，两个都是 v4，看着比较整齐？反正，IPv3 就没出现过。

ARPA 对独立出来不久的 IP 寄予厚望，围绕着它展开了一系列工作，其中就包括 ST 协议（Internet Stream Protocol）。作为立足于 IPv4 基础之上的扩展研究，ST 的工作核心是探索如何在宽带网络上传输流媒体（当时主要是音频），于是 IPv4 就此扩展出了 IPv5。但 IPv5 并没能投入使用，所以一直到今天，我们都在广泛使用 IPv4。

在正式介绍 IPv6 之前，我们顺带把 IPv7、IPv8、IPv9 也简单介绍一下。我们知道，IP 数据包头的前 4 个比特是 version field（版本域），它可以有 $2^4 = 16$ 个取值。在

RFC 1700 里有一张表（如表4.17所示），给出了这 16 个整数（0～15）所代表的含义[7]。如前文所述，数字 0～3 已经被浪费了，数字 5 也和浪费了差不多。数字 4，目前是最喜闻乐见的，尽管 IPv4 已经走到了尽头。在取代 IPv4 的道路上，至少有四个新协议高举着 IPng（下一代 IP）的伟大旗帜奔跑在赛道上[20]，而最终胜出的是 SIP（Simple Internet Protocol），也就是今天的 IPv6。另外三个协议，虽然没能赢得比赛，却也在 RFC 1700（如表4.17所示）中赢得了一席之地，这就是 IPv7、IPv8、IPv9。

表 4.17 Assigned Internet Version Numbers

序号	关 键 字	版 本	参 考 文 献
0		Reserved	[JBP]
1~3		Unassigned	[JBP]
4	IP	Internet Protocol	[RFC791,JBP]
5	ST	ST Datagram Mode	[RFC1190,JWF]
6	SIP	Simple Internet Protocol	[RH6]
7	TP/IX	TP/IX: The Next Internet	[RXU]
8	PIP	The P Internet Protocol	[PXF]
9	TUBA	TUBA	[RXC]
10~14		Unassigned	[JBP]
15		Reserved	[JBP]

版本的故事大致就是这样。版本号本身并不重要，但“分清版本”这件事情很重要，因为通信双方必须采用相同版本的协议，才能保证在数据传输过程中不发生问题。举例而言，我们和古代老祖宗都说中文，也就是都采用同样的协议进行交流，不同的是，老祖宗的旧版协议和我们的新版协议之间存在较大的差异，如发音、流行语等，这必然导致我们和古人之间无法通畅对话。

2. 革命还是改良

1981 年的 IT 行业发生了两件影响深远的事情，一是 IBM 推出了它的首款个人计算机；二是 IETF 推出了 RFC 791。然后，网络的触角随着个人计算机的普及延伸到世界的每一个角落。而这个网络的灵魂就是 TCP/IP——以 RFC 791 和 RFC 793 为核心的一整套数据通信协议。十几年间，互联网迅速成长，32 比特的巨大地址空间居然快要用完了。网络工程师们一方面采取 NAT、CIDR 等措施应急，提高 IP 地址空间的使用效率；另一方面开始寻求更为根本的解决方案。1998 年，IETF 正式推出 IPv6[21]。

前面我们说过，IP 的当前版本已经是 IPv6 了，但截至 2019 年绝大多数的网络流量还都是基于 IPv4。2018 年 6 月 6 日，也就是第七个“世界 IPv6 日”（World IPv6 Day），国际互联网协会（ISOC）在这一天发布的统计报告中说：

- 全球互联网中，有超过 25% 的网络在使用 IPv6；

• Google 报告称，全球有 24 个国家的 IPv6 网络流量超过了 15%；另有 49 个国家的 IPv6 网络流量超过了 5%。很遗憾，在这 73 个国家里找不到中国。

从 20 世纪 90 年代初开始研究酝酿，时至今日，IPv6 在取代 IPv4 的革命道路上已奋斗了 20 多个年头，进展缓慢得令人意外。之所以“意外”，实际上是我们把革命二字看得太轻松了。纵观人类历史，推动社会进步的方式也就两种，一曰革命，也就是推倒重来；二曰改良，也就是在前人的基础上扬长避短、缝缝补补。而两者之中，革命的风险较大，代价较高。

20 世纪 90 年代曾经发生过一场不太成功的网络技术革命。当时，以 TCP/IP 为核心的互联网发展遇到了瓶颈，于是一些雄心勃勃的专家开始酝酿一盘很大的棋，准备用 ATM（Asynchronous Transfer Mode，异步传输模式）技术取代 TCP/IP，从而建成一个真正的宽带互联网，并实现电话、电视、数据三网合一。当时，ATM 技术被众多电信公司看好，软件、硬件的开发都快速跟进。一场轰轰烈烈的革命开始了。但是“守旧势力”并不甘于失败，他们对 TCP/IP 不断改进，提高传输带宽，并加强对多媒体的支持，在技术竞争中不断壮大。这场革命与改良的竞争在几年后就有了分晓，TCP/IP 成功地生存了下来，而 ATM 只在骨干网络赢得一席之地。

较之于革命，改良更温和，风险低，成本也低，所以也更受欢迎。通常只有在改良走不通的时候，革命才会发生。很不幸，IP 就走到了这一步，要根本解决 IP 地址不够用的问题，就必须对 IPv4 做伤筋动骨的大手术。为了保证革命的成功，网络设计师们采取了尽量保守、温和的方式，避免对网络用户造成困扰。如此一来，就要放缓脚步，在未来很多年里 IPv6 将被不断完善，直至平稳取代 IPv4。

4.8.2 简单就是美

相较于 IPv4，IPv6 的“信封”（如图4.24(a) 和图4.24(b) 所示）彰显出鲜明的 KISS[①]风格。“信封”越简单，路由器花在“看信封”上的时间就越少，处理速度也就越快。原来 IPv4 中的 5 个字段退休了。

1) Header length

IPv6 的信封大小是固定的 40 字节，自然不必记录下来了。

2) Identification, Flags, Fragment offset

这三个字段都是用于“分段/重组”的。而关于“分段/重组”，IPv6 有了更好的设计。

(1) 加大 MTU。IPv4 的最小 MTU 是 576 字节，而 IPv6 的最小 MTU 是 1280 字节。由此，拆分的发生率会大大降低；

(2) 在 IPv4 网络中，任何中间路由器都可以根据需要对数据包进行拆分。而 IPv6 是不允许中间路由器拆分数据包的，拆分只能发生在发送端。这意味着两件事情。

a. 如果中间路由器无法处理大数据包，那么它只能采取“丢弃并报错”的策略。

---

① KISS: 英文全称为 Keep It Simple, Stupid；译为简单就是美，是 1960 年以来被广泛认同的工程设计原则。

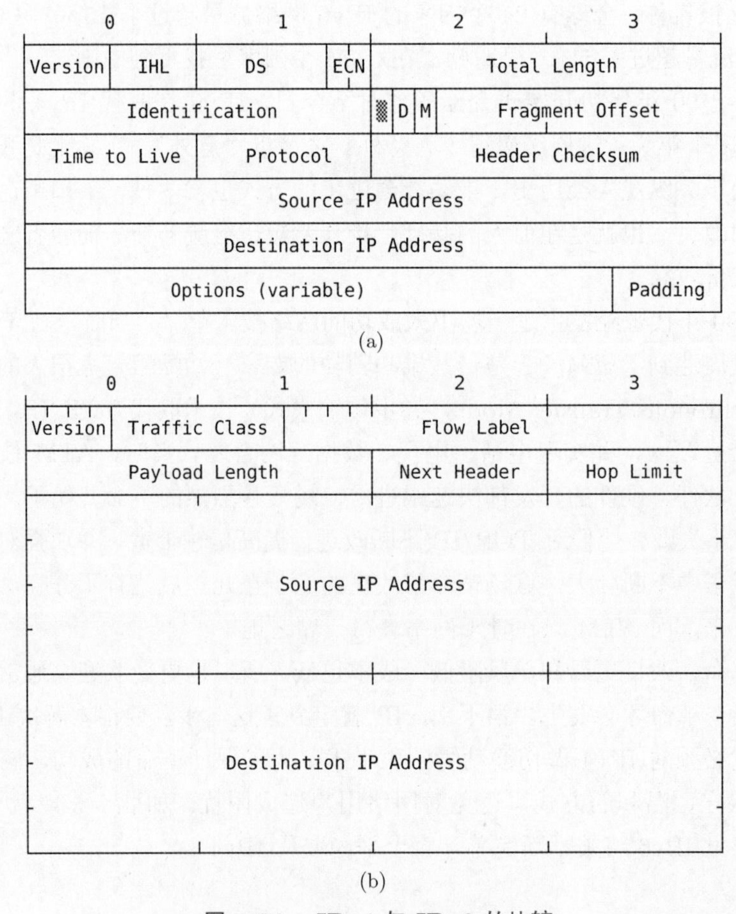

图 4.24 IPv4 与 IPv6 的比较

(a)IPv4 Header；(b) IPv6 Header

b. 发送端一定要有办法预先测知 Path MTU（路径 MTU，见本书 4.3.7 节）。如果要发送的数据包小于 Path MTU，那么就不用拆分；反之，就要先把大包拆小，然后发送。

(3) 由于“拆分/重组”在 IPv6 中极少发生，其重要性自然就降低了，因此其相关信息被放到了 Extension header（扩展包头）里，只有在需要的时候才会出现。

3) Header checksum

因为上层（TCP 和 UDP）已经提供了校验功能，所以 IP 层的校验就显得多余了。去掉这个步骤，路由器的处理速度又会进一步提高。

除了“简化”，IPv6 的设计还体现了更多的“优化”，下面让我们详细看看 IPv6 的信封设计。

1) version（版本）

6。最开始的 4 个比特是“0110”，十进制数为 6，代表 IPv6。

2) traffic class（服务等级）

这个字段就相当于 IPv4 的 DS 字段，用于标记该 IP 包的服务等级。因此针对某些

“重要的”数据流量，如流媒体、实时语音等，就可以提供低延时传输；而对于“不太重要”的数据流量，如网页浏览、电子邮件、文件下载等，就可以提供普通的 best-effort 服务。

3) flow label（流标签）

这个 20 比特的字段是全新的，在 IPv4 中没有。其本意是为实时应用提供更好的服务。如流媒体，它应该像水流一样，沿着管道按顺序从发送端流出，并最终以相同的顺序流入接收端。但 IP 层的数据传输是无连接的，在 hop-by-hop 的转发过程中，很难保证这些数据包都沿着同一条路径前进。为解决此问题，我们可以给属于同一条“水流”（flow）的“水滴”（也就是 IP 包）都打上相同的标签，借此告诉沿途的路由器，让标签相同的 IP 包走同一条路由，这样既可以保证顺序，又能方便地给它们提供相同等级的服务。但实际上，流标签并没有得到很好的应用，就像当年 IPv4 中 ToS 字段的窘境，IETF 内部针对流标签的应用场景发生了很多争论[22]，所以，开发者宁愿把它搁置一旁，暂不使用。

4) payload length（负载长度）

这 16 比特用于记录“信瓤”的字节数，那么“信瓤”最大可达 $2^{16}-1=65\,535$ 字节，前提是下面的链路层能支持这么大的数据包。65 535 字节在我们看已经足够大了，但 IPv6 的设计者放眼未来，利用扩展包头（Extension header），进一步提供了对超大数据包（Jumbogram）的支持[23]。一个 Jumbogram 最大可达 $2^{32}-1$，即 4G − 1 字节。一部电影用一个 IP 包就能下载了，真希望自己再晚生 100 年。

5) next header（下一级包头）

在最常见的情形下，这个字段和 IPv4 的 protocol 字段毫无二致，用于指明“信瓤”是 TCP 包，还是 UDP 包，或是其他什么协议的数据包。作为 IPv4 的升级版，next header 支持更多类型的“扩展包头”（Extension header，见4.8.4节）。

6) hop limit（跳数）

这就是 IPv4 中的 TTL（详见 4.4 节）。

7) source IP address（源地址）

详见4.8.3节。

8) destination IP address（目标地址）

详见4.8.3节。

4.8.3 IPv6 地址

3ffe:ffff:0100:f101:0210:a4ff:fee3:9566，这就是一个普通的 IPv6 地址，长度为 16 字节（128 比特）。相较于 IPv4 的 32 比特地址长度，128 比特是不是太长了？2^{128} 算出来大约是 3.4×10^{38}，现在的世界人口肯定不到 100 亿（10^{11}），大约每人可以分到不少于 3.4×10^{27} 个 IP 地址。一个普通人大约有 10 万根头发，每根头发都可以有 3.4×10^{22} 个 IP 地址；一个成年男性大约有 30 兆（3×10^{13}）个细胞，每个细胞都可以有 10^{14} 个 IP 地址。多得没必要吧？但是像手机、车载设备、家用电器、电灯开关等，所有通电的东西未来都可能联网，那还是多一点好吧。既然多多益善，那干吗不再多点，搞成 256 比特不好吗？的确不好，因为“地址”是要写到“信封”上的，信封越大，开销越大。现在，IPv4 和 IPv6 的信封开销，如表4.18所示，分别为 3.4% 和 3.8%，相差无几。如果改用 256 比特的地址，那么开销将会显著增加。

表 4.18 IPv4，IPv6 信头开销比较

	最小 MTU/字节	包头长度/字节	开销
IPv4	576	20~60	3.4%
IPv6	1280	40	3.8%

IPv6 地址采用 16 进制表示法，“:”（冒号）分隔开的 8 组 16 进制数，一开始看着不怎么舒服，主要是太长，根本记不住。毕竟 IP 地址本来就不是给人看的，更不是让我们背诵的，我们通常只要记住域名就行了。另外，为了省事，IPv6 允许简化地址表示，例如，`3ffe:ffff:0100:f101:0210:a4ff:fee3:9566` 就可以被简写成

```
3ffe:ffff:100:f101:210:a4ff:fee3:9566
```

也就是把每组打头的 0 去掉。这看起来也没简化多少。但是 0 多的时候效果就显著了，例如，

```
3ffe:ffff:0100:f101:0000:0000:0000:0001
```

可以简写成

```
→ 3ffe:ffff:100:f101:0:0:0:1
```

进一步可以简化成

```
→ 3ffe:ffff:100:f101::1
```

也就是说，连续的 0 都可以省略掉

`0000:0000:0000:0000:0000:0000:0000:0001` 可以简写成“::1”。

一个 IPv6 地址可以有多种写法，这种“灵活性”给实际应用带来了困扰。RFC 5952 专门针对这些困扰提出了改进建议，简而言之就是尽量采用简化写法，越简越好[24]。另外，IPv6 承袭了 IPv4 的 CIDR 表示法，例如，3ffe:ffff:100:f101::1/48，该地址最后的/48 表示网络比特的数量为 48[25]。

1. 地址类型

图4.25所示为最常见的四种数据传输场景。针对不同的场景，IPv6 都有相对应的 IP 地址，除了“广播”，它被 IPv6 放弃了。

1) unicast①地址

日常生活中，最普通、最常见的就是一个发送端和一个接收端之间的一对一的数据传输。这种情况下，我们采用的 IP 地址就是 unicast（单播）地址①。

① unicast：uni 就是英文 unique 的前三个字母，表示“单独、唯一”的意思。

2) multicast 地址

IPv6 没有提供 broadcast（广播）机制，但是提供了 multicast（组播、多播）。发送一个多播地址的数据包会被同一小组中的所有设备接收到。

3) anycast 地址

当一个数据包要发给小组中的任意某个组员的时候，就要用到 anycast（任意播）地址。例如，Google 在世界各地都有服务器，当我们访问 Google 网站以搜索信息的时候，我们的搜索请求发给了哪个服务器呢？显然没有发送给所有的 Google 服务器，而是只发给了其中的某一个，通常是发给了离得最近的那一个，或者是最清闲的那一个。可见，anycast 有助于在一组服务器或路由器之间实现负载均衡，提高响应速度。

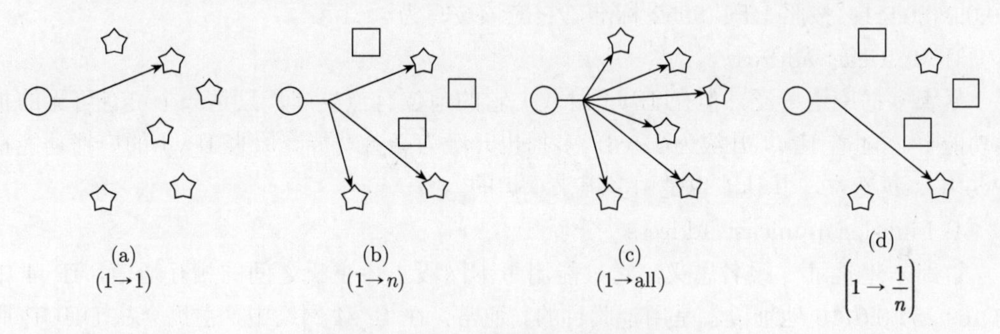

图 4.25　网络数据传输的常见形式

(a) 单播；(b) 多播；(c) 广播；(d) 任意播

2. 地址空间规划

在狭小的 IPv4 地址空间里憋屈了十多年的 IETF 工程师们，面对 IPv6 的巨大地址空间，就像是小孩子进了迪斯尼乐园。鉴于当年 IPv4 的历史教训，他们压抑住激动的心情，开始小心翼翼地考虑地址分配方案。一开始，专家们考虑用 IPv6 地址的前几个比特来区分若干地址类型。但这种分类方式总能勾起他们对 IPv4 地址分类的痛苦回忆。经过再三研究，IETF 给出了如表4.19所示的地址规划[25-26]。该表只列出了我们现在用到的一些地址范围，并没有覆盖完整的 IPv6 地址空间。因为 2^{128} 的地址空间实在太大了，其中绝大部分地址目前都用不上，所以我们暂时也不必关心。值得关心的也就是表4.19所示的 6 行，现在我们简要介绍一下。

表 4.19　IPv6 地址类型

地 址 类 型	二进制前缀	IPv6 形式	地址空间占比
Unspecified	00...0 (128 bits)	::/128	
Loopback	00...1 (128 bits)	::1/128	
Multicast	1111 1111	FF00::/8	1/256
Link-Local unicast	1111 1110 10	FE80::/10	1/1024
Unique-Local unicast	1111 110	FC00::/7	
Global unicast	001	2000::/3	1/8

1) Unspecified address

也就是"全 0"地址，0:0:0:0:0:0:0:0。按照 RFC 5952 标准，它应该被简写为"::"。它的用途和 IPv4 中的"全 0"地址一样（见 4.2.2 节），表示"没有地址"。最为常见的场景就是，计算机刚开机，还没获得 IP 地址的时候，可以以"全 0"为源地址，以"全 1"（广播地址）为目标地址，封装一个 IP 包，里面放一个 DHCP 请求，并期待请求发出后不久能从服务器传来一个真正的 IP 地址。

2) Loopback address

在 4.2.2 节中，我们介绍过 IPv4 的 loopback（环回）地址。IPv6 的环回地址在用途上和 IPv4 毫无二致，只是写法不一样而已。按照 RFC 4291 标准，它可以被写为 0:0:0:0:0:0:0:1；按照 RFC 5952 标准，它应该被写为"::1"。

3) Multicast address

尽管多播应用广泛，但在 IPv4 时代，它的地位有点委屈，只是一个可有可无的扩展功能[27]。随着 IPv4 升级为 IPv6，多播也升级为必备功能。原来 IPv4 的广播功能在 IPv6 中不再存在，其功能也是由多播来承担的。

4) Link-local unicast address

链路本地地址，顾名思义，它只能用于本网段上各主机之间的相互通信，IPv4 中的 169.254.0.0/16 地址段就是用于此目的。通常，在 IPv4 网络中，主机会从 DHCP 服务器获得一个 IP 地址。只有在尝试 DHCP 失败后，如网络不通或没找到 DHCP 服务器时，主机系统才会给网卡自动分配一个 169.254 开头的地址。每当这种事情发生，你通常会发现"怎么网不通"，于是断定 169.254 开头的地址"没用"。显然，如果本网段上的其他主机也获得了 link-local 地址的话，相互之间还是可以通信的。有别于 IPv4，IPv6 要求主机的每一块网卡都必须有一个 link-local 地址，哪怕该网卡已经有了公网 IP 地址，亦莫能外。换句话说，一个支持 IPv6 的主机通常会有不止一个 IPv6 地址。

5) Unique local unicast address

我觉得，与其把它翻译成"特殊局域网地址"，或者"唯一本地地址"，都不如直接用它的缩写"ULA"更省事。ULA 就相当于 IPv4 的私网 IP 地址，可以在公司、学校、机关之类的单位内部随意使用。

6) Global unicast address

这是最常见的，访问互联网必备的 IP 地址，类同于 IPv4 的公网 IP 地址。

也许你注意到了，表4.19中找不到 anycast 的踪影，这是因为 anycast 和 unicast 在地址格式上毫无差别。或者说，任何一个 unicast 地址都可以瞬间成为 anycast 地址，只要它被分配给了多个网口。

4.8.4 扩展包头

相较于 IPv4，IPv6 有两个明显的优点，一是简单；二是长度固定。这两点能成为现实，要感谢扩展包头（extension headers）的运用。如果把网络数据包比作快递包裹，那么数据包的包头就类似于包裹外面贴的包裹单（如图4.26(a) 所示）。和包裹单一样，数据包头中的各个域（field）也有“必填”与“选填”之分。例如，IPv4 包头中的“选项”（options）域就是为一些不常见的需求而设置的。同样，IPv6 的包头设计也考虑到了这些不常见的东西，包括“分段/重组”，都被安排进了扩展包头，在偶尔需要的时候，可以通过 next header 找到它们。如此一来，IPv6 的包头得以大大简化（如图4.26(b) 所示）。

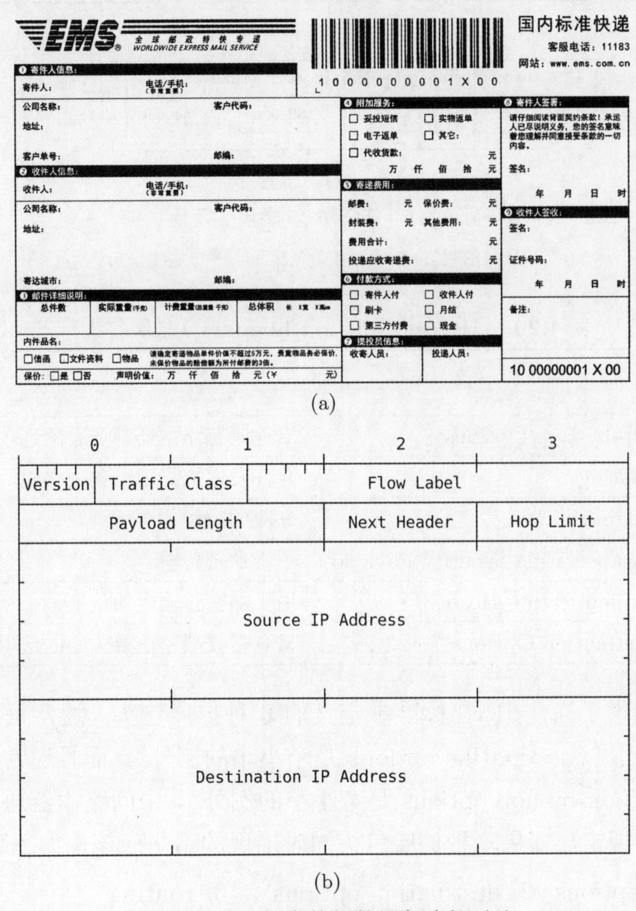

(a)

(b)

图 4.26 包裹单与数据包头的对比

(a) EMS 快递包裹单；(b) IPv6 包头

扩展包头的位置在“信封”（header）和“信瓤”（payload）之间，可以认为它是 IPv6“信封”里面的又一层“信封”。扩展包头可以有很多层，通过 next header 的值可以找到下一层。如图4.27所示的三个例子：

(1) 如图4.27(a) 所示，IPv6 包头中的 next header = 6 说明该 IP 数据包中没有扩展包头，“信封”中直接封装了一个 TCP①数据包。

(2) 如图4.27(b) 所示，外层信封上的 next header = 43 说明里面还有一层标号为 43 的信封。“43 号信封”（名为 routing，如表4.20所示）上面也有一个 next header 域，值为 6，说明里面不再有信封（扩展包头）了，只有一个 TCP 包。

① TCP：在4.4节中介绍过 IPv4 包头中的 Protocol 字段，若其取值为 6，就代表 TCP；取值为 17，就代表 UDP。这在 IPv6 中同样适用。

(3) 如图4.27(c) 所示，外层信封里面套了一层“43 号信封”，“43 号信封”里面又套了一层“44 号信封”（名字为 fragment，如表4.20所示），再往里才是 TCP 包。

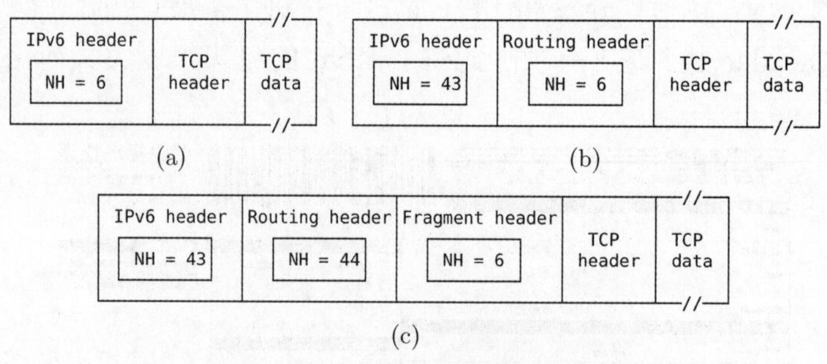

图 4.27　IPv6 扩展包头示例

(a) 一层“信封”；(b) 两层“信封”；(c) 三层“信封”

表 4.20　IPv6 extension headers（扩展包头）

下一级包头数值	扩展包头名称	简介	RFC
0	Hop-by-Hop Options	沿途所有路由器都要看的选项	2460
43	Routing	允许发送端指定一条去接收端的路径	2460
44	Fragment	分段的时候才会用到	2460
50	Encapsulating Security Payload	用于加密传输	2406
51	Authentication Header	用于加密传输中的认证	2402
60	Destination Options	只有接收端才需要关心的选项	2460

表4.20所示列出了当前 IPv6 标准中定义的 6 种扩展包头。通常每种扩展包头在数据包里最多出现一次（destination options 是个小小的例外），而且通常只有接收端才需要关心扩展包头（hop-by-hop options 是个小小的例外），中间路由器通常不用看扩展包头。RFC 2460 里规定，如果多种扩展包头同时出现的话，应该按如下顺序[21]：

1. hop-by-hop options　2. destination options　3. routing
4. fragment　5. authentication header　6. encapsulating security Payload
7. destination options

不难发现 destination options 在上面的顺序列表里出现了两次。通常它应该出现在最后，但如果 destination options 里的选项要被 routing header 里指定的一系列中间路由器用到的话，那它就会出现在 routing header 前面。

hop-by-hop options 是唯一需要被所有中间路由器关心的扩展包头。如果你要发送超大数据包（jumbograms，大于 64KB），就会用到它。另外，被每个中间路由器关心，这显然意味着一定的性能拖累。

鉴于扩展包头并非必需，本书就先介绍这么多。IPv6 是一个值得写一本书的大话题，也是一项规模浩大的工程，一场旷日持久的革命。以 IETF 为代表的科研机构是这项工程的总设计师，他们负责协议标准的理论研究、蓝图设计、方案制定；各软硬件厂商就是施工队，他们负责把 IPv6 标准贯彻到所有的网络设备当中。工程虽然浩繁，但却波澜不惊。作为普通网民，也许有一天，你会发现 IP 地址怎么变得这么奇怪了，除此之外，好像什么都没有发生。

4.9 路由协议

路由器中最关键的东西就是它的路由表。在遥远的“古代”，路由表都是人为配置的，这也就是所谓的“静态路由”（static routing）。现代的互联网庞大而复杂，依靠人工配置、更新、维护每一个路由器的路由表显然不太可行，于是自动更新路由表的机制，也就是所谓的“动态路由”技术（dynamic routing），就被发明了出来。

动态路由技术的核心就是要让路由器之间能自动地彼此交换“路况信息”。前面在第 4.1 节中我们说过，计算机之间彼此通信必须遵循一定的规矩，也就是所谓的“协议”。所以，动态路由技术的关键就是研究出一套路由器之间交换路况信息所需的协议，也就是路由协议（routing protocol）。路由器利用路由协议相互交换路况信息，再利用路由算法（routing algorithm）对所获得的路况信息进行分析，并最终更新自己的路由表。

我们知道，互联网实际上是一个由许许多多的小网络（局域网、城域网、企业网、校园网等）组成的大网络。通常，各个小网络，如企业网或者校园网，对外有专门的网关，其内部管理自成一体，如图4.28所示。这样自成一体的网络通常被叫作“自治系统”（autonomous system），也就是内部自我管理的系统，简称 AS。互联网就是由众多 AS 组成的。在某个 AS 内部和各个 AS 之间，交换路况信息所采用的方式是不一样的。在一个 AS 内部，各路由器之间交换路况信息所采用的协议，称为内部网关协议（Interior Gateway Protocols，IGP）。现在最常用的 IGP 是路由信息协议（Routing

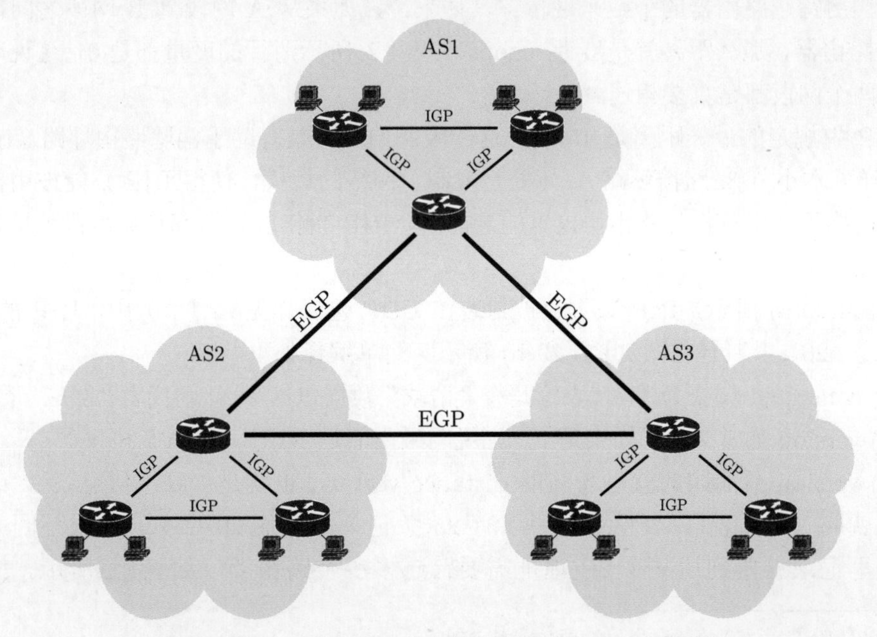

图 4.28 互联网是由众多的自治系统（AS）组成的

Information Protocol，RIP）（见4.9.1节）和开放最短路径优先协议（Open Shortest Path First，OSPF）（见4.9.2节）。

一个 AS 中负责与外部世界相连的路由器，称为边界路由器，或者边界网关。显然，每个 AS 都有自己的边界网关，它们之间，也就是 AS 与 AS 之间，交换路况信息所采用的协议，称为外部网关协议（Exterior Gateway Protocols，EGP），其典型代表是边界网关协议（Border Gateway Protocol，BGP）[28]（见4.9.3节）。

下面简要介绍一下 RIP、OSPF 和 BGP，这三个最著名的动态路由协议。

4.9.1 RIP

RIP 历史悠久，它的起源可以追溯到 20 世纪 60 年代末。20 世纪 80 年代初，其随着 BSD UNIX 的兴起而逐渐流行 ①。最终，于 1988 年发表的 RFC 1058 中，RIP 成为又一个互联网标准协议[29]。

RIP 是一种 distance vector protocol，字面翻译就是“距离向量协议”。vector 在这里是“一维数组”“一维表格”的意思。这个记录了距离信息的路由表，大致如表4.21 所示。

表 4.21 带有距离信息的路由表

目标网络	标志	路由器	度量	网卡
223.1.2.0	直接发送		0	1
223.1.3.0	直接发送		0	2

表4.21可以被看作表4.14汇聚列的升级版，其实就是在原表的基础上添加了一列度量（Metric）。前面说过，路由器之间要彼此交换“路况信息”。而路况的好坏，在 RIP 里，是用“距离”来衡量的。日常生活中距离的远近用米、千米来度量，但在网络世界里，我们用跨越路由器的个数来度量。具体来说，如果从 A 网段到 B 网段之间需要跨越 3 个路由器，那么距离就是 3 跳（hops）。表4.21所示两行的度量都是 0，这说明该路由器与两个网段都是直接相连。

RIP 中规定的最长距离是 15 跳，这一限制的好处是有助于消除路由环路（routing loop，详见本小节 3. 路由环路），坏处是限制了网络的规模，使得 RIP 只能被用在规模较小的网络里。毕竟作为路由协议里的老前辈，RIP 当年应对的都是路由器数量有限的简单网络。

如图4.29(a) 所示，RIP 数据包被封装在 UDP 包（详见5.2.1节）中，RIP 的 UDP 端口号是 520。其具体格式如图4.29(b) 所示。简单解释如下。

(1) command 如果为 1，代表这是个“请求”数据包；为 2，则代表“回应”数据包。

(2) version 通常为 1。如果是 2，则说明采用的是 RIP version 2 协议[30]。

(3) version 后面跟的就是著名的 distance vector，也就是“路况信息表”，或者更直接地就叫“距离表”。表里最多可以有 25 条记录，每条 20 字节。如果是回应包的话，表里记录着要到达某个 IP 地址需要跨越多少个路由器，如表4.22所示。如果你

① BSD UNIX 系统里的 routed 服务采用的就是 RIP。

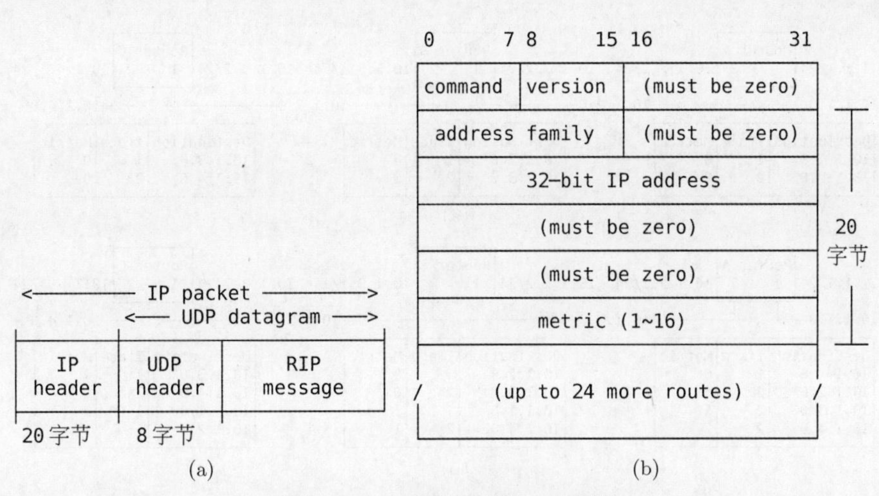

(a) (b)

图 4.29 RIP 数据包及其封装

(a) 封装在 UDP 包中的 RIP 数据；(b) RIP 数据格式

觉得 25 条不够用，想要得到对方整个路由表的话，可以发一条“特殊请求”，内容为“command=1; address family=0; metric=16;”即可。

表 4.22 路况信息表（距离表）示例

地址类型 (2B)	零 (2B)	IP 地址 (4B)	零 (4B)	零 (4B)	度量 (4B)
2	0	10.1.1.1	0	0	2
2	0	10.1.2.8	0	0	3
		...			

1. 路由表的更新过程

下面我们以图4.30为例，来看看路由器利用 RIP 更新路由表的过程。路由器刚启动时，路由表中只记录着与自己接口相关的路由信息。如图4.30(a) 所示，路由器 A 的路由表中有两条记录。

(1) 接口 1 连接网络 10.1.1.0，距离为 0。

(2) 接口 2 连接网络 10.1.2.0，距离为 0。

既然网络与路由器是直接相连的，距离当然为 0。同样，路由器 B、C 的路由表中也各有两条类似的记录。

路由器会每隔 30s 向邻居们广播一次自己的路由表。收到广播的路由器会参考收到的路况信息更新自己的路由表，如添加新记录，更改或删除旧的记录。一段时间之后，经过了若干次的路况信息交换，路由器 A、B、C 中的路由表会逐渐稳定下来，这个过程称为“收敛”(convergence)。收敛后的路由表如图4.30(b) 所示。

2. RIP 的弱点

RIP 之所以流行主要是因为它设计简单，使用也简单。“古代”网络规模不大，路由表也都很小，简单、轻巧的 RIP 表现得游刃有余。走进新时代之后，面对庞大而复杂的现代网络，RIP 有点捉襟见肘了。例如，在小网络里，每 30s 更新一次路由表这种

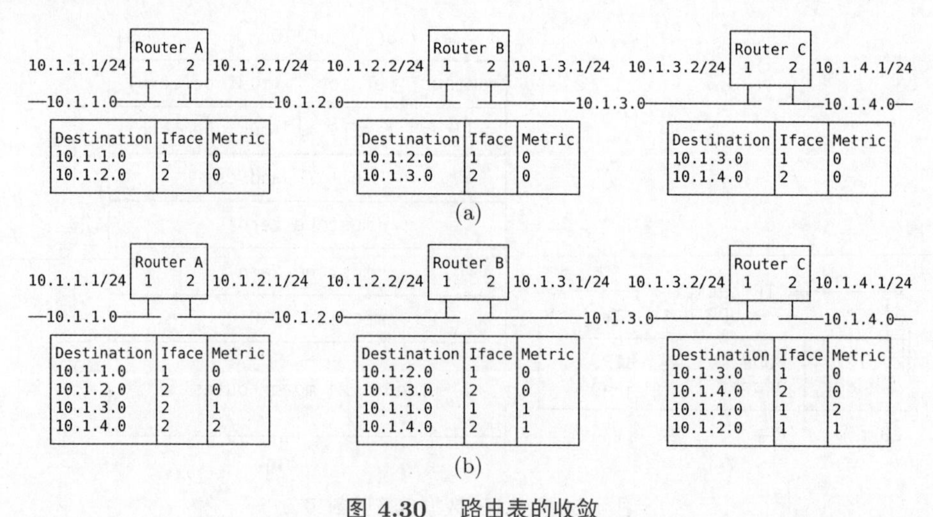

图 4.30　路由表的收敛

(a) 初始状态的路由表；(b) 收敛后的路由表

毫不起眼的动作，在大网络里，却能酿成 30s 一次的风暴；再如，RIPv1 仅支持传统的 IP 地址分类，不支持 CIDR（详见4.6节），于是在 RIP 所及范围之内，所有的子网都只能一样大；又如，最多 15 跳的限制使得 RIP 只能被用在小网络之内。另外，RIP 的收敛速度偏慢，可能要花几分钟。在这几分钟内，路由器采用的很可能是不太靠谱的路由表，进而可能导致路由环路的发生。

3. 路由环路

我们来看看图4.31(a) 所示的情形。在正常情况下，各路由器中的路由表都收敛稳定下来之后，肯定都记录了有关于 N_5 这个网络的路由。假如此时 R_4 和 N_5 之间的连接中断了，那么 R_4 的路由表中肯定会抹去关于 N_5 的路由。过不多久，R_3 就会收到来自 R_4 的路况广播，也把关于 N_5 的路由从表中删除。R_1、R_2 离得稍远，信息没有 R_3、R_4 那么灵通，它们的路由表中还保留着关于 N_5 的记录，认为通过 R_3 还可以访问 N_5。假如 R_2 在收到 R_3 的路况广播之前，就照常发出了自己的路况广播，问题就来了。因为这条广播里肯定照旧写着"$R_2 \overset{2}{-} N_5$（我和 N_5 的距离只有 2 跳）"，而 R_3 早已抹去了关于 N_5 的记录，它听到这条"好消息"之后，误认为可以通过 R_2 访问 N_5，于是在路由表里添加到"$R_3 \overset{3}{-} N_5$（我和 N_5 的距离只有 3 跳）"。至此，一条完美的环路就建立起来了。依据更新后的错误路由表，R_2 把所有目标地址为 N_5 的数据包都发往 R_3，而 R_3 又把这些数据包发还给 R_2，循环往复，以致无穷①。而且在之后的定期路况广播中，它们都不会察觉这一问题。

再看如图4.31(b) 所示的情形。正常情况下，R_a 会利用 R_b 向 R_c 转发数据，因为 $R_a \overset{9}{-} R_c$ 这条链路的成本（为 9）偏高，而 $R_a \overset{2}{-} R_b \overset{2}{-} R_c$ 的成本仅为 4。假如此时，链路 $R_b \overset{2}{-} R_c$ 中断了，那么 R_b 就会绕道 R_a 向 R_c 发送数据。假如 R_a 还不知道 $R_b \overset{2}{-} R_c$ 链路发生了问题，那么它就会继续利用 R_b 向 R_c 发送数据。于是 $R_a - R_b$ 之间就形成了环

① 说"以致无穷"是有点夸张了，准确讲，应该是"以致 TTL"。IP 中引入 TTL 机制的目的就是要消除"以致无穷"的数据包。

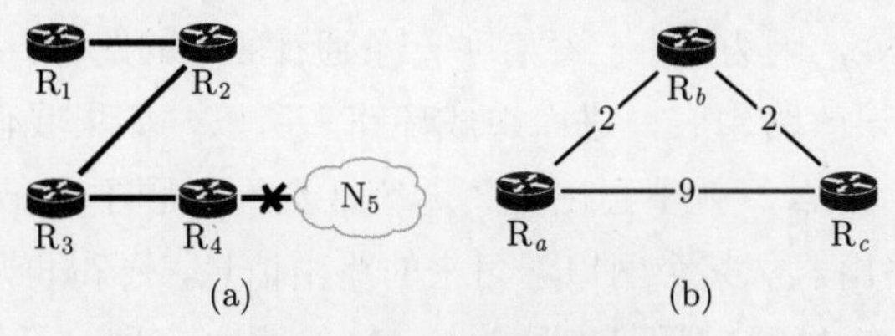

图 4.31 路由环路示例

路。再假如 R_c 崩溃了，也就是说 $R_a - R_c$ 和 $R_b - R_c$ 同时断了，那么 R_a 肯定还是认为通过 R_b 可以访问 R_c，而 R_b 也还是认为通过 R_a 可以访问 R_c，又是一个完美的环路。

4. 路由环路解决方法

以 RIP 为代表，老旧的若干 distance-vector 系列路由协议，都容易出现环路问题。但毕竟 RIP 树大根深，有稳固的群众基础，无法贸然推翻它。作为应对，专家们给出了若干缝缝补补的方案。本节对几个有代表性的方案进行简介。

1) 最大跳数限制

RIP 中将最大跳数限制为 15，也就是说，路由表中的度量（Metric）最大值只能是 15 跳，以此来避免“count-to-infinity”（无穷计数）的问题。如图4.31(a) 所示，假设图中各条链路的成本都为 1，也就是 1 跳。正常情况下，各路由器的路由表中肯定都有一条关于 N_5 的记录，大致如表 4.23 所示。

表 4.23 各路由器中关于 N_5 的记录

路由器	目标网络	跳数
R_4	N_5	1
R_3	N_5	2
R_2	N_5	3
R_1	N_5	4

$R_4\xrightarrow{1}N_5$ 中断之后，R_4 更新了路由表，将跳数由 1 改成了 16，也就是 $R_4\xrightarrow{16}N_5$。由于最大跳数限制为 15，因此 16 就代表“不可达”。R_4 还没来得及广播自己的新路由表，却先收到了 R_3 的广播“$R_3\xrightarrow{2}N_5$”。R_4 并不知道这已是过时的假新闻，它还以为是找到了通往 N_5 的新链路，$R_4\xrightarrow{1}R_3\xrightarrow{2}N_5$，跳数加起来才是 3，远小于 16，$R_4$ 再次更新路由表，把 $R_4\xrightarrow{16}N_5$ 改成了 $R_4\xrightarrow{3}N_5$，并且将“新链路”广播了出去。R_3 被 R_4 的“谣言广播”所愚弄，自然也要更新路由表，将原来的 $R_3\xrightarrow{2}N_5$ 更新为 $R_3\xrightarrow{4}N_5$，并再次广播传谣。信以为真的 R_4 再次更新路由表，于是有了 $R_4\xrightarrow{5}N_5$。不难想象，随后又有了 $R_3\xrightarrow{6}N_5$，$R_4\xrightarrow{7}N_5$，$R_3\xrightarrow{8}N_5$，$R_4\xrightarrow{9}N_5$……如此往复，每收到一次路况广播，路由表中的跳数就会加 1。如果没有最大跳数限制的话，最终结果无疑将是“count-to-infinity”。有了 15 跳限制，最终当跳数累加到 16 的时候，这条路由自然就变成了“不可达”，路由环路也就自然解除了。

2) split horizon

如图4.31(a) 所示，从网络拓扑上看，很显然，R_3 要通过 R_4 才能访问 N_5，换言之，R_3 路由表里关于 N_5 的记录是从 R_4 那里学习来的。既然如此，那么 R_3 显然没有必要

去告诉 R_4 如何访问 N_5，因为 R_4 已经有了一条通往 N_5 的路由。事实上，正是 R_3 的“多嘴”才导致了 R_4 误改路由表，进而造成环路。所以，如果我们规定不许 R_3 向 R_4 发送关于 N_5 的信息，那么，就不会出现“无穷计数”问题了。split horizon 就是这样一条原则，它规定：路由器从某个网口学习来的路由信息，不得再从同一网口广播出去。举例而言，R_3 从它的 2 号网口学习来的关于 N_5 的路由信息，不得再从 2 号网口广播出去。如此就可以避免“师傅”（R_4）误听误信之后误改路由表。

如图4.31(a) 所示，split horizon 原则的意义在于限制、收窄 R_4 的“视野”。R_4 的视野原来很宽，可以看到从 R_3 传来的关于 N_5 的信息。为了避免由此造成的麻烦，我们将 R_4 的视野 split（打破、分隔掉）一部分，让它看不到那么多，这就是 split horizon。

3) route poisoning

split horizon 有一个“加强版”（split horizon with poisoned reverse），路由器从一个网口学习到的一条路由，将作为“不可达路由”向同一个网口回送。如图4.31(a) 所示，还是假设链路成本为 1 跳，正常情况下，R_3 从 R_4 那里学习到“$R_3\stackrel{2}{-}N_5$”，然而，它却在路况广播里骗 R_4 说“$R_3\stackrel{16}{-}N_5$”。从技术上看，这“善意的谎言”效果非常好，彻底断绝了 R_4 通过 R_3 访问 N_5 的念头。

把 $R_3\stackrel{2}{-}N_5$ 篡改为 $R_3\stackrel{16}{-}N_5$，让散布出去的路由信息“带毒”（route poisoning），然后用“带毒”的路由信息去蒙蔽 R_4。所以这个算法叫 split horizon with poisoned reverse（通过反向放毒来限制视野）。有些人也可把它翻译成“带毒性逆转的水平分隔”，但不建议使用。

4) hold down timer

“通过反向放毒来收窄视野”并不总能成功。我们来看看图4.32(a) 所示的例子。正常情况下，路由器 R_a、R_b、R_c 中自然都有关于 N_d 的记录，大致如表4.32(b) 所示。现在假设 R_c 发现 $R_c\stackrel{1}{-}N_d$ 断了，于是有了如下过程。

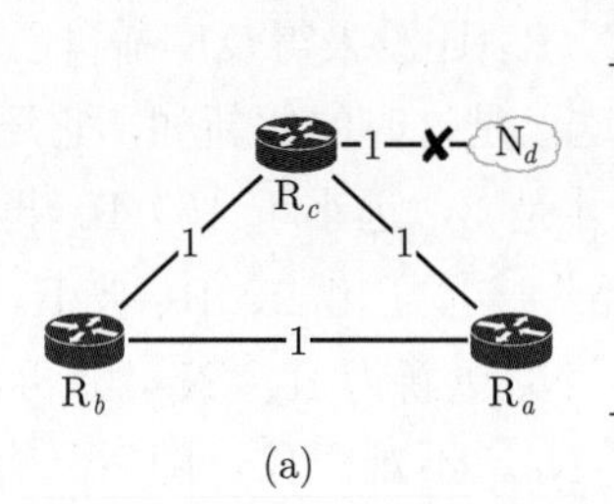

(a)

路由器	路由记录	具体线路
R_a	$R_a\stackrel{2}{-}N_d$	$R_a - R_c - N_d$
	$R_a\stackrel{3}{-}N_d$	$R_a - R_b - R_c - N_d$
R_b	$R_b\stackrel{2}{-}N_d$	$R_b - R_c - N_d$
	$R_b\stackrel{3}{-}N_d$	$R_b - R_a - R_c - N_d$
R_c	$R_c\stackrel{1}{-}N_d$	$R_c - N_d$

(b)

图 4.32 路由环路示例

(a) 网络拓扑；(b) 正常情况下的路由记录

(1) R_c 立即通知 R_a 和 R_b，告诉它们说“N_d 不可达”（$R_c\stackrel{16}{-}N_d$）。

(2) $\begin{matrix}R_a\\R_b\end{matrix}$ 都启用备用线路 $\begin{matrix}R_a\stackrel{1}{-}R_b\stackrel{2}{-}N_d\\R_b\stackrel{1}{-}R_a\stackrel{2}{-}N_d\end{matrix}$，同时告诉（poisoned reverse）$\begin{matrix}R_b\\R_a\end{matrix}$ 说“N_d 不可达”$\left(\begin{matrix}R_a\stackrel{16}{-}N_d\\R_b\stackrel{16}{-}N_d\end{matrix}\right)$。

(3) 同时，$\begin{matrix}R_a\\R_b\end{matrix}$ 都会告诉 R_c 说“N_d 可达”$\left(\begin{matrix}R_a\stackrel{3}{-}N_d\\R_b\stackrel{3}{-}N_d\end{matrix}\right)$。

(4) R_c 根据 $\substack{R_a \\ R_b}$ 给出的“好消息”更新了自己的路由表（split horizon 失败），然后告诉 $\substack{R_b \\ R_a}$ 说“N_d 可达”（$R_c \overset{4}{-} N_d$）。

从这个例子可以看出，对于稍复杂的网络，如网络拓扑中有物理环路出现的网络，那么“假消息”可能从多个方向传来，于是专家们又心生一计——hold down① timer（保持计时器）。简单说就是，路由器一旦收到“某路由不可达”的消息，就启动这个计时器（默认为 180s），在这个时间段内，拒绝所有“该路由又可达了”的传闻，即使是真的可达，也要等到 180 s 之后才更新路由表。如图4.32(a) 所示，如果启用了这个计时器，那么 180s 内，R_c 就不会误改路由表，因此也不会“传谣”给 R_a、R_b。有了 180s 的“沉淀”时间，R_a、R_b 也应该可以把自己的路由表理清楚了。

5) triggered updates（触发更新）

“每 30 s 发送一次路况广播”这样呆板、僵化的规定显然不利于应对突发状况。为了解决突发状况后收敛速度慢的问题，RIP 又补充了一条新规则：只要路由表中的度量（Metric）值发生了变化，路由器就必须立即发送广播，告知所有的相邻路由器。如果邻居路由器也相应更新了路由表，自然也要立即广而告之。以此类推，蝴蝶效应，快速波及全网。

为了帮助老革命解决新问题，RIPv2 诞生了[30]。新版本支持 CIDR、多播（multicast）、消息摘要算法（Message Digest Algorithm Version 5，MD5）验证，而且和 RIPv1 相兼容。

4.9.2 OSPF 协议

前文提到，早年间，RIP 因其简单易用而广受欢迎，BSD UNIX 更是把它融入自己的系统里。当时，RIP 就是互联网的默认配置。但后来，网络规模越来越大，结构日趋复杂，RIP 的问题就凸显了出来。专家们发现，RIP 的根本问题恰恰正是它（曾经）的优点——简单，它只有一个简单的“距离表”，而单纯的“距离”（跨越路由器的个数）并不能真实地反映日渐复杂的路况信息。而且，15 跳的上限也让它失去了在大网络中生存的机会。于是，IETF 在 1988 年成立了专门的工作组，准备基于“链路–状态”算法（link-state algorithm）来开发一个新的路由协议。秉承 IETF 的开放作风，新协议的开发和以往的 RFC 一样，也是开放的。任何人都可以自由地看到协议内容，并自由地提出自己的看法。自由与开放是互联网技术蓬勃发展的关键所在。

1989 年 10 月，开发组推出了 RFC 1131，这就是 OSPF 协议的第一版。后面不到两年，1991 年 7 月，OSPFv2 就取代了第一版。随后的几年，第二版频繁更新，直到 1998 年，尘埃落定于 RFC2328。现在，只要说起 OSPF，说的肯定是 RFC 2328 版，也就是 OSPFv2[31]。OSPF 成功地突破了 RIP 的所有局限，它收敛速度快，没有环路，支持 CIDR，支持较大规模（数百路由器）的网络。

---

① hold down：有两个意思，一是 keep（保持）；二是 restrain（压制、抑制）。在这里，它应该是保持 180s 不作变动的意思。

1. OSPF 的设计思想

所有路由协议的基本思想都是要利用某种算法来找到一条（从源端到终端的）“最短”路由。RIP 的算法很简单，就是数“跳数”(hops)，只要跳数最少，就认为距离最短，传输最快。但计算“最短”路由的时候，不能只看距离，还要考虑带宽、时延、负载等诸多因素。OSPF 协议所采用的就是权衡上述诸多因素来确定最短路径的算法。这“诸多因素”也就是前文提到的“链路状态”，也就是链路的 cost（花销、开销、成本）。链路状态好，(走这条链路的）开销就低；链路状态不好，丢包率高、时延大，开销就高。

如图4.33所示，这是一个由若干路由器和小网络组成的大企业网络。OSPF 的使命就是在这样一个自治系统里，帮助每一个路由器找到通往其他路由器或小网络的最短路径。简而言之就是，各路由器利用已知的链路状态信息（cost）算出通往其他各节点的最短（便宜）路径。如果找到的最短路径不止一条，那么就把它们都利用起来，流量可以被分散到多条路径，这叫负载均衡（load balancing)。

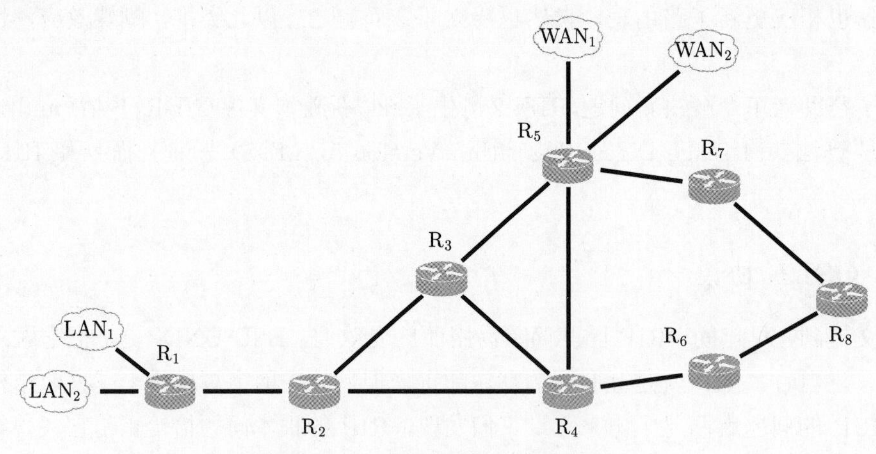

图 4.33 企业网络（自治系统）

显然，每个路由器内部都要有一个“链路状态数据库”(link-state database)，用于计算自己和其他路由器之间的最短路径。这个数据库可能会很大，因为 OSPF 是针对较大规模的网络而设计的，这些网络里路由器的数量可能成百上千。实际上，如果让每一个路由器都维护一个完整的链路状态数据库，不是不可以，而是没必要。首先，众多路由器之间彼此交换信息是要耗费网络带宽资源的，数据库越大，要更新的信息就越多，耗费的带宽资源就越大；其次，数据库越大，更新就越慢，延时也越长；最后，数据库越大，更新数据库所需的系统资源（CPU、内存）也越大。所以说，数据库还是越小越好。为了给数据库瘦身，提高路由器的工作效率，OSPF 采用了和 CIDR（详见4.6节）相似的设计思想，支持树状分级（hierarchical）的信息管理方式，也就是把一个大网络看作一棵大树，每一个树杈都是一个小网络。如此“化整为零，分而治之”，路由器的数据库就只需要记录自己小网络里的链路状态信息。

我们说的“树杈”，在 OSPF 的协议规范里被称作 area（区域）[30]，如图4.34所示，整个自治系统被划分为三个区域，其中的 area 0 称为骨干区域（backbone area)，它就相当于大树的主干，其他的区域都是从骨干延伸出去的。骨干区域中的路由器称为“骨干路由器”（backbone routers），如图4.34所示的 $R_2 \sim R_7$。

处于两个（或以上）区域之间，起连接作用的路由器叫“区域边界路由器”（area border routers），如图4.34所示的 R_2、R_6、R_7。它们可以被看作“区域代表”，负责维护本区域的路况信息库。它们也同时跨接骨干区域，换言之，所有的区域边界路由器也同时都是骨干路由器，它们就是本区域通往外部世界的网关。

你也许要问，为什么要把路由器分门别类，搞出那么多名目？其实这就是为了“化整为零，分而治之”。所谓分“区”管理，就是在分路由器，某一区域（树杈）内的网络拓扑只和该区域内的路由器相关。换言之，本区域内的网络拓扑如果发生变化，只要通知本区域内的路由器就可以了。区域 A（树杈 A）中的路由器不必知道其他区域（如区域 B）内发生了什么，而只需要了解本区域的路况信息就行了。只有骨干路由器才需要了解整个自治系统（所有树杈）的路况信息，而区域边界路由器，作为骨干区域的一份子，会与其他的骨干路由器交流，相互分享各区域的路况信息。如图4.34所示，R_1 只需要有一个关于本区域（Area 1）路况信息的数据库（LSDB）就行了，而 R_2 作为区域边界路由器既需要有 Area 1 的 LSDB，也需要有骨干区域（Area 0）的 LSDB。同样，R_8 只需要 Area 2 的 LSDB，而 R_6 和 R_7 既需要 Area 2 的 LSDB，也需要骨干区域的 LSDB。

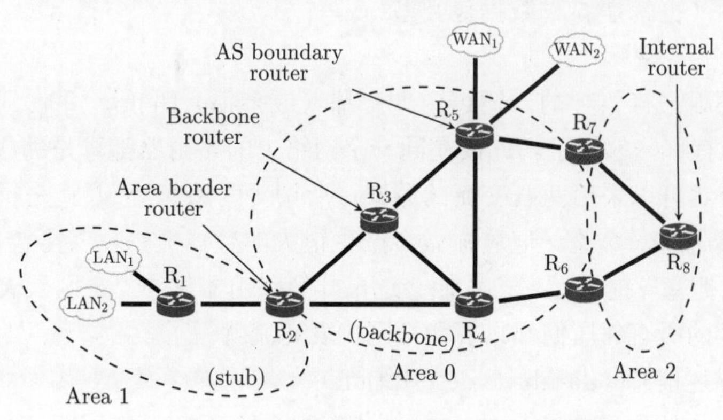

图 4.34　分区管理的 OSPF 自治系统网络

网络中的路由器通过相互交流，共享信息，都在为更新网络中的若干 LSDB 做着贡献。而这“贡献”并不是无私的，路由器的目的都是为了优化各自的路由表。动态生成、更新、优化路由表，这正是路由协议存在的意义。

在旁观者来看，整个自治系统（AS）就是一个布满路由器的大地图，图上画出了所有路由器之间的路况信息。这个地图就是该 AS 的 LSDB。但是，单个路由器并不喜欢这个“大地图”。为了找到通往其他路由器的最短路径，它们更喜欢自己的“小地图”（如图4.35所示）。

不管怎么说，OSPF 协议就是建立在路由器的私心之上的。在技术上，OSPF 协议与3.7.3节中讲到的生成树协议异曲同工。每个路由器都使用生成树算法找到一棵以自己

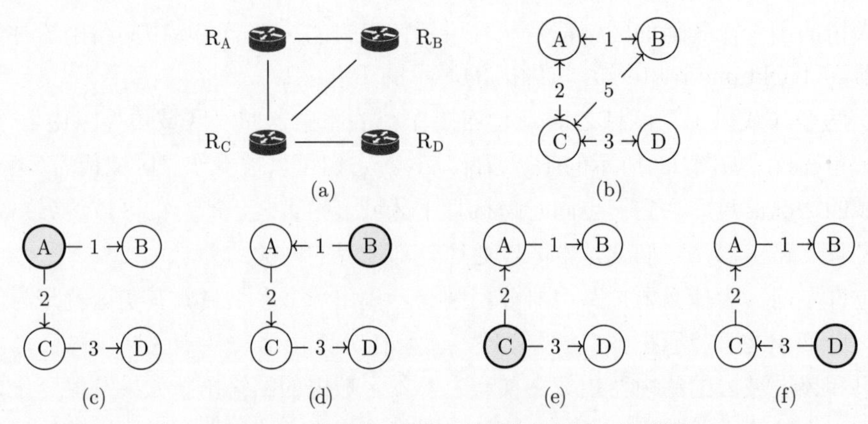

图 4.35 路由器以自己为本算出的最小生成树

(a) 网络拓扑；(b) 旁观者视角；(c) R_A 视角；(d) R_B 视角；(e) R_C 视角；(f) R_D 视角

为本（树根）的树，如图4.35所示。图4.35(c) 中的路由器 R_A 以自己为起点计算最短路径树，如果目的地是 R_D，R_A 会把数据先传给 R_C，再由 R_C 传给 R_D。

2. OSPF 的工作过程

路由器之间要想顺畅地彼此交流，交换路况信息，它们肯定要说一种彼此都听得懂的“语言”才行，这语言就是 OSPF 协议的一部分，RFC 2328 对其做了规范。很简单，只有如下 5 句话（也就是 5 种数据包类型）。

1) Hello

很显然它是用来打招呼的。通过定期广播（或多播）Hello，并收到回应，路由器就可以知道自己有哪些邻居了。连接在同一个网络上的路由器都算是邻居。邻居之间交换路况信息，当然可以采用两两交流的方式。所谓“两两交流”，就是每一个路由器都要和它所有的邻居逐一交流。但这样做会产生很大的数据流量，甚至会导致网络拥塞。所以，为了避免拥塞，提高效率，我们会选出一个路由器作为“社区代表”（designated router），本社区的所有邻居们都只要和社区代表交流就行了。

2) 数据库描述信息（database description）

这类数据包里携带着本区域（area）或本自治系统（AS）的网络拓扑信息，也就是 LSDB 的内容。“社区代表”会把这类数据包发送给每一个新搬来的邻居，如刚启动的路由器。

3) 链路状态请求（link state request）

一个路由器如果想得到最新的路况信息，它就要发出这类数据包。

4) 链路状态更新（link state update）

这类数据包是对上一类数据包（链路状态请求，LSR）的回应，里面携带着最新的路况信息。“社区代表”也会定期广播（或多播）这类信息以帮助邻居们更新自己的 LSDB。

5) 链路状态确认（link state acknowledgment）

路由器在收到链路状态更新（Link State Update，LSU）数据包之后，都要回应以

LSA（链路状态确认）数据包表示“来信收到”了。

OSPF 的日常工作场景大致如下：新启动的路由器会发出 Hello 数据包，看看自己都有哪些邻居。其他路由器也会定期发出 Hello，看看是不是又有新邻居了。在新来的邻居联系上“社区代表”之后，社区代表会利用 database description 数据包帮助它建立自己的 LSDB。一切忙完之后，网络进入了稳定运行状态。大家会定期广播（flooding）一下 LSU 数据包，也就是广而告之一下各自的链路状态。当然，如果有谁发现网络拓扑有了变化，也会发出 LSU。收到 LSU 的路由器，照例都要回应以 LSA，表示“收到”。同时也要根据最新消息来更新自己的 LSDB，重新计算那棵“以己为本”的小树。最后，路由器随时可以发出 link state request，索要最新的路况信息，以便更新自己的 LSDB。

骨干区域的路由器，除了要做上述事情之外，当然还要把自己了解的路况信息告诉给各“区域代表”（area border routers），以此帮助各区域内的路由器找到通往其他区域的最佳路径。

4.9.3 BGP

为了方便管理，大互联网中的路由器被划归不同的自治系统（AS）。每一个自治系统隶属于不同的公司、企业、学校或者 ISP，大家各管各的，“化整为零”是降低管理复杂度的常见做法。自治系统内部，路由器之间采用 RIP、OSPF 等 IGP 相互交流，以维护、更新 AS 内部的路由信息。那么，AS 之间的路由信息交流，理所当然地就要采用 EGP 了，如 BGP。

对内、对外分别采用两种不同的协议是出于不得已，因为需求差别较大。IGP 针对的需求是高效快速地把数据包送到地方，而 EGP 要更多地关心一些 IGP 不需要关心的东西，如“政治”。什么是政治？举例而言，三个自治系统 AS_A、AS_B、AS_C 分别隶属于三个独立的机构 A、B、C。假设 A 与 B、C 都有直接的网络连接，而 B、C 之间却暂时没有，也就是：

$$AS_B \longleftrightarrow AS_A \longleftrightarrow AS_C$$

按理说，B、C 应该可以借道于 A 来实现彼此通信，但却偏偏不行，因为 A 不愿意。A 觉得 B、C 应该给它钱，才能使用它的网络。于是，网络上也要讲政治了……以 BGP 为代表的 EGP 都要支持“路由策略设置”功能，以满足用户的经济、安全与政治需求。常见的路由策略包括教育网里不许携带商用流量；优先使用昆明联通的带宽，因为它比昆明电信便宜；军网数据绝不可以绕道国外等。

BGP 也是一种“距离向量协议”，但是它和前面4.9.1节中讲到的 RIP 有很大的不同。RIP 很简单，只需要维护一个简单的“距离表”就行了。而 BGP 在确定路由的时候要综合考虑政治、经济、安全等因素。除此之外，BGP 还要记录路径信息，也就是把沿途要穿过的所有 AS 和下一跳路由器都记录下来。有了路径信息，“数据包可以到达哪些 AS”这件事情就一目了然了。所以，这个路径信息也叫“网络可达信息”（network reachability information）。进一步说，BGP 是一种“路径-向量协议”(path-vector protocol),因为路由器之间彼此广而告之(route advertising)的是路径信息。有了路径信息,路由器就可以画出一张 AS 之间的连接关系图(也就是“路径表”)了。

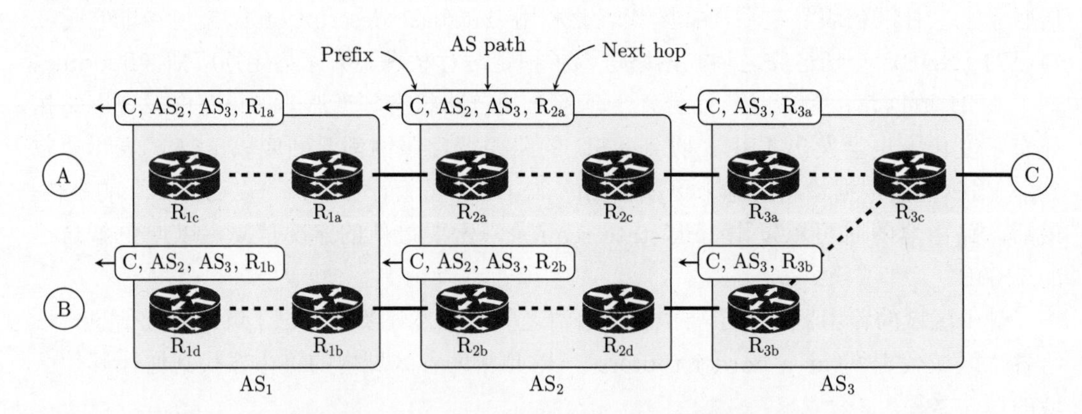

图 4.36 BGP 路由器之间传递路径信息的过程

我们来看一下 Andrew S. Tanenbaum 的大作《计算机网络》(第五版)的 5.6 节中的一个例子[32]。图4.36中有 3 个 AS,中间的 AS_2 为两边的 AS_1 和 AS_3 提供“借道”服务。图中的长条方框,如 $\boxed{C, AS_2, AS_3, R_{2a}}$,就是在路由器间被传递的路径信息。其中的“C”是前缀(prefix);“AS_2, AS_3”是要路过的 AS,也就是路径信息;“R_{2a}”就是下一跳路由器。

现在假设 C 是一台刚开机不久的计算机,AS_3 中的路由器 R_3 很快就发现了它,于是就要广而告之一下,$\boxed{C, AS_3, R_{3a}}$,$\boxed{C, AS_3, R_{3b}}$,也就是说,

(1)“借助于 AS_3 的 R_{3a} 路由器,你们就能找到 C 了”。

(2)“借助于 AS_3 的 R_{3b} 路由器,你们就能找到 C 了”。

显然,AS_2 中的 4 个路由器在收到消息后,也要做类似的广而告之工作,只不过要对“路径”和“下一跳”信息做点必要的更新。当消息穿过 AS_2,进入 AS_1 时,R_{1a} 看到的消息变成了 $\boxed{C, AS_2, AS_3, R_{2a}}$。也就是说,“借助于 R_{2a},穿过 AS_2 和 AS_3,就可以找到 C 了”。

在“广告消息”里带上完整的路径信息,可以帮助路由器发现并打破路由环路。路由器在收到“广告消息”后,都要把自己所属的 AS 加到路径里去。但在此之前,它会先检查一下路径信息里是否已经有了自己的 AS,如果已经有了,再往里加的话,显然就要出现环路了,所以,这样的路径要被丢弃掉。

把一串 AS 当作传输路径,并不是一件很靠谱的事情,因为 AS 可以大如一个骨干网,也可以小如一个校园网。那么,借道于一个大 AS,与借道于多个小 AS,哪个比较快呢?很难说,因为除了大小之别,还要看各 AS 内部的各种细节,如采用的什么内部网关协议,各内部路径的开销怎么计算等。而且,通常出于安全等考虑,AS 的内部细节是不便于对外透露的。总之,BGP 是个很复杂的协议,相关专著众多。这也说明,关于 BGP 总有探讨不尽的问题[33]。而且,就算你通读了一书架有关 BGP 的专著,外加

相关 RFC，也未必就敢说真的掌握 BGP 了。你至少还需要半年或者一年的 BGP 设计或网管经验，然后才可以“为之四顾，为之踌躇满志”。作为入门，本节只是粗浅地介绍了一下它的基本概念和工作原理。

4.10　习题

1. 就 IPv4 而言，如果网络比特数为 20，那么网络的数量最大是多少？

2. 某 IPv4 地址的 16 进制表示为 C22F1582，那么它的“点十进制”如何表示？

3. 一个 IPv4 网络的子网掩码是 255.255.240.0，那么这个网络里最多可以有多少个主机？

4. 通常来讲，我们用 IP 地址来标识一个网络。为什么不用 MAC 地址呢？

5. 给你一个大地址段 198.16.0.0。请你把它划分为 4 个子网。要求如下。

A. 子网 A 里有 4000 个地址　　B. 子网 B 里有 2000 个地址
C. 子网 C 里有 4000 个地址　　D. 子网 D 里有 8000 个地址

请告诉我，每个子网的起、止 IP 地址，以及每个子网的子网掩码。

6. 对于 57.6.96.0/21、57.6.104.0/21、57.6.112.0/21 和 57.6.120.0/21 这四个 IP 地址，请问在路由表里是否可以把它们汇聚成一条路由？如果行，怎么做？如果不行，为什么？

7. 假设路由器中的路由表（CIDR）如表 4.24 所示。

表 4.24　路由表记录

目标网络	下一跳
135.46.56.0/22	Interface 0
135.46.60.0/22	Interface 1
192.53.40.0/23	Router 1
default	Router 2

如果它收到了目标地址如下的数据包，它该如何做？

(1) 135.46.63.10　　(2) 135.46.57.14　　(3) 135.46.52.2
(4) 192.53.40.7　　(5) 192.53.56.7

8. 很多公司都会有不止一个路由器用来连接外网，也就是所谓“冗余备份”，以提高连网的可靠性。请考虑一下，在这种情况下，NAT 如何实现？

9. ARP 是 IP 层协议，还是数据链路层协议？为什么？

10. 路由器和交换机的本质区别是什么呢？routing（路由）和 forwarding（转发）的区别是什么？

11. IPv4 包头中的 checksum 只校验头部（header），不校验数据部分。为什么要这样设计？

12. IPv4 包头中有一个 Protocol 域，而 IPv6 没有。为什么？

13. 从 IPv4 过渡到 IPv6 时，ARP 模块需要做哪些改变？

14. 有必要让所有的自治系统在其内部都采用相同的路由算法吗？为什么？

4.11 参考资料

4.11 参考资料

第 5 章 传输层

本章要点

(1) 掌握端口的类别和作用。

(2) 了解 TCP 和 UDP 的异同点。

(3) 掌握 3 次握手协议和 4 次握手协议的工作过程。

(4) 掌握停止等待协议的工作过程。

(5) 了解回退到 N 和选择重发协议的工作过程。

(6) 了解流量控制的原理：流量与窗口，流量增大，流量减小。

(7) 了解拥塞控制的方法：慢开始算法，拥塞避免算法，冲突算法。

传输层处在应用层和网络层之间，负责传递数据、确认数据、控制流量和控制拥塞。发送数据时，传输层从应用层接收数据，对数据进行分组、编号，然后把数据交给网络层发送。接收数据时，传输层接收网络层数据，对数据进行错误校验并给发送方发送确认信息。传输层还需要对数据进行组装，并把组装好的数据转交给应用层。

网络通信过程和现实生活中的邮件投递过程非常相似。投递邮件时需要填写邮政编码，地址和收信人姓名 3 个信息，计算机发送数据时同样也需要 3 个信息，分别是 IP 地址、MAC 地址和端口号。IP 地址用来在不同网络之间传输数据，路由器使用 IP 地址把数据转发到目标网络。MAC 地址用在局域网中，交换机依靠 MAC 地址把数据转发给指定的主机。端口号用来在主机内部分发数据包，操作系统按照端口号把数据分发给指定的应用程序。

5.1 端口

主机接收数据后会根据数据包中的目的端口把数据交给指定的应用进程，端口是操作系统分发数据到进程的依据。应用程序启动后会在操作系统中申请登记自己使用的端口号，当操作系统收到数据后，它会查看数据包中的目的端口号，然后在端口登记列表中找目的端口对应的进程，并把数据交给对应的进程。

在操作系统中有一个端口登记表，记录了进程与端口之间的关系。如图5.1所示，其中记录了 IE 浏览器使用 2344 端口、QQ 使用 3455 端口、YouTube 使用 2866 端口。操作系统会对所有系统收到的网络数据包进行逐一检查，并提取数据包中的端口号，然后在端口登记列表中查询该端口对应的进程，最后把数据转发给相应的进程。

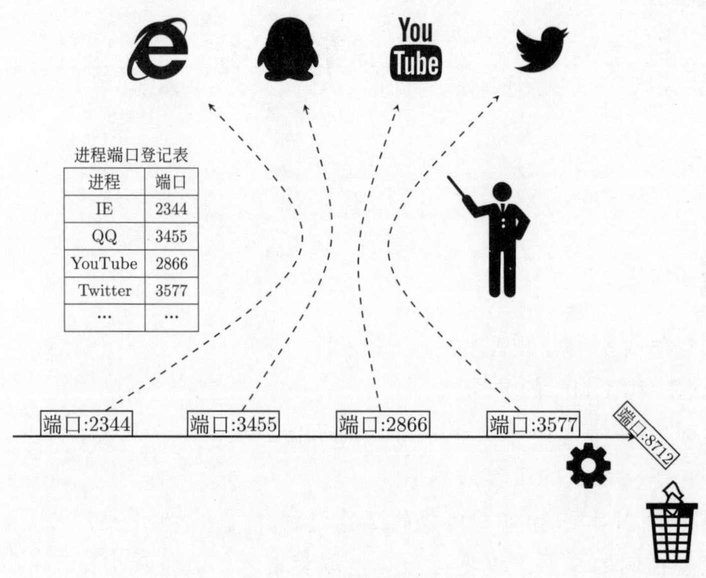

图 5.1 端口转发示例

如图5.1所示，系统收到了 5 个数据包，其中，第 1 个数据包的目的端口是 8721，经过查询发现端口登记表中不存在该端口的记录，说明没有进程能接收该数据，于是操作系统就直接丢弃该数据。第 2 个数据包的目的端口是 3577，系统查询后发现该端口对应 Twitter 进程，于是操作系统就把这个数据转交给 Twitter。同理，系统会把第 3 个数据包转交给 YouTube 进程，把第 4 个数据包转交给 QQ 进程，把第 5 个数据包转交给 IE 进程，因为这些端口在登记表中都存在对应的记录。

操作系统中的端口和进程必须一对一绑定，不允许多对一的绑定。如果一个端口对应多个进程，系统就无法决定数据该交付给哪个进程。大型软件和提供基础服务的软件，因为使用的用户多，为了方便客户发送数据，通常都设置默认端口。例如，万维网（World Wide Web，WWW）服务的端口默认是 80，域名系统（Domain Name System，DNS）服务的默认端口是 53，e-mail 服务的默认端口是 25。

为了保证大型软件的端口不发生冲突，TCP/IP 对系统中的端口进行了分类，规定不同类型软件使用的端口范围。TCP/IP 使用 16 比特表示端口，其取值范围是 1~65 535，共分为 3 类，如表5.1所示。第 1 类是保留端口，保留给操作系统使用。第 2 类是登记端口，给大型软件使用。第 3 类是自由端口，小型软件可以自由使用。

1) 保留端口

其取值范围是 1~1023。这些端口保留给操作系统和基础网络服务使用。例如，域名解析服务的端口是 53，当计算机解析域名时，系统会把请求发送给域名服务器的 53 端口。域名服务器收到数据包后，发现里面的目的端口是 53，就把这个解析的请求转给

表 5.1 TCP 端口范围划分

类型	范围	描述
保留端口	1~1023	基础服务使用
登记端口	1024~49 151	大型软件使用
自由端口	49 152~65 535	自由使用

负责域名解析的进程进行处理。网页服务的端口是 80，访问服务器上的网页服务时，就需要给服务器的 80 端口发送请求，服务器就会回传网页内容。

2) 登记端口

其取值范围是 1024~49 151。这类端口留给大型软件和一些知名的软件使用。为了避免和其他软件发生端口冲突，使用这些端口时，需要向互联网数字分配机构（Internet Assigned Numbers Authority，IANA）①申请。因为这类端口需要申请登记才能使用，所以这类端口被称为登记端口。Office、AutoCAD、Photoshop 等大型软件使用的都是登记端口。

3) 自由端口

其取值范围是 49 152~65 535。这类端口留给普通用户自由使用，不需要申请，只要不和系统中的其他软件冲突就可以使用。普通软件都建议使用这类端口，使用这些端口不会和操作系统的进程冲突，也不需要支付端口登记费用。

操作系统严格控制端口的使用，启动端口小于 1024 的程序需要管理员授权，需要确保进程不会和系统重要进程冲突才能使用。启动端口大于 1024 的程序时不需要管理员权限。但是如果目标端口已被占用，操作系统会拒绝后面启动的进程。操作系统运行时需要很多基础服务支持，小于 1024 的保留端口很多都已经被占用，剩余比较少。自由端口范围较大，利用率比较低，因此建议开发程序时，最好使用自由端口。

大型软件和常用网络服务软件都使用保留端口。如表5.2所示，域名解析使用 53 端口，网络时间服务使用 123 端口，文件传输服务使用 20、21 端口，电子邮件使用 25 端口，HTTP 服务使用 80 端口，动态分配 IP 地址使用 67 端口。

表 5.2 常见服务端口

端口	应用层协议	描述	传输层协议
53	DNS	域名解析服务	UDP
123	NTP	网络时间协议	UDP
20	FTP	文件传输协议数据端口	TCP
21	FTP	文件传输协议控制端口	TCP
25	SMTP	简单邮件传送协议	TCP
80	HTTP	超文本传输协议	TCP
67	DHCP	动态主机配置协议	TCP

① IANA：互联网数字分配机构，负责协调 Internet 资源，包括端口管理和域名管理。

使用命令 netstat 可以查看系统正在使用的端口。在 Windows 系统中使用 cmd 命令打开命令控制台窗口，在窗口中使用命令 netstat 查看本机正在使用的端口。

```
$ netstat -h  # 帮助信息
```

```
--------------------------------------屏幕输出 ----------------------------------------
1  语法:
2      netstat [-a] [-b] [-e] [-f] [-n] [-o] [-p proto] [-r] [-s]
3          [-t] [interval]
4  参数:
5      -a 显示所有连接和侦听端口
6      -b 显示在创建每个连接或侦听端口时涉及的可执行程序，在某些情况下，
7         已知可执行程序承载多个独立的组件，这些情况下，显示创建连接或侦
8         端口时涉及的组件序列。此情况下，可执行程序的名称位于底部 [ ] 中，
9         它调用的组件位于顶部，直至达到 TCP/IP。
10        注意，此选项可能很耗时并且在您没有足够权限时可能失败。
11     -e 显示以太网统计
12     -f 显示外部地址的完全限定域名 (FQDN)
13     -n 以数字形式显示地址和端口号
14     -o 显示拥有的与每个连接关联的进程 ID
15     -p “-p proto” 显示 proto 指定的协议的连接;
16        proto 可以是下列任何一个: TCP、UDP、TCPv6 或 UDPv6
17     -r 显示路由表
18     -s 显示每个协议的统计，默认情况下，显示 IP, IPv6, ICMP, ICMP6,
19        TCP, TCPv6, UDP 和 UDPv6 的统计
20     -t 显示当前连接卸载状态
-----------------------------------------------------------------------------------------
```

上面命令使用语法中的中括号表示括号内的参数是可选项，用户可以根据需要选择。不同的参数有不同的用途，参数用途在提示内容中都有详细的说明。例如，参数 -n 表示以数字形式显示 IP 地址和端口号，-p tcp 表示只显示 TCP 连接。

```
$ netstat -n -p TCP  # 查看本地所有 TCP 连接
```

```
--------------------------------------屏幕输出 ----------------------------------------
1  Active Connections
2  Proto     Local Address        Foreign Address      State
3  TCP       127.0.0.1:3075       127.0.0.1:3076       ESTABLISHED
4  TCP       127.0.0.1:3076       127.0.0.1:3075       ESTABLISHED
5  TCP       127.0.0.1:3080       127.0.0.1:3081       ESTABLISHED
6  TCP       127.0.0.1:3081       127.0.0.1:3080       ESTABLISHED
7  TCP       127.0.0.1:5152       127.0.0.1:3077       CLOSE_WAIT
-----------------------------------------------------------------------------------------
```

上面输出结果的第 1 列是协议名称，第 2 列是本地 IP 和端口，第 3 列是外部主机 IP 地址和端口，最后 1 列表示当前连接的状态。其中，第 1 条记录表示本机的 3075 端口和 3076 端口之间有 TCP 连接。

如果要查看端口和进程的对应关系，则需要多个命令配合使用。具体操作顺序是先查找进程的 ID，然后根据进程 ID 查找程序名称。例如，查看访问 80 端口服务的进程时，第一步操作是使用命令 netstat -on | findstr :80 查找所有包含 80 字符串的连接。命令中的“|”是管道符号，表示把 netstat -on 的输出结果作为后一个命令 findstr 的输入。实际效果是把本应显示在屏幕上的数据转换成命令 findstr 的输入数据。findstr 命令的

作用是过滤字符串，只显示包含字符“:80”的行。两个命令使用管道符“|”连接起来，表示先执行命令 netstat -on，然后对显示结果进行过滤，只显示其中包含字符“:80”的记录。命令执行结果如下所示。

```
$ netstat -on | findstr :80
```

```
----------------------------------------屏幕输出 ----------------------------------------
1  TCP    218.194.100.60:50082    58.251.100.119:8080    ESTABLISHED    12552
2  TCP    218.194.100.60:51020    104.18.25.243:80       ESTABLISHED    6768
3  TCP    218.194.100.60:53274    101.72.212.227:80      CLOSE_WAIT     3616
4  TCP    218.194.100.60:53738    58.251.111.100:80      TIME_WAIT      0
5  TCP    218.194.100.60:64678    58.251.111.100:80      TIME_WAIT      0
-----------------------------------------------------------------------------------------
```

tasklist 命令可以显示当前正在运行的所有程序的名称和 PID。先列出本机所有的进程名称和 PID，然后再次使用 findstr 过滤指定 PID 的记录，就可以看到进程名称。

上面的例子中 80 端口对应的进程号（PID）是 6768，然后使用命令 tasklist | findstr 6768 就可以查看该进程对应的程序名称。显示结果如下所示。

```
$ tasklist | findstr 6768
```

```
----------------------------------------屏幕输出 ----------------------------------------
1  SearchHost.exe      6768 Console      1      226,468 K
-----------------------------------------------------------------------------------------
```

输出信息只有 1 行，对应的程序的名称是 SearchHost.exe。说明本机（示例中计算机的 IP 地址是 218.19.100.60 ）程序 SearchHost.exe 在访问外部服务器 101.72.212.227 的 80 端口。

5.2 传输层

传输层有两个重要的传输协议，分别是 UDP 和 TCP。UDP 是一种不可靠的数据传输协议，主要负责数据分段和重组。TCP 是一种可靠的传输协议，它不仅要负责数据分段和重组，还要进行数据状态确认、冗余数据处理、传输速度控制和网络拥塞控制等。

UDP 的工作原理相对简单。它只负责发送数据，不关心数据出去以后会发生什么情况。即使数据在传输过程中发生了冲突或者丢失，UDP 也不关心。对于 UDP 来说，只要执行了发送数据的规定动作，它的发送任务就完成了。UDP 的工作方式类似于普通邮件（平邮，普通邮寄）的投递过程，邮件送出以后，邮递员会尽最大可能帮你投递，但是如果邮件在投递的过程中发生了损坏或者丢失，邮局不承担任何责任，也不会告知寄件人邮件丢失。

TCP 在发送数据前需要在发送方和接收方之间先建立一条逻辑链路，链路建立以后所有的数据都通过该链路传输。发送过程中 TCP 需要对数据进行校验和确认、对发送的速度进行控制，发送结束后还需要释放链路。在 TCP 数据发送过程中，接收主机会随时对数据进行校验，一旦发生错误，就会及时通知发送方。TCP 的工作过程类似发送快递，信件发送出去后寄件人可以查询信件的位置和状态，快递被签收后，寄件人也会得到通知信息。

5.2.1 UDP

IETF 的 RFC 768 文档详细描述了 UDP 数据包格式和 UDP 的工作过程[1]。它是网络层 (network layer) 和应用层 (application layer) 之间的一个数据处理接口。它对数据包施加的操作比较少，主要是使用多路复用/多路分解功能发送和接收数据，对数据进行一些简单的差错检测。因此，UDP 对 IP 数据包封装时附加的信息较少，UDP 数据大小和 IP 层的数据大小差不多[2]。

UDP 数据包的首部较小，只有 8 字节（如图5.2所示），第 0~第 1 字节用来存放发送方的端口，src port 是 source port 的简写，意思是数据源端口。第 2~第 3 字节用来存放接收方的端口号，dst port 是 destination port 的简写，意思是目标端口。第 4~第 5 字节用来记录用户数据的长度，第 6~第 7 字节用来记录校验码，从第 8 字节开始是用户数据。发送数据时，UDP 从应用层接收数据，然后在数据前面添加 8 字节的首部，最后再交给网络层进行路由发送。由于 UDP 首部数据量小，使用 UDP 传输数据线路有效传输率比较高。

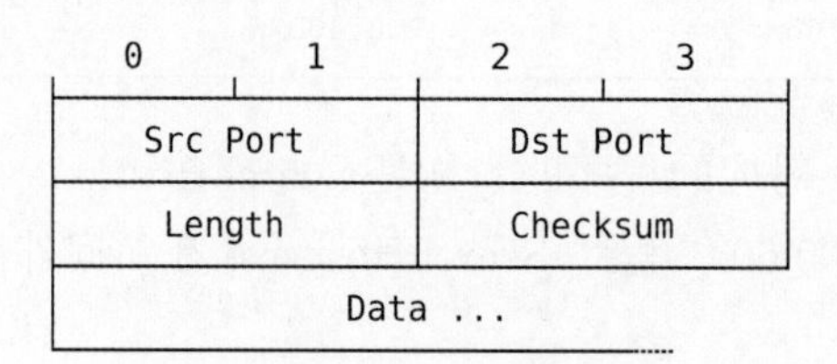

图 5.2 UDP 数据结构

UDP 提供的是无连接的传输服务，发送数据之前不需要建立链路，也不需要确认接收方的状态，它只负责把数据投递到网络。因此，其发送数据的时延较小。如果发送数据时接收方还没有启动，发送方仍然会发送数据，数据最终会因为找不到接收主机，而被转发设备丢弃。UDP 没有错误重传机制，因此，也不需要保存发送缓冲区的数据。发送方把数据发送出去后就会从发送缓冲区中删除该数据。

尽管 UDP 常被认为是一种不可靠的网络传输协议，但是此处的不可靠并不意味着所有的数据都会出错，也不意味着 UDP 的数据错误率很高，此处的不可靠指当数据发生错误后，发送方并不知道数据状态。实际上，随着网络传输技术的发展，UDP 出错率已经比较低，能够满足很多场景的需要。由于 UDP 的系统不需要建立链路，开销比较小，传输延时低，因此，仍有很多的应用选择采用 UDP 进行通信。

互联网域名服务（Domain Name Server，DNS）使用的就是 UDP 传输数据的一个网络协议。该协议负责查询域名对应的 IP 地址，例如，用户在浏览器中输入域名 www.swfu.edu.cn 后，计算机会自动启动 DNS 查询进程，使用 UDP 向域名服务器发送查询请求，询问该域名对应的 IP 地址。域名解析的结果也使用 UDP 返回。主机收到 IP 地址后就可以在数据包中填写正确的 IP 地址。

自动分配 IP 地址的 DHCP 也使用 UDP 工作，该协议用来为计算机自动分配 IP 地址。设置自动获取 IP 地址的计算机启动时会向局域网广播一个 UDP 数据包，请求局域网中的 DHCP 服务器给自己分配一个 IP 地址。DHCP 收到这个请求后从管理员定义的地址池中分配一个 IP 地址，然后使用 UDP 发给目标计算机。计算机收到回应后会把该 IP 地址设置为自己的 IP 地址，之后就可以使用该 IP 地址访问网络。使用 DHCP 可以避免局域网 IP 地址冲突。

随着网络技术发展，信号传输质量不断的提高，网络传输延迟不断减小，传输的出错率不断降低。目前网络传输的错误率大约是 10^{-6}，在很多应用中，这么小的出错误率基本不会对应用造成影响，因此，UDP 仍被大规模地使用[3]。使用 UDP 传输视频数据，即使偶尔有 5% 的数据错误，也只会导致图像上出现一些噪点而且持续时间短，对视频观看效果影响非常小，甚至可以忽略不计。网络游戏多数使用 UDP 发送数据。因为，游戏操作频繁，但是数据量较小，使用 UDP 发送数据，发送延迟小，能够满足游戏实时性要求。

由于 UDP 的系统开销小，能耗较低，因此，物联网中的传感器常使用该协议传输数据，这样可以延长传感器的工作时间。2014 年，Thread Group 公司为物联网应用推出了一款协议 Thread，为电池供电的智能家具设备提供可靠的网络连接。Thread 协议主要基于 UDP 发送数据，其主要特点是传输可靠，功耗低。

快速 UDP 网络连接（Quick UDP Internet Connection，QUIC）是谷歌基于 UDP 定制的低时延的互联网传输层协议[4]，该协议的系统开销小且速度快，用来替代传统的加密传输协议 TCP+TLS，提高传输性能。传统的 TCP+SSL 协议为了实现数据加密传输，在传输过程需要 3 次握手，互相确认对方身份，而 QUIC 协议仅需要 1 次通信就可以建立可靠安全的链接。QUIC 协议减少了身份确认的通信次数，提高了链接速度。该协议的基本思想是在首次安全链接建立后，客户端在本地缓存加密的认证信息。当需要再次与服务器建立链接时，使用本地缓存信息与服务器进行身份确认。该协议只需要 1 次链接，就可以完成身份认证，减少了通信次数，提高了建立链接的速度[5]。

与 TCP 和 TLS 协议①比较，该协议减少了通信次数，提高了效率，如图5.3所示。图5.3中主机和服务器进行身份确认时，TCP 需要 3 次通信，第 4 次才能开始发送数据（如图5.3(a) 所示）。TLS 需要 6 次通信，第 7 次开始发送数据（如图5.3(b) 所示）。然而 QUIC 协议仅需要通信 1 次，第 2 次就可以开始发送数据（如图5.3(c) 所示）。

5.2.2 TCP

TCP 是传输层最重要的协议，它能确保数据正确传输，是一种可靠的传输协议。RFC 793 文档中对可靠传输进行了解释和说明，此处的可靠传输指系统能自动识别错误，重传错误数据，自动丢弃不在接收范围内的数据，不会重复接收数据[2,6]。

① TLS 协议：安全传输层协议，使用加密算法在两个通信应用程序之间传输数据，防止数据在传输过程中被窃听和篡改。

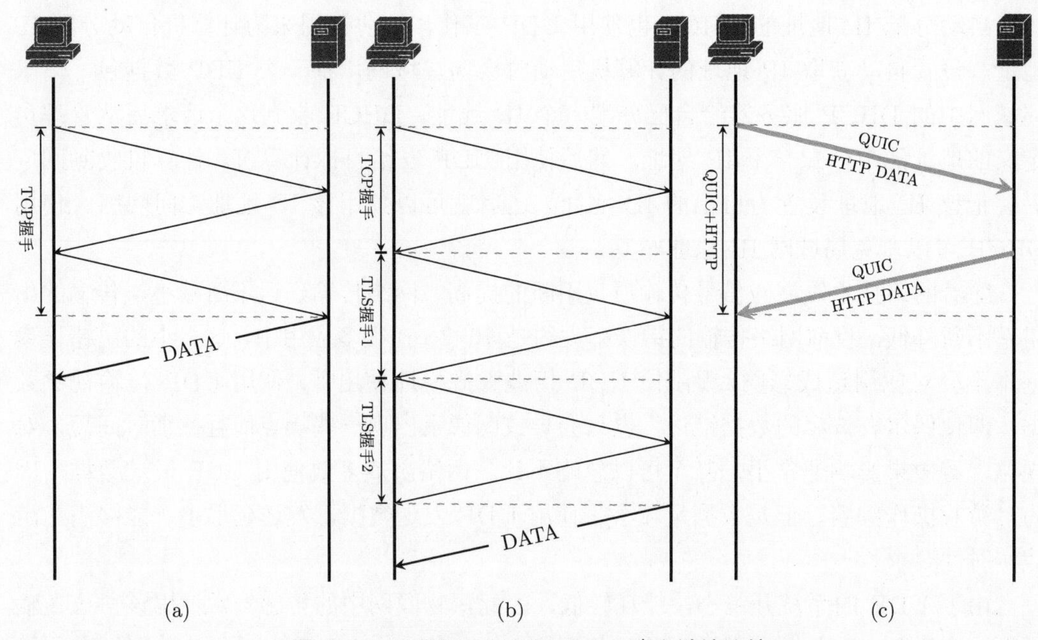

图 5.3　QUIC、TCP、TLS 建立链接比较

(a) TCP 建立链接；(b) TLS 建立链接；(c) QUIC 建立链接

TCP 是一种面向链接的、可靠的、基于字节流的传输层通信协议。它经常和底层 IP 配合使用工作，它们的组合被称为 TCP/IP。使用 TCP 的网络服务非常多，万维网服务、电子邮件服务、文件传输服务（File Transfer Protocol，FTP）都使用 TCP 来传输数据。

TCP 数据包格式如图5.4所示，其中，source port 是发送方的端口号，destination port 是接收方的端口号，sequence number 是数据分组的编号，acknowledgement number 是数据应答号。ACK 是回应标记字段，该值为 1 时表示数据包是一个回应包，长度 1 个比特。SYN 是同步数据标志，该值为 1 时表示这是用来维护链路的同步包，长度 1 个比特。FIN 是传输结束标记，长度 1 个比特，当该值为 1 时表示数据发送结束，请求对方断开链路释放资源。

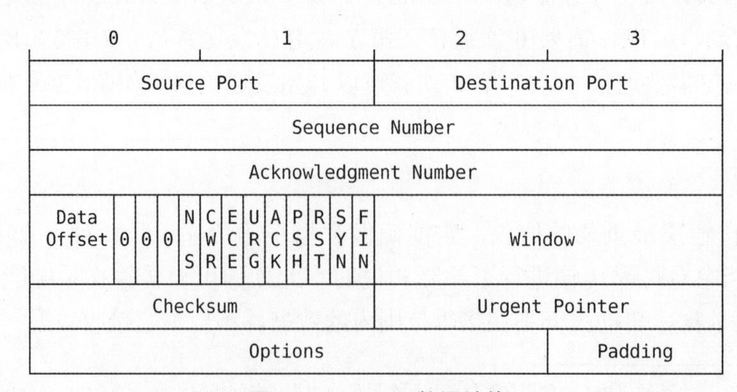

图 5.4　TCP 数据结构

注：URG：紧急数据，PSH: 缓冲区交付处理，ACK：回应标记，SYN：同步标记，FIN：断开标记

5.3　握手协议

TCP 是面向链接的传输协议。在发送用户数值之前，收发双方需要先建立链路。用户数据使用建立的链路顺序发送。数据发送结束后，通信双方必须释放链路，释放对信道的占用权。TCP 使用三次握手协议建立链路，为传输用户数据建立通道，使用四次握手断开链接，释放信道资源。

5.3.1　三次握手

三次握手（three-way handshake）的目的是确认通信双方的身份。因为在这个过程中双方共发了三次数据，因此该过程被称为三次握手。三次握手后，通信双方都各完成了一次发送和一次接收，数据能发送出去也能接收正确的回应，双方都认为链路通畅，链路创建成功。

三次握手的具体过程如图5.5所示。图5.5中，客户机 A 发起连接和服务器 B 建立链路，横线上的字符是数据包中的关键信息。第一次握手通信由客户机 A 发起，它发送一个 TCP 的数据包给服务器，数据包中的 SYN 字段填写 1，记为 SYN = 1，表示这是一个同步数据[①]包。数据包中的 sequence number 是一个随机数字，记为 seq = x（x 是一个随机数）。

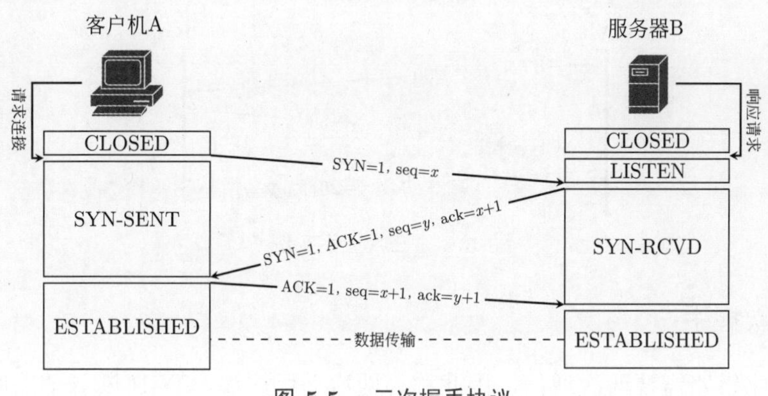

图 5.5　三次握手协议

第二次握手数据由服务器 B 发送给客户机 A。数据包中的 SYN = 1 表示该数据同步数据，ACK = 1 表示该数据是一个回应包。数据包中大写的 ACK 和小写的 ack 表示不同含义，大小 ACK 表示这个数据中包含应答数据，小写 ack 是对对方数据中 seq 的回应。第二次握手包中 seq = y（y 同样是一个随机数）是服务器发送的随机序号，客户机 A 收到后同样需要对 seq = y 进行回应。ack = $x + 1$ 是对第一次握手数据中的 seq = x 的回应。TCP 规定 ack=seq+1，会议 ack 比上一次的 seq 值大 1，说明双方主机的暗号匹配，身份认证成功。第二次握手成功后，客户机 A 完成了一次发送并成功

① 同步数据：TCP 中的同步数据用来建立链路或者断开链路。

收到了对方的回应，它就认为对方主机工作正常可以准备发送数据。第二次握手有两个作用，一是对第一次握手进行应答，二是发起服务器 B 的询问请求。

第三次握手由客户机 A 发送给服务器 B。其中 ACK = 1 表示该数据包是回应包。ack = $y+1$ 是对第二次握手数据中的 seq = y 的应答，seq = $x+1$ 表示该 TCP 包是 seq = x 的后继数据包。

经过三次通信后，双方主机都完成了一次发送请求并且收到了一次回应，它们都认为从自己到对方的链路是畅通的，且对方能够识别数据并做出正确的回应。于是，客户机 A 和服务器 B 之间的链路创建完成，然后双方就通过这条链路传输数据。

三次握手协议类似两个首次见面的特工对暗号（同步包中的 seq 相当于暗号）的过程。双方见面后，一个人说 a，另外一个必须按照实现约定的规则说 b（协议规定 $b=a+1$）才算身份认证成功。如果暗号对接成功，就认为对方是自己人，如果暗号不匹配，就放弃后续过程。对暗号过程中双方各自提问一次，双方都彼此相信对方后才能开始传递情报。

图5.6所示是三次握手建立链接的一个实例。图5.6中，主机 A 首先发起连接，第一次握手数据中序号 seq = 200。第二次握手数据是主机 B 向主机 A 发送回应包，回应包中 ack = 201，表示 seq = 200 的数据正常接收。同时主机 B 在这个数据包中附加主机 B 的 seq = 500。第三次握手数据中的 seq = 201 表示这个数据包是 seq = 200 的后续包，ack = 501 是对第二次握手数据中 seq = 500 的回应。

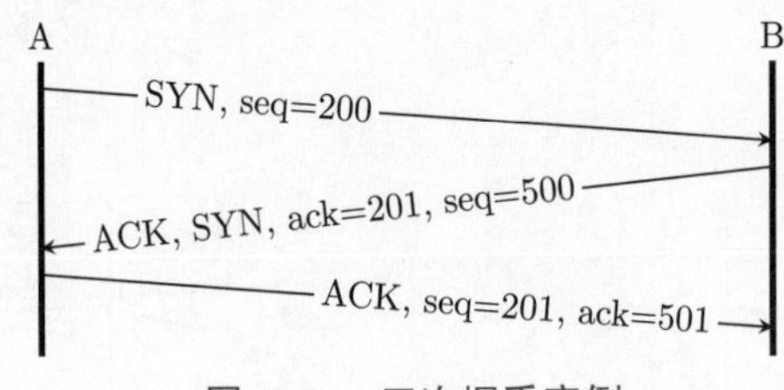

图 5.6　三次握手实例

5.3.2　四次握手

断开网络链路需要四次通信，因此称为四次握手协议。TCP 断开链路时首先要告知对方自己准备断开连接，然后等到对方同意后才能断开资源。链路断开比链路建立的过程复杂，需要确保数据传输结束后才能断开。三次通信无法确保数据传输正常结束，所以需要四次握手才能完成。因为四次握手协议用来断开链接，所以一些文献也将该过程称为四次挥手。

TCP 断开链接链路的过程如图5.7所示，客户机 A 向服务器 B 发起第一次握手，发送数据请求断开链接，数据包中的 FIN（Finished，完成）字段设置 1，表示该数据包是一个断开请求包。seq = u 是 A 发送数据包的顺序号。第二次握手数据由服务器发送给 B 发送给客户机 A，该数据是对第一个的回应，回应包中的 ACK 字段设置为 1，表示该数据包含回应数据。ack = $u+1$ 是对客户机 A 请求包中的 u 进行回应。seq = v 表示服务器 B 的序号是 v。经过上面两次握手通信后，客户端 A 转入 FIN-WAIT-2 状态，该状态表示客户机 A 做好了断开的准备，服务器 B 收到了客户 A 的断开请求，服务器 B 将在所有数据都确认后同意其断开。

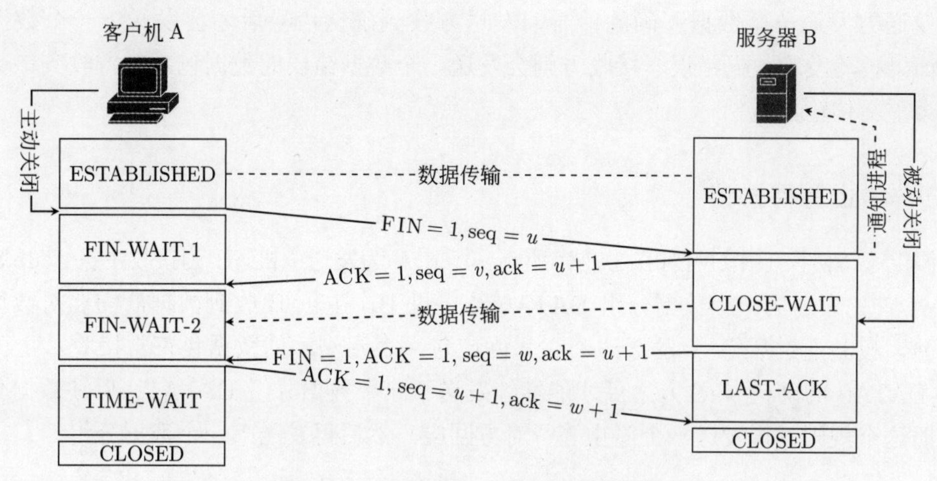

图 5.7 四次握手（或四次挥手）协议

第三次握手由服务器 B 发送，服务器 B 接收完所有的数据后，向客户 A 发送一个请求断开的请求数据包，数据包中的 FIN 字段为 1，表示这是服务器 B 请求断开。$\text{ack} = u + 1$ 是对数据 $\text{seq} = u$ 的再次回应。第四次握手由客户 A 机发送。客户机 A 收到服务器 B 的断开请求后发送第四次握手数据，其中，$\text{ack} = w + 1$，表示客户机 A 收到了 $\text{seq} = w$ 的数据，表示同意服务器 B 断开链接。至此双方才可以释放连接，完成链路断开工作。

链路断开操作能否也采用三次握手，减少通信次数？答案是否定的，因为断开链路时异常情况比较多，仅使用三次通信不能保证链路正常退出。例如，客户机 A 发送完数据后，向服务器发送了断开链路请求，第二次通信后，虽然客户机 A 已经做好了断开的准备工作，但是服务器 B 的数据处理工作并没有全部结束。A 发送完数据后就立刻申请断开，但是服务器 B 需要对最后一个数据包进行校验，如果数据校验没有通过，服务器 B 还需要请求客户机 A 重发数据。因此，在第二握手通信后服务端不能立即断开，服务器需要等待所有的数据都正常校验通过后才能断开。

5.4 可靠性传输

可靠性传输的原本定义是“The TCP must recover from data that is damaged, lost, duplicated, or delivered out of order by the internet communication system”[2,6]，指系统能自动识别错误，重传错误数据，自动丢弃不在接收范围内的数据，不会重复接收数据。TCP 使用停止等待协议实现可靠传输过程，停止等待指发送方发送完一组数据后，需要暂停，等待接收方确认无误后才能继续发送。

TCP 每发送一个数据分组后需要暂停等待，同时会启动一个超时计时器。如果在超时时间内收到了接收方的确认信息，说明数据已经正确到达接收方，可以发送下一个数据。如果超时时间过后还没有收到对方的确认信息，则认为传输不成功，TCP 会重新发送当前数据给接收方。接收方收到数据后需要对数据进行错误校验，如果校验通过，就给发送方发送一个数据正确的信号，发送方收到确认信号后才会发送下一个数据分组。如果校验发现数据错误，接收方则会发送一个数据错误的数据包，对方收到该数据包后会重新传输数据。

5.4.1 停止等待协议

停止等待协议工作过程如图5.8(a) 所示，其中 A 为发送主机，B 为接收主机。图5.8中，主机 A 首先发送第一个数据分组 DATA0 给主机 B。主机 B 收到数据后需要对数据进行校验，校验通过后给 A 发送一个 ack 回应包，表示刚才的数据包正常接收。主机 A 收到 DATA0 的确认（ack）之后才能继续发送下一个数据分组 DATA1。后续数据分组都按照这个规则，每发送一个停止等待对方回应，然后再发送下一个数据分组。

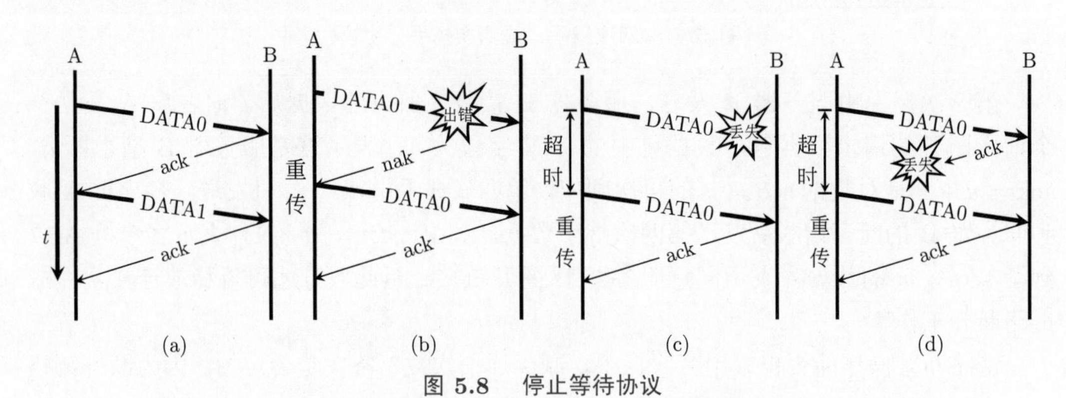

图 5.8　停止等待协议

(a) 正常情况；(b) 数据出错；(c) 数据丢失；(d) 确认丢失

注：ack 表示校验通过，nak 表示校验失败

网络环境非常复杂，不可避免存在硬件故障、软件故障和噪声干扰等问题。停止等待协议运行过程中也会出现一些异常情况, 如数据丢失或者确认包丢失。假设，数据 DATA0 在传输的过程中发生错误，其处理过程如图5.8(b) 所示。第一次发送的 DATA0 在传输过程中出错，主机 B 经过校验发现了错误，给 A 发送一个 nak 信号，表示数据 DATA0 出错，请对方重新发送。A 收到 nak 信号后重新发送 DATA0。第二次发送的 DATA0 正常到达主机 B 后，主机 B 向主机 A 发送一个 ack 信号，表示 DATA0 已经正常接收。

如果数据在传输过程中丢失，接收方则无法收到数据，也不会给 A 发送确认包，如图5.8(c) 所示。主机 A 发送数据 DATA0 给主机 B，数据在传输过程中丢失。主机 B 因为没有收到数据，所以不会给 A 发送回应信息。主机 A 等待超时后收不到主机 B 的回应，它认为数据传输过程中出错，于是，主机 A 会重新发送数据 DATA0 给主机 B。第二次发送的 DATA0 传输过程中没有出错，B 在收到数据后给主机 A 发送一个 ack 确认信息。如果第二次重传的 DATA0 仍然丢失，A 仍然会启动重传尝试。如果重传次数超过系统最大限制，主机 A 就认为对方无法连接，放弃数据发送任务。

确认数据包在传输过程丢失时的处理过程如图5.8(d) 所示。数据 DATA0 正常到达主机 B，但是主机 B 的确认包 ack 在传输过程中丢失。发送方 A 无法接收到确认数据。主机 A 等待超时后会重新发送数据 DATA0。主机 B 收到第二次重传的 DATA0 后，发现 DATA0 之前已经正确接收，它会丢弃第二次接收到的 DATA0，同时给 A 再次发送一个 DATA0 的确认，告知对方 DATA0 已经正常接收，请求对方发送下一个数据。

5.4.2 超时重传

超时时间（Retransmission Time-Out，RTO）是停止等待协议中的重要参数，T_{RTO} 过小和过大都不合适。如果超时时间 RTO 过小，则很可能发生确认数据已经在返回的途中，然而发送方误认为传输失败从而重新发送数据的情况。在这种情况下，不论发送方重发多少次数据，都会因为超时判断错误，认为发送不成功。相反，如果超时时间过大，当数据丢失时发送方需要等待很长时间才能判定传输错误，增加了不必要的等待时间，降低了网络传输效率。

TCP 使用加权平均往返时间 RTTS 估算 T_{RTO}，在通信过程中 T_{RTO} 还会被不断地调整。RFC 6298 规定第一次通信时，RTTS 等于 RTT，之后 RTTS 使用式(5.1)更新。

$$\begin{aligned}\mathrm{RTTS}_{\text{新}} = {}& (1-\alpha)\times(\mathrm{RTTS}_{\text{旧}})+ \\ & \alpha\times(\mathrm{RTT}_{\mathrm{sample}})\end{aligned} \tag{5.1}$$

其中，$\mathrm{RTT}_{\mathrm{sample}}$ 为最上一次的 RTT 值，α 为权值。

使用式 (5.1) 所示的加权取值方法得到的 RTTS 不仅兼顾了老 RTTS 值，而且能够根据网络状态变化自动调整。RFC 6298 推荐的权值 $\alpha = 1/8$，表示更新后的 RTTS 中有 7/8 来自历史 RTTS，1/8 来自最新一次 RTT 测试值。由于 7/8 的数据来自老 RTTS，因此 RTTS 能够保持网络参数的稳定性。

超时时间 T_{RTO} 使用式(5.2)计算。

$$T_{\mathrm{RTO}} = \mathrm{RTTS} + 4\times\mathrm{RTT}_D \tag{5.2}$$

$$\mathrm{RTT}_D = (1-\beta)\times(\mathrm{RTT}_D) + \beta\times|\mathrm{RTTS}-\mathrm{RTT}_{\mathrm{sample}}| \tag{5.3}$$

这里的 β 是个小于 1 的系数，RFC 推荐的数值是 1/4。

5.4.3 线路利用率

停止等待协议能够确保数据正确送达，但是线路利用率不高。如图5.9所示，其中，A 是发送方，B 接收方。A 发送数据 Data 给 B，数据 Data 发送时间为 T_{D}，信号往返的时间为 RTT，确认信号 ACK 的发送时间为 T_{A}，完成一次数据传输花费的总时间为 $T_{\mathrm{D}} + \mathrm{RTT} + T_{\mathrm{A}}$。

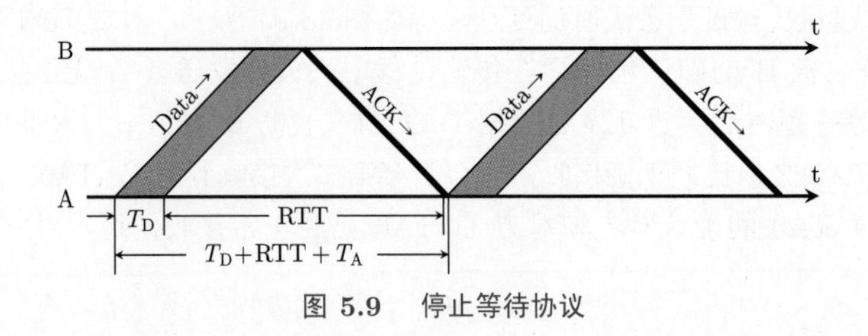

图 5.9 停止等待协议

根据图5.9所示信道的利用率 U 可以表示为式(5.4)。式(5.4)中，信号往返时间 RTT 通常相对固定，T_D 的大小取决于发送分组的大小，T_A 取决于回应包的大小。回应包通常都比较小，因此 T_A 是一个比较小的值，可以忽略，因此，提高 U 的最有效的方法是增大 T_D。

$$U = \frac{T_D}{T_D + \mathrm{RTT} + T_A} \tag{5.4}$$

当 T_D 增加到非常大时，RTT 和 T_A 可以忽略，U 的取值就接近于 1，因此提高 T_D 可以提高线路利用率。

T_D 是数据发送时间，增加 T_D 就必须增加用户发送的数据，要求用户不要发送小数据包。但是在很多实时性要求较高的场景中，用户发送的数据包通常都比较小，线路有效利用率比较低。如果强制要求用户不发送小数据，把小数据积累到一定大小后再发送，则虽然能够提高线路的有效利用率，但是无法保证数据传输的实时性。因此，通过增加数据包长度来提高线路利用率的方法不可行。

分组连续发送可以提高线路利用率，其原理如图5.10所示。发送方 A 连续发送多个分组给接收方 B，B 收到分组后连续地给对方回应。从图5.10中可以明显地观察到，该发送方式的线路的利用率明显比较高，而且连续发送的分组越多，有效利用率就越高。为了避免大规模冲突发生，计算机网络定义了一个窗口值，规定了允许发送分组的最大数量。例如，“窗口 = 5” 表示发送方可以连续发送 5 个分组，发送完 5 个分组后，主机必须暂停等待对方确认，收到确认后才可以发送下一组数据。

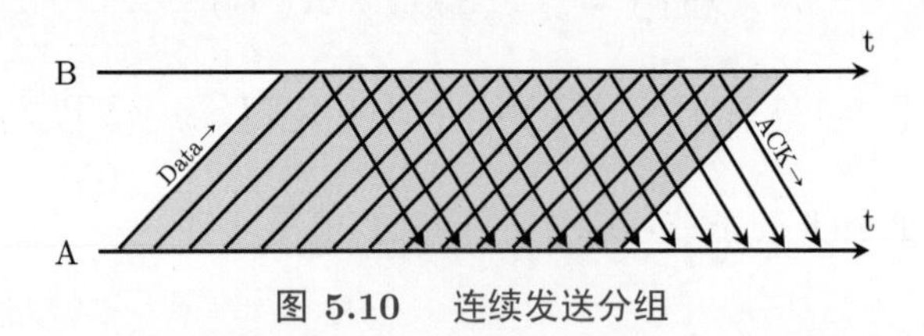

图 5.10 连续发送分组

分组连续发送使用全双工模式通信，需要两个信道，其传输过程如图5.11所示。发送方 A 使用第 1 个信道给接收方发送数据，接收方使用第 2 个信道发送确认信息。A 依次发送了多个分组，分组大小分别是 1，1，3，3，3。连续发送数据算法中，系统开始使用较慢的速度发送数据，可以用来测试信道的承载能力，如果低速发送时，数据能够被正确接收，发送方就会提高速度。如图5.11所示，发送方第 1 次发送 1 个分组，第 2

次也发 1 个分组。在接收对第 1 和第 2 个分组进行确认后，发送方提高窗口大小。发送方第 3 次发送了 3 个分组。接收方按照接收顺序对第 3 次中的 3 个分组依次进行确认。

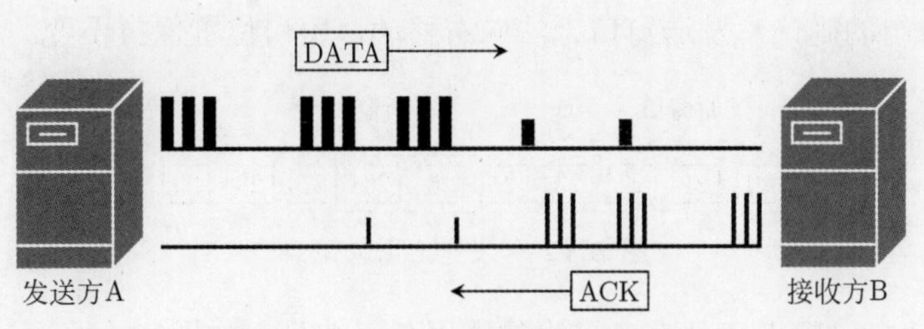

图 5.11 连续发送数据与连续 ACK

发送窗口越大，线路有效传输率越高，但是窗口不能太大。如果窗口过大，每次发送的数据就会太多，接收方有可能来不及处理数据，造成接收缓冲区溢出。这种情况类似物流系统中的货物转发，例如，发送方使用多辆大卡车发送数据，一卡车接着一卡车不停地运送货物。而接收方只有一个小货车用来接收货物，每次只能运走一小部分，接收速度远远跟不上发送速度，接收方的缓冲区就会堆满“货物”。当仓库爆满后，后面到达的货物就无法正常入库，只能丢弃。这种情况下，虽然发送方发送的很快，但是因为货物被丢弃，所以，运得越多丢弃得越多，不仅没有多运输数据还给道路交通增加了额外的负担。在计算机网络中，接收缓冲区一旦溢出，后续到达的数据都会被系统丢弃。虽然发送的速度很快，但是后到达的数据统统都会被丢弃。因此，发送速度和接收速度应协调，减少数据溢出情况的发生。

现实生活中的物流双方不会盲目地发送货物。物品在运送前双方都会进行沟通，协商发送的数量和频率。接收方会把自己的仓储容量和处理数据能力告知发送方。发送方会按照接收方的接收能力进行发送，发送过程中双方还可以动态调整发送速度和数量。例如，当接收方搬运工人数量较少时，他就会通知对方减少发送的频次。如果接收方增加了搬运工人数，装卸货物的能力提高了，它又会通知发送方增加发送的频次。

5.4.4 滑动窗口

滑动窗口协议负责数据的有序发送和有序接收。在 TCP 数据发送过程中，发送主机和接收主机各自维持一个滑动窗口，发送方的窗口称为发送窗口，窗口中的数据是待发送数据分组编号，接收方的窗口称为接收窗口，窗口中是准备接收的数据分组编号。发送数据时，TCP 从发送窗口依次取出分组进行发送，窗口中的分组发送完毕后，TCP 会暂定等待对方对窗口中的数据进行确认[7]。

滑动窗口的工作过程如图5.12所示。图5.12中的数字是待发送数据编号，发送窗口是 4。某时刻，发送窗口中包含的分组编号是（21，22，23，24），此时，发送方只能依次发送第 21，22，23，24 号数据分组。窗口中的分组发送完毕后，发送方暂停发送，等待接收方对数据进行确认。当接收到第 21 号分组的确认后，发送窗口向右移动一个位置，新窗口内容为（22，23，24，25），当接收到第 22 号分组的确认后，发送窗口继续向右移动一个位置，新窗口内容为（23，24，25，26）。在滑动窗口中，发送方只有收到左边分组的确认，窗口才可以向右移动，如果收到的确认不是最左边的数据确认时，窗口位置不移动。例如，发送窗口是（21，22，23，24），如果发送方收到了 22 的确认，没有收到 21 号分组的确认，发送窗口无法向右移动，窗口位置保持不变。

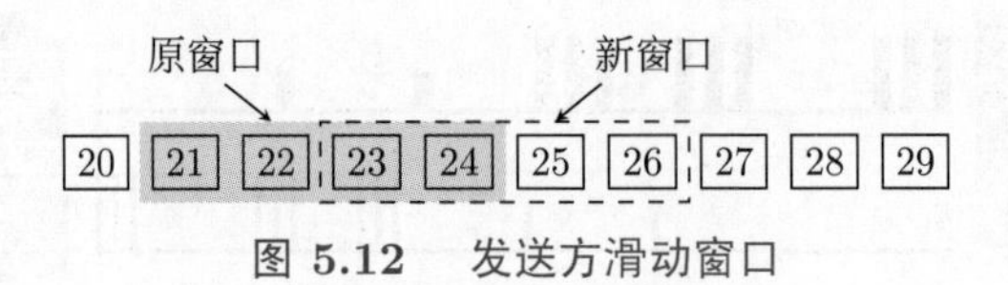

图 **5.12** 发送方滑动窗口

接收方滑动窗口用来记录准备接收的数据分组编号。如图5.13所示，某时刻接收窗口中的编号为（24，25，26，27），表示主机准备接收第 24，25，26，27 号分组。当 24 号分组到达后，接收窗口就向右滑动一个数字，接收窗口中的编号变为（25，26，27，28）。接收方的滑动窗口也只有最左侧的数据都确认了才能移动，如果收的分组编号不是窗口最左侧的编号，则窗口不能移动。例如，当收到了 25 分组但没有收到 24 号分组时，接收方会标记 25 号分组数据为收到状态，但是窗口位置不移动。接收方不接收不在窗口中的数据，例如，当收到了一个编号为 29 的分组时，因为编号 29 不在接收窗口中，接收方会丢弃这个数据分组。同样，如果收到了一个编号为 10 的分组，因为编号 10 也不在接收窗口中，接收方也会丢弃这个分组。如果先收到 25 号分组后收到 24 号分组，接收窗口将向右移动 2 个位置，新窗口的内容将变为（26，27，28，29）。

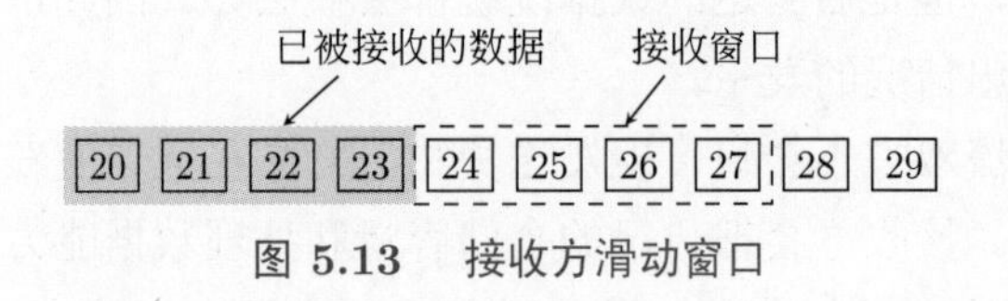

图 **5.13** 接收方滑动窗口

5.4.5 ARQ 自动重传

使用停止等待协议发送数据时，收发双方需要相关配合，发送方按照分组编号依次发送数据，接收方依次给对方进行回应确认。正常情况下，编号小的分组先发送，先被确认，收到确认后发送窗口向后移动。发送窗口移动后会加入新的分组，然后继续发送新加入的分组。但是，网络传输不能保证所有的数据都能正确、有序送达。当发生传输错误或者乱序时，TCP 会启动自动重传机制处理传输异常。自动重传机制（Automatic Repeat reQuest，ARQ）是 TCP 中处理传输错误的一类方法，是可靠性传输的重要保证，TCP 中的重传方法包括回退到 N（go-back-N）ARQ 和选择重传 ARQ 两种。

1. 回退到 N

回退到 N ARQ 又称拉回式，或者 go-back-N ARQ。发送方收到错误确认时，它将把发送窗口的开始位置拉回到出错分组的位置，然后把新窗口中的分组全部重新发送一次。如图5.14所示，发送窗口 = 6，发送方发送了分组（0，1，2，3，4，5），接收方正确接收了分组（0，1，3，4，5），编号为 2 的分组在传输过程中出现错误。发送方将会把窗口的开始位置拉回到 2，新发送窗口的分组编号为（2，3，4，5，6，7），然后重新发送窗口中的分组。拉回重传后，2 号分组会被重新发送，确保接收方能收到正确的 2 号分组。

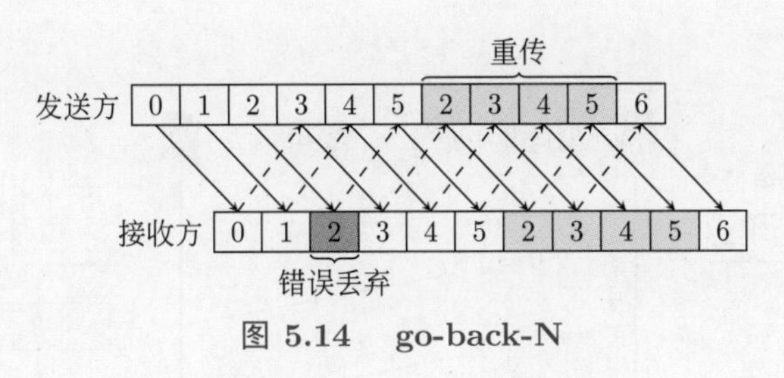

图 5.14 go-back-N

回退到 N 算法虽然能够补发错误的分组，纠正传输错误。但是，正确的数据分组会被多次重传，浪费带宽。上面例子中，数据分组（1，3，4，5）在第一次发送时已经正确传输，但是第二次重传时被重复发送。分组（1，3，4，5）到达接收方后会被丢弃，造成带宽浪费。如果，传输过程中编号为 0 的分组发生了错误，（1，2，3，4，5）都是正常的，那么，发送方将重发窗口内的所有数据（0，1，2，3，4，5），带宽浪费更加严重。

2. 选择重传

选择重传 ARQ 仅重传发生错误的分组，避免重复发送被正确接收的数据，节省了带宽[2]。选择重传的工作原理如图5.15所示，发送窗口和接收窗口都是 3，开始时发送方准备发送（1，2，3），接收方接收窗口也是（1，2，3）。发送方第 1 次连续发送 3 个分组（1，2，3），然后等待对方确认。分组到达后，接收方首先判断该编号是否在接收窗口内。编号 1 在接收窗口内且数据正确，接收方给对方发送一个 ACK = 1 的确认，同时接收窗口向后移动一个位置变成（2，3，4）。

发送方收到 ACK = 1 后，认为 1 号分组正确送达。于是发送方从窗口中删除 1 号分组。此时窗口中只剩下两个分组编号（2，3），窗口中的分组数目为 2，小于窗口上限 3。于是，发送方将 4 号分组加入发送窗口，发送窗口中的内容变为（2，3，4）。发送方接着发送窗口中的 4 号分组。

如图5.15所示，2 号分组在传输过程中出错，接收方发送 NACK = 2 给发送方。发送方重新发送 2 号分组，发送窗口中的内容仍是（2，3，4）。当 ACK = 3 到达发送方后，发送方判断出 3 号分组已经正确送达，删除发送窗口中的 3 号分组，加入 5 号分组，发送窗口内容变为（2，4，5），接着发送 5 号分组。由于 5 号分组没有发送过，发送方将接着发送 5 号分组。

接收方按照接收窗口中的编号依次接收数据，开始时，接收方收到 1 号分组后，将 1 号分组存入接收缓冲区，同时从接收窗口中删除 1，然后加入 4。接收方的接收窗口内容变为（2，3，4），表示可以接收 4 号分组。2 号分组校验错误后，接收方发送 NACK = 2 要求对方重新发送第 2 号分组，接收窗口内容保持不变。3 号分组到达后，发送方从接收窗口中删除 3，加入新的待接收分组 5，接收窗口内容更新为（2，4，5），表示可以接收 5 号分组。4 号分组到达接收方后，接收方从接收窗口中删除 4，加入 6，变为（2，5，6），表示可以接收 6 第号分组。当重传的 2 号分组到达后，接收方从接收窗口中删除 2，加入 7，变为（5，6，7），表示可以接收第 7 号分组。5 号分组到达后，接收方从接收窗口中删除 5，加入 8，变为（6，7，8）表示可以接收第 8 号分组。以此类推。

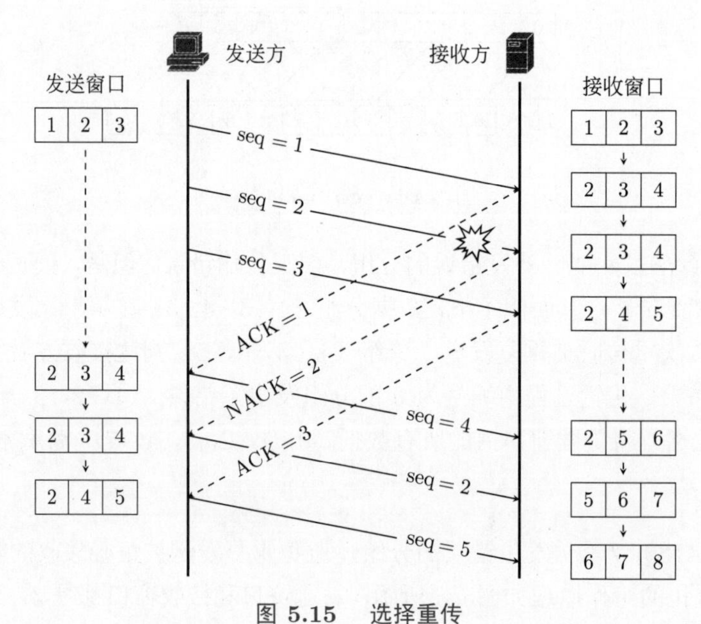

图 5.15　选择重传

注：ACK = n 表示第 n 个分组正常接收，NACK = n 表示第 n 个分组出错，需要重传。

回退到 N 和选择重传分别适用于不同的场合。实验表明，当丢失率和检验错误率之和小于 10% 时，回退到N 的性能比较好。当丢失率和校验错误率之和小于 37% 时，选择重传机制的性能比较好[8]。

5.5　流量控制

流量控制 (flow control) 是调节收发双方的数据发送速度的算法，用来减少网络中的冲突。网络中数据发送速度不能太慢也不能太快，发送速度太慢时，数据传输速度慢，传输效率就低。速度太快时，容易发生冲突，降低有效传输率。TCP 通过流量控制算法动态调整窗口大小来控制发送速度，目的是在减少冲突的前提下尽量提高传输速度[9]。

流量控制原理示例如图5.16所示，其中 A 是发送方，B 是接收方。seq = n 表示发送第 n 个数据分组。ACK 表示该数据包是一个回应包。ACK = n 表示接收方请求对方发送编号为 n 的分组，意味着编号小于 n 分组都正常接收。rwnd = n 表示接收窗口（received window）的大小。

主机发送数据之前，收发双方需要协商窗口大小。示例中，主机 B 需要告诉主机 A：“我的接收窗口 rwnd = 4”。主机 A 收到该通知后，知道对方仓储能力的上限是 4，因此它向主机 B 连续发送 4 个分组（1，2，3，4）后就暂停，等待对方回应。

接收主机 B 收到数据后可以调整接收窗口的大小。例如，由于系统开启了更多的

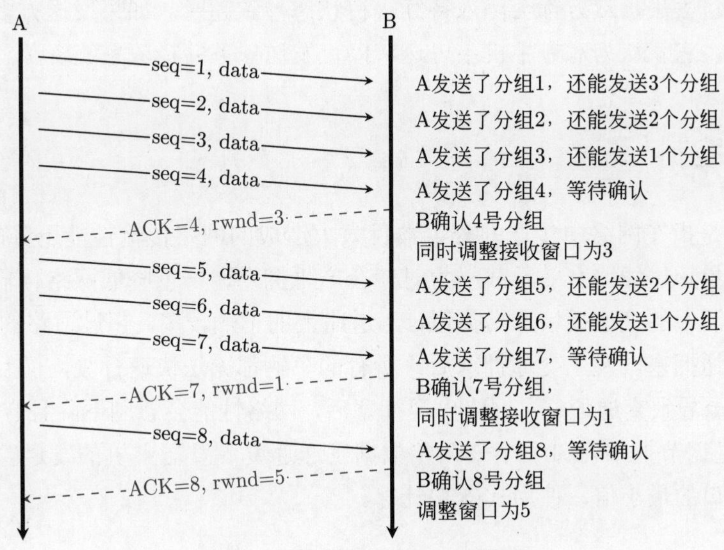

图 5.16 窗口与流量控制示例

应用程序，内存占用较多，系统对各个内存进行了重新分配，当前进程分配的空间被压缩，接收窗口减小到 3。于是主机 B 在发送回应数据包的时候，同时附加一个信息“$\text{rwnd} = 3$”，表示当前接收窗口调整为 3，如图5.16所示。

发送方 A 收到 B 的确认数据后，根据确认包中的 $\text{rwnd} = 3$ 调整自己的发送窗口值，将自己的发送窗口也调整为 3。然后向主机 B 连续发送三个分组（5，6，7），接着再次进入暂停状态，等待对方回应[9]。

接收主机 B 收到 3 个连续的分组后再次调整内存分配，接收窗口又被调整为 1。主机 B 发送回应包“$\text{ACK} = 7, \text{rwnd} = 1$”，表示 7 号分组已经正常接收，接收窗口调整为 1。

主机 A 收到上面的回应包后，按照 $\text{rwnd} = 1$，向主机 B 发送一个分组，然后停止等待。主机 B 收到数据后将接收窗口增大为 5，发送回应包“$\text{ACK} = 8, \text{rwnd} = 5$”，表示 8 号分组正常接收，告诉发送方下次可以发送 5 个分组。后面发送主机将连续发送 5 个分组给接收方。

上述示例展示了 TCP 使用接收窗口进行流量控制的基本原理。数据传输过程中，接收窗口可以动态调小也可以动态调大。当系统资源比较紧张时，接收窗口会被调小，当系统资源比较空闲时，接收窗口可以被调大。窗口越大，数据传输速度越快。通信双方的最大速度取决于双方最小的窗口值。例如，发送窗口 $= 3$，接收窗口 $= 4$，发送方发送 3 个分组就必须停下来等待确认，其传输速度只能达到 3 个窗口的速度。如果发送窗口是 4，接收窗口是 3，发送窗口大于接收窗口，发送方也只能发送 3 个就停下来等待确认。这种情况下，如果发送方连续发送了 4 个，第 4 个分组因为溢出，就会被接收方丢弃，实际有效传输仍然是 3。因此，数据传输过程中，实际传输的窗口数取决于双方的最小值，这个现象就类似木桶的短板效应，通信双方的通信能力取决于性能较差的主机。

TCP 窗口协议依靠接收方的回应来调节数据发送速度，以适应网络状态变化。但是，如果回应包丢失，双方都会陷入持续等待状态导致超时。如果发送方多次重复发送都得不到确认，它就认为对方主机不可达，停止发送任务并释放系统资源。

5.6 拥塞控制

网络拥塞是指在网络中传送的分组数目太大造成的网络传输性能下降的情况[10-11]。网络中传输总量超过线路有效承载能力时就会产生拥塞，严重降低网络传输性能。网络拥塞和现实生活中的交通拥堵非常类似，当道路上的车辆较多，超过道路的容纳能力时，就容易发生交通拥塞。发生交通拥塞后，所有的车辆都无法快速行驶，而且还容易发生交通事故，甚至导致交通瘫痪。网络出现拥塞后，网络性能会急剧下降且容易发生冲突。

TCP 通过调节拥塞窗口大小来调整数据发送速度，发送主机的发送窗口是拥塞窗口和接收方窗口的最小值，使用式(5.5)计算。

$$\mathrm{swnd} = \min(\mathrm{cwnd}, \mathrm{rwnd}) \tag{5.5}$$

TCP 使用慢开始算法控制网络流量，降低网络冲突发生的概率。慢开始指开始发送数据时，先使用较慢的速度发送数据。如果慢速发送的数据能够正确送达，说明信道通畅，后续可以逐渐提高发送速度。慢开始最初只发送 1 个分组，如果接收方能够正常接收，那么发送方就会提高发送速度，连续发送 2 个分组。如果对方还能正常接收，就继续提高窗口到 4 个分组。只要数据能够正常送达，发送方就会持续增大发送窗口，提高发送速度，直到发送速度达到或者超过系统设定的阈值。

慢开始的拥塞窗口 (cwnd) 与传输轮次 n 之间的关系如式(5.6)所示。可以发现，随着传输轮次增加，拥塞窗口 cwnd 以指数增加，值增加速度很快。慢开始的起始值虽然小，但是可以在较短的时间内提升到较高的值。

$$\mathrm{cwnd} = 2^n \tag{5.6}$$

如果拥塞窗口一直都按照指数增加，信道上数据增长会很快，网络中的数据分组会在短时间内超出信道承载能力并发生拥塞。为了防止拥塞窗口 cwnd 增长太快，过早地引起网络拥塞，TCP 设置了一个门限变量 ssthresh，当 cwnd>ssthresh 时，停止使用慢开始算法而改用拥塞避免算法，降低发送的加速度，延缓拥塞发生时间，减少拥塞次数。

慢开始的工作过程如图5.17所示。图5.17的横坐标是发送的轮次，纵坐标是拥塞窗口大小。其中，第 1 ~ 5 轮是慢开始阶段，发送方速度从最慢开始使用指数增加。开始时 cwnd = 1，门限值 ssthresh = 16。传输第 1 轮次，拥塞窗口为 $2^0 = 1$，传输第 2 轮次拥塞窗口为 $2^1 = 2$，第 3 轮次拥塞窗口增加到 $2^2 = 4$，第 4 轮次拥塞窗口增加到 $2^3 = 8$，第 5 轮次拥塞窗口增加到 $2^4 = 16$。

在第 5 轮次时拥塞窗口 cwnd = ssthresh = 16 达到了门限值，TCP 改用拥塞避免算法调节 cwnd。拥塞避免算法使用加法增加 cwnd，每次只增加 1，cwnd 增长的速度较慢。拥塞避免阶段，cwnd 值相对较大且能够持续较长时间，这样既能保证使用较高的速度传输数据，又能延缓拥塞发生时间。

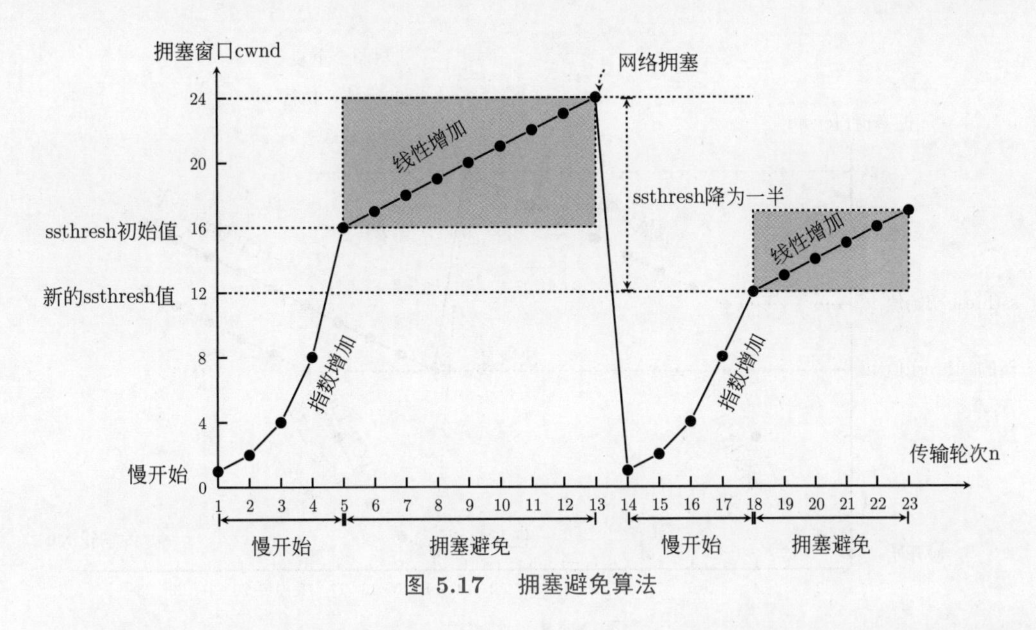

图 5.17 拥塞避免算法

即使采用慢增长算法降低了窗口的增长速度，窗口仍然在增长，一定时间后总会发生拥塞冲突。当网络发生了拥塞时，门限值 ssthresh 将减小到发生拥塞窗口 cwnd 的一半。如图 5.17所示，在第 13 轮次时，拥塞窗口值为 24，检测到拥塞后，发送方将门限值将修改为 ssthresh = cwnd/2 = 12，把拥塞窗口降至起始值 1。在第 14 轮次时 $\text{cwnd} = 1, \text{ssthresh} = 12$，TCP 重新启动慢开始算法提升发送速度。在第 18 轮次时，cwnd 本应该增长到 16，但是因为 16 大于阈值 ssthresh = 12，因此第 18 轮次时使用门限值 12 作为慢开始起始的拥塞值（cwnd=12）。从第 18 轮次开始，TCP 进入拥塞避免阶段，使用加法增加缓慢地增大 cwnd。

慢开始和拥塞避免是 1988 年提出的算法，该算法在传输效率和拥塞避免方面取得了很好的平衡[12-13]。但是，随着带宽的提高，数据冲突的概率不断降低，人们发现没有必要每次冲突后，速度都降到最慢的 1。于是在 1990 年，科学家对慢开始和拥塞避免算法进行了优化，称为快重传和快恢复[14]。该算法的工作原理如图5.18所示，其中的 TCP Reno 指优化后的快重传和快恢复版本，用实线表示。TCP Tahoe 版本是已经废弃不用的老版本，使用的拥塞控制协议，用虚线表示。图5.18中，第 14 轮时，老版本的算法是把 cwnd 降到最小 1，从慢开始阶段重新开发发送数据。然而快恢复算法的 cwnd 并没有降为 1，而是降为发生拥塞时 cwnd 的一半，然后使用加法增加算法发送数据。

对比两种算法的不同，可以发现在第 14 轮次后 Reno 算法的拥塞窗口明显大于旧版算法的拥塞窗口，意味着新版算法的传输速度比旧版算法的传输速度快。

快重传和快恢复是新版 TCP 中的核心方法，它设计了 3 个连续重复确认机制。当数据包丢失时，接收方需要发送 3 个重复的 ACK。例如，接收方收到 1 号数据分组后，它给发送方发送 1 号分组的确认，等待 2 号分组到来。如果 2 号数据分组迟迟不来，它就再次发送 1 号分组的确认包，提醒对方及时发送，如果还不来，它就第 3 次发送 1 号数据分组的确认包，继续催对方发送数据。在这种情况下发送方就会收到 3 个连续的重复确认。

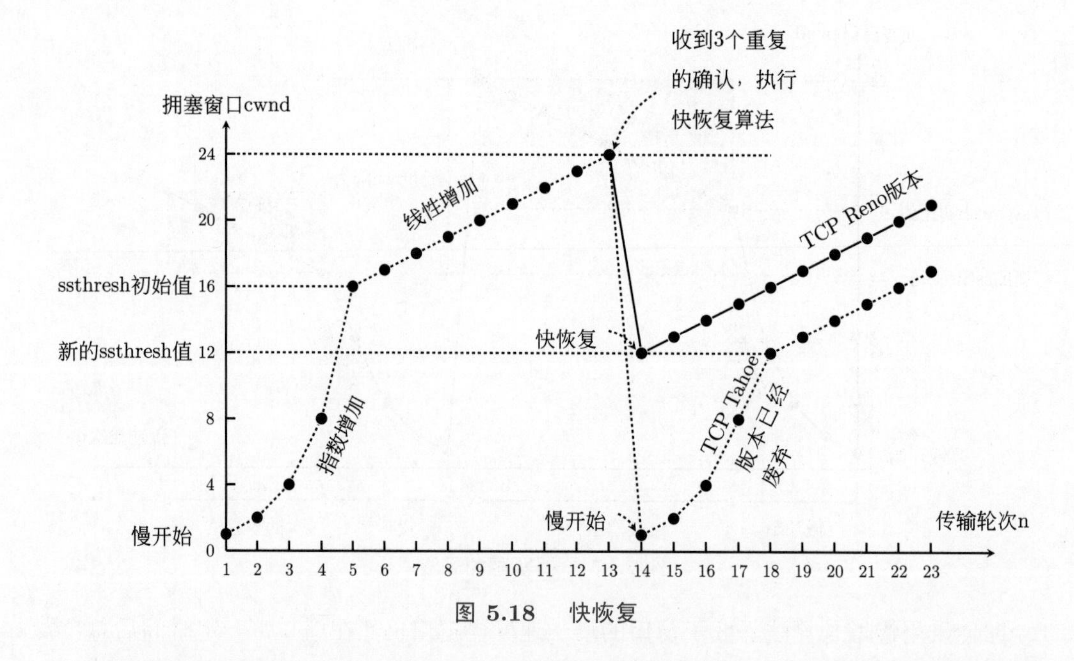

图 5.18 快恢复

网络的拥塞和交通拥塞非常类似，当道路上车辆较多时，车流速度就会变慢，体积较大的车辆如卡车和公交车很可能被堵塞难以移动，但是电动车、自行车的体积较小，它们可以穿插通行。小数据可以正常传输说明网络没有发生冲突，因此可以减少数据发送数量。快恢复算法收到 3 个连续的确认包时，它将拥塞窗口 cwnd 设置为发生冲突时 cwnd 的一半，降低了发送速度。只有当发生冲突时才会把拥塞窗口降为 1。快恢复算法通过降低网络中的数据量，减轻线路传输压力，缓解拥塞。实验表明，采用快重传和快恢复后可以使整个网络的吞吐量提高约 20%。

新版的快重传和快恢复算法的工作原理如图5.19所示。开始时，发送方的拥塞窗口 cwnd = 1。第 2～第 5 轮次中 cwnd 按照二进制指数进行增加，依次为 2，4，8，16。在第 5 轮次时，cwnd = 16 = ssthresh，为了避免增长过快导致拥塞，系统开始启动拥塞

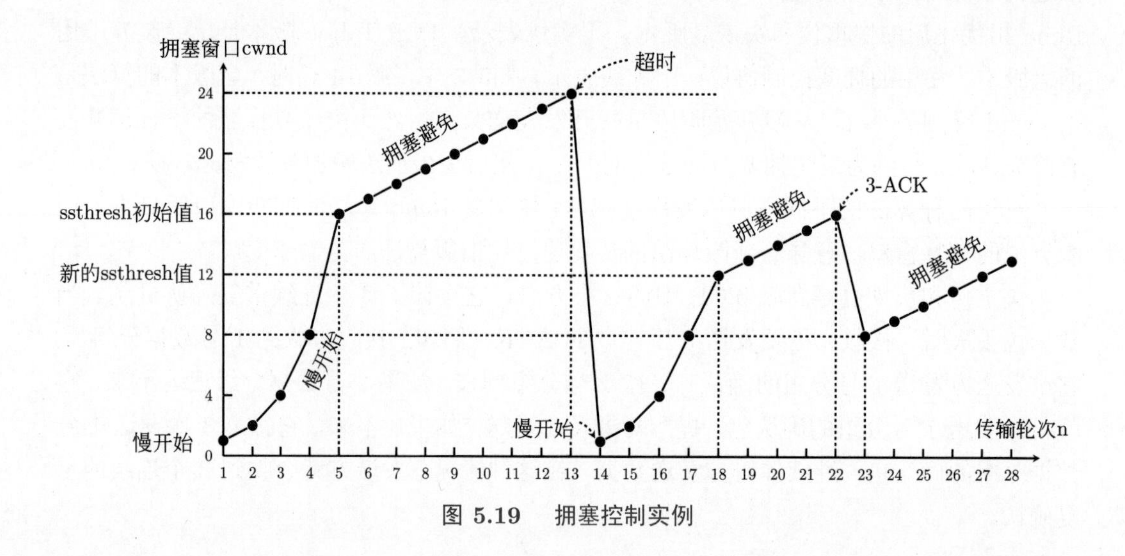

图 5.19 拥塞控制实例

避免算法，cwnd 每轮次只增加 1。在第 13 轮次时发送方等待超时，ssthresh 降为当前 cwnd 的一半 cwnd = 12，cwnd 降为最低 cwnd = 1。

第 14 轮次时，发送方启动慢开始算法，将拥塞窗口降至最低 1 发送数据。第 18 轮次时，cwnd 本应增长到 16，由于 16 大于 ssthresh = 12 值，发送方使用阈值 12 作为 cwnd 值发送数据，然后转入拥塞避免阶段。第 22 轮次时，cwnd = 16，此时，发送方收到了三个重复的确认包，系统启动快恢复算法，将 cwnd 降为原来（上一次发送时使用的 cwnd）的 1/2，设置 cwnd = 8，同时也将 ssthresh 也降为冲突时 cwnd 的 1/2。第 22 轮次时，发送方进入拥塞避免阶段，cwnd 按照加法缓慢增加。

5.7 习题

一、选择题

1. 发送方的窗口范围是 15~20，如果此时收到了一个确认包 $(\mathrm{ACK}=1, \mathrm{ack}=7)$，发送方会（ ）。

A. 丢弃这个数据包　　B. 把这个数据包广播出去
C. 重新发送第 7 号数据　　D. 从当前位置发送连续的 7 个数据分组

2. HTTP 服务的默认端口是（ ）。

A. 23　　B. 80　　C. 8080　　D. 443

3. 在操作系统中，（ ）打开一个端口。

A. 启动对应的软件
B. 利用防火墙
C. 所有的端口都由操作系统控制打开，用户不能操作
D. 打电话询问计算机制造商

4. 关于端口号的说法，下面正确的是（ ）。

A. 端口的范围是 0~65 535
B. 路由器按照端口来决定该如何转发数据包
C. 交换机使用数据包中的端口来转发数据
D. 主机根据端口号把网络数据交给不同的应用程序

5. 下面说法正确的是（ ）。

A. 主机发送 UDP 数据后，需要等待接收方的确认包
B. TCP 数据包中有目的端口号，UDP 数据包中没有目的端口号
C. 主机发送 TCP 数据后，需要等待接收方的确认包
D. 如果窗口 =500 B，则表示最多连续发送 500 B

6. TCP 采用（ ）来区分不同的应用进程。

A. 端口号　　B. IP 地址　　C. 协议类型　　D. MAC 地址

7. 简单邮件传输协议（SMTP）的默认端口是（　）。

A. 21　　B. 23　　C. 25　　D. 80

8. 以下协议中属于传输层的是（　）。

A. IP　　B. TCP　　C. ARP　　D. HTTP

9. 不使用面向连接传输服务的应用层协议是（　）。

A. SMTP　　B. FTP　　C. HTTP　　D. DHCP

10. TCP/IP 网络为各种公共服务保留的端口号范围是（　）。

A. 1~255　　B. 1~1023　　C. 1~2048　　D. 1~65 535

二、简答题

1. 描述三次握手过程，解释数据包中 ACK，ack，seq 的含义。

2. 如果发送方收到了一个确认包 $(\mathrm{ACK}=1, \mathrm{ack}=200, \mathrm{rwnd}=400)$ 表示什么意思？

3. 试分析三种 ARQ 的传输效率。

4. 试述流量控制与窗口的关系。

5. 描述门限值 ssthresh 的变化规律。

6. 超时后门限值 ssthresh 如何变化，收到三个重复的确认包后 ssthresh 如何变化。

7. 为什么传输超时时间不能大于 RTT？

8. 为什么要进行早期冲突检测？

9. TCP 的拥塞窗口 cwnd 大小与传输轮次 n 的关系如表5.3所示。

表 5.3　窗口与轮次

cwnd	1	2	4	8	16	32	33	34	35	36	37	38	39
n	1	2	3	4	5	6	7	8	9	10	11	12	13
cwnd	40	41	42	21	22	23	24	25	26	1	2	4	8
n	14	15	16	17	18	19	20	21	22	23	24	25	26

(a) 试画出窗口与轮次之间的关系曲线图，并标注 ssthresh。

(b) 指明 TCP 工作在慢开始阶段的时间间隔。

(c) 指明 TCP 工作在拥塞避免阶段的时间间隔。

(d) 在第 16 轮次和第 22 轮次时，发送方是收到了超时信号还是收到了三个重复的确认信号？

(e) 在第 1，18，24 轮次时，门限值 ssthresh 分别是多少？

(f) 第几个轮次发送出的第 100 个报文？

(g) 在第 26 轮次后如果收到了 3 个重复的确认，请问 cwnd 和门限 ssthresh 会被设置为多少？

5.8　参考资料

5.8　参考资料

第6章 应用层

本章要点

(1) 了解应用层架构中的 C/S 架构和 P2P 架构。

(2) 掌握 HTTP 工作的过程。

(3) 掌握 DNS 的查找过程。了解迭代查询和递归查询之间的异同点。

(4) 了解电子邮件传输过程以及相应的 SMTP、POP3。

(5) 了解 DHCP 的基本工作过程。

(6) 了解 BT 下载的基本原理。

6.1 应用层协议架构

在生活中，人们与计算机网络最直接的接触就是各种网络应用了。例如，大家每天都会通过浏览器上网看新闻或者购物。所谓“上网”，上的就是著名的万维网。另外，中国网民差不多每天都会使用微信、QQ 等即时通信工具（Instant Messaging，IM）聊天、联络。全世界的时尚年轻人都离不开 4G 技术带来的短视频和直播类应用，以及在线游戏。多如牛毛的网络应用在技术上，按架构（architecture）分，可以被分成两大类：客户端/服务器（Client-Server，C/S）架构和 P2P 架构。

1. 客户端/服务器架构

在 C/S 架构中，通信的双方被分成了两类，一类是客户端，另一类是服务器（如图6.1(a) 所示)。客户端软件通常运行在大家的手机或计算机上，一般来说，手机中的一个 APP[①]就是一个客户端。而在 PC 上最常用的客户端是浏览器，于是在 PC 机上的网络应用基本上都发展为浏览器/服务器架构（B/S 架构）了，它是 C/S 架构中最为常见的一种形式。

服务器软件通常运行在各个公司的服务器主机上，它一刻不停地监听着某个众所周知的端口，一旦有客户端发来服务请求，就会迅速做出响应。比如 Web 服务器就负责

① APP：英文 Application 一词的缩写，是“应用”的意思。

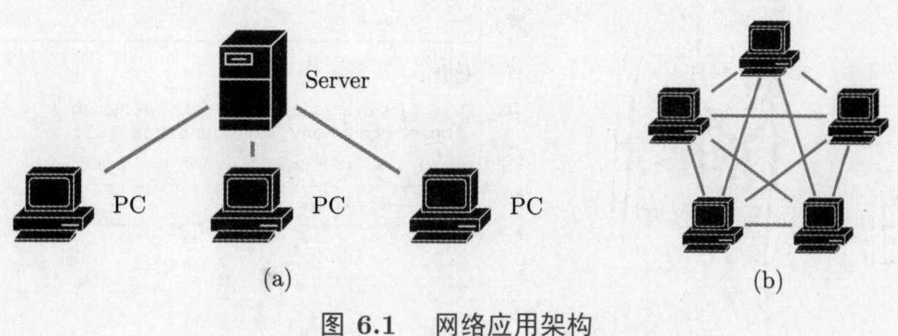

(a) (b)

图 6.1 网络应用架构

(a) 客户端/服务器架构；(b) P2P 架构

监听 80 端口。这种工作方式很类似于日常生活中的火警 119、匪警 110、急救 120 服务，它们都有自己独有的、众所周知的电话号码。类比电话网络会让我们想到，首先，端口号不能随意变化，就像 120 急救号码不能随意更改一样；其次，服务端的地址不能随意变化，否则下次使用时将找不到服务器。

2. P2P 架构

P2P 是 peer to peer 的缩写。peer 是身份、地位对等的意思。P2P 架构（对等架构）中，通信双方没有主次之分，也就是说，没有服务器与客户端之分，双方都叫 peer（如图6.1(b) 所示），这种架构对服务器的依赖很小或者根本就不需要服务器。常见的 P2P 应用有 BitTorrent、磁力下载和 PPStream 网络视频等。BitTorrent 的工作原理将在6.6节中详细介绍。

6.2 万维网和 HTTP

在 20 世纪 90 年代以前，计算机网络的用户主要是各大科研机构和高校的研究人员。那时还没有个人计算机的概念，他们通过登录远程计算机来完成文件传输、数据共享等操作。所以，只有具备相关专业知识和技能的人，才能享受网络所带来的便利。20 世纪 90 年代初期，就职于欧洲核子研究组织的蒂姆·伯纳斯–李（Tim Berners-Lee）博士（如图6.2(a) 所示）发明了万维网后计算机网络才逐渐进入人们的生活。那时欧洲核子研究组织有大量的研究数据需要共享，他和罗伯特·卡里奥合作提出了关于万维网的建议。在 1990 年的圣诞节，伯纳斯–李完成了万维网最重要的两个程序——浏览器和 Web 服务器——的编写。由于对万维网的重大贡献，2004 年，英女皇伊丽莎白二世向伯纳斯–李颁发大英帝国爵级司令勋章。同时他也获得了“万维网发明者”的美誉。在 2012 年伦敦夏季奥林匹克运动会开幕典礼上，他用一台曾经使用过的 NeXT 计算机，深情地输出了“This is for everyone”，同时在 Twitter 上发表，表达了万维网对世界的献礼（如图6.2(b) 所示）。

(a) (b)

图 6.2 万维网的发明者——伯纳斯–李博士

(a) 伯纳斯–李博士；(b) 伯纳斯–李博士的奥运推文

6.2.1 网页与超文本标记语言

在浏览器中输入网址打开一个网站，一个漂亮的页面就展现在眼前了。当然，也有不那么漂亮的页面，比如著名的“404 Not found”。所有这些漂亮或不漂亮的网页都是超文本标记语言（HyperText Markup Language，HTML）文件。在浏览器的地址栏输入网址之后，如图6.3所示，浏览器会向 Web 服务器发出一个请求，大意就是“我想看某网页”。一切顺利的话，很快服务器就会把该网页文件发过来。然后，浏览器把这个或简单或复杂的 HTML 文件以漂亮的形式显示在窗口里。

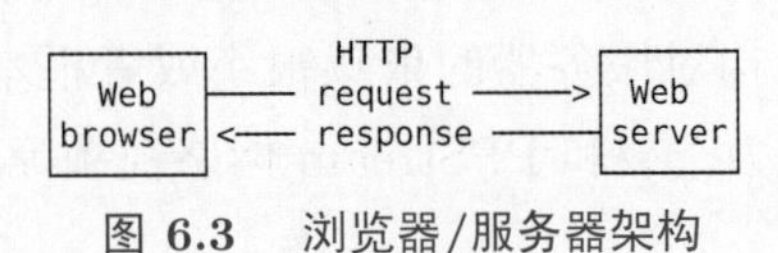

图 6.3 浏览器/服务器架构

HTML 是一种文本文件的格式。所谓“文本文件”，英文是 text file，也经常被叫作 plain text file（纯文本文件），或者 ASCII text file。对于英文来讲，text file 就是用 128 个 ASCII 字符写出来的文件，也就是我们常说的 .txt 文件。任何用文本编辑器（text editor）写出来的东西，比如 C/C++ 的源程序、网页文件，尽管并不是以 .txt 作为文件名的后缀，也都是文本文件。注意，Windows 用户所喜闻乐见的 MS-Word 和其他类似软件工具，如 WPS、LibreOffice 等，都不是传统意义上的编辑器，它们是文字处理器（wordprocessor），提供了设置字体、字号、颜色等功能。用这些工具写出来的文件（如.doc）都不是文本文件，要用专门的工具（如 MS-Word）打开，才能正常显示。如果用 text editor 打开，看到的就是乱码。

超文本，顾名思义，就是一种文本。说它“超”（hyper），是因为它支持 hyperlink（超链接），也就是在字里行间嵌入了一些可以用鼠标点击的“黑科技”。这黑科技就是传说中的 Markup Language（标记语言）。图6.4(a) 所示就是一个简单的 HTML 文件的例子。文件中带尖括号的东西，如 <h1>···</h1>，就是所谓的“标记”（tag），用来告诉浏览器该以怎样的形式把相应的内容展示出来。例如，套在 <h1> 和 </h1> 之间的“Hello, world!”会被浏览器以一级标题的形式显示出来，如图6.4(b) 所示；套在 <a href=···> 与 </a> 之间的东西就是 hyperlink，用鼠标点一下就可以跳转到另一个网页。不难看出，一个 HTML 文件由 head 和 body 两部分组成。Head 的内容通常不会显示出来，我们看到的网页主要是 body 中的内容。

```
<html>
  <head>
    <title>Hello, world!</title>
  </head>
  <body>
    <h1>Hello, world!</h1>
    <ul>
      <li>Here you can find <a
        href="https://www.google.com">the story of "Hello,
        world!"</a>.</li>
      <li>To get the source code of "hello" program in <a
        href="http://debian.org">Debian</a>,
        you can simply do:
        <pre>apt source hello</pre></li>
    </ul>
    Have fun!
  </body>
</html>
```

(a)

Hello, world!

- Here you can find the story of "Hello, world!".
- To get the source code of "hello" program in Debian, you can simply do:

```
apt source hello
```

Have fun!

(b)

图 6.4　HTML 文件示例

(a)HTML 源文件；(b) 网页显示效果

6.2.2　统一资源定位符

《中国互联网发展报告 2019》中显示，截至 2018 年底，我国网页数量多达 2816 亿[1]。那么，在浩如烟海的网页文件中，如何找到你想看的那一个呢？或者说，HTML 文件是如何在网络中被定位的呢？在浏览器中输入百度的网址时，会不会错误地把淘宝的页面显示出来呢？我们在浏览器中输入的网址就是用来定位这些 HTML 文件的，称为统一资源定位符（Uniform Resource Locator，URL）。URL 的一般形式如图6.5所示，其中包括协议（protocol）、主机（host）、路径（path）和查询条件（query）等几个部分。

$$\underbrace{\texttt{http}}_{\text{protocol}}://\overbrace{\texttt{en.wikipedia.org}}^{\text{host}}/\underbrace{\texttt{w/index.php}}_{\text{path}}\overbrace{?\texttt{title}=\texttt{Hello\&oldid}=\texttt{636846770}}^{\text{query}}$$

图 6.5　URL 示例

在浏览器地址栏中输入图6.5所示的 URL，实际上就是在说，我想要访问 en.wikipedia.org 这台服务器上的 w 目录下的 index.php 文件。index.php 文件是一个 PHP 程序，网站服务器会运行这个 PHP 程序，根据输入的查询条件“title=Hello&oldid=636846770”生成 SQL 数据库查询语句，去查询网站的后台数据库，然后利用数据库返回的查询结果生成一个 HTML 文件，交给前端的 Web 服务器。最后，Web 服务器把这个新鲜出炉的 HTML 文件发送给用户的浏览器。这一过程大致如图6.6所示。

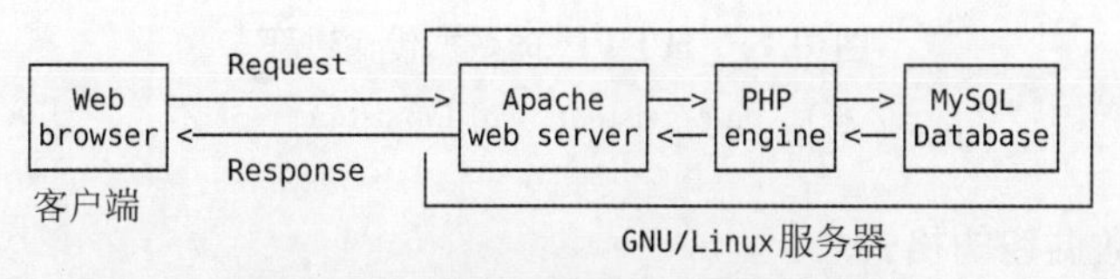

图 6.6　网站服务器的大致工作原理

一个网站服务器就是一套完整的计算机系统，它由若干硬件和软件组成。图6.6所

示的是目前最为流行的“软件全家桶”——传说中的 LAMP，它以其卓越的性能、超高的稳定性和安全性牢固地占据着网站服务器软件的绝大部分市场，成为开源软件的典范。

L: GNU/Linux 操作系统

A: Apache Web 服务器

M: MySQL 数据库

P: PHP/Python/Perl 编程语言

6.2.3 HTTP

URL 唯一地标定了互联网中的一个 HTML 文件。Web 服务器的工作就是从自己的系统里把用户（浏览器）想要的 HTML 文件找出来，并发送给它。浏览器与 Web 服务器之间通信所采用的协议就是超文本传输协议（HyperText Transfer Protocol，HTTP）。该协议的基本工作方式就是请求—响应（如图6.3所示）。

1. 单击网页链接之后

图6.7所示就是用户用鼠标单击链接之后所发生的事情。首先，浏览器的 DNS 功能模块会去找 DNS 服务器，以便把链接里的域名翻译成 IP 地址（详见6.3节）。得到 IP 地址之后，浏览器会把 IP 地址、端口号（80）告诉本机的 TCP 模块。于是，TCP 通过三次握手（详见5.3.1节）和 Web 服务器的 80 端口建立起连接。然后，浏览器利用建立好的连接向 Web 服务器发出 HTTP 请求，服务器把用户要的数据发送回来。再然后，服务器认为它完成了任务，于是向浏览器发了一个 FIN 包，拆连接（详见5.3.2节）。单击另一个链接，上述过程又会重演，这就是图6.7(a) 所示的场景。图6.7(b) 所示与之类似，不同之处在于服务器完成任务之后，并不拆连接，于是客户端可以利用同一连接向服务器发出多次请求，这就省去了每次单击之后都要通过三次握手建立连接的过程，很明显，节省了时间，提高了效率。

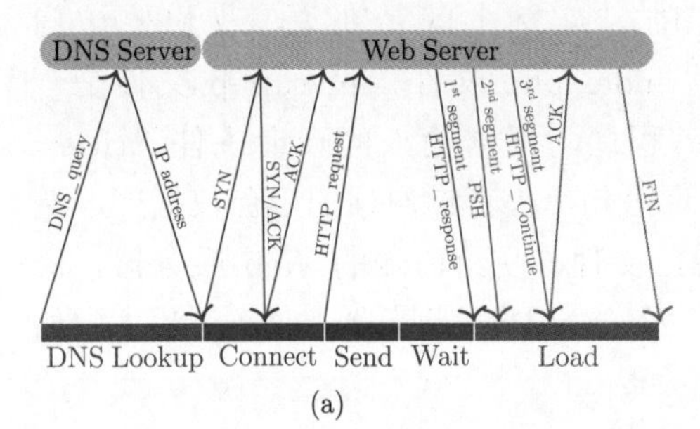

(a)

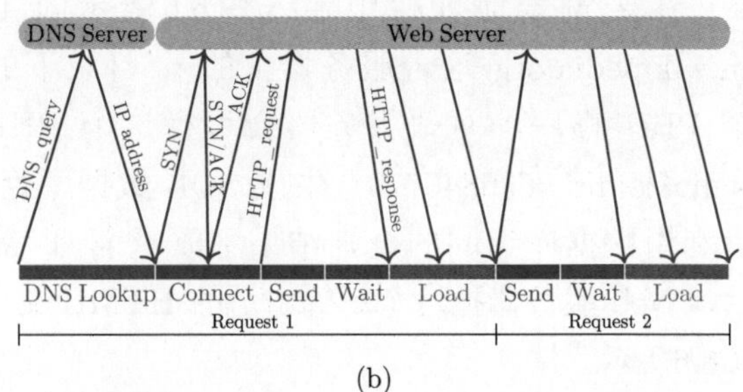

(b)

图 6.7 HTTP 的数据传输过程

(a) Non-persistent；(b) Persistent

2. HTTP 数据包的格式

打开一个 Unix 终端，输入如下命令：

```
$ curl -v cs6.swfu.edu.cn/index.html
```

Curl 是 Unix/Linux 平台上广受欢迎的命令行工具。在这里，我们用它向 Web 服务器（cs6.swfu.edu.cn）发送了一个 HTTP 请求。如果网络畅通的话，你会看到如图6.8(a) 所示的输出结果。整个请求包可以分成请求行（request line）、首部行（header line）和一个不能省略的空行（empty line）这三个部分。请求行中的“HTTP/1.1”是协议的版本号。HTTP 有多个版本，目前最为常用的是 1.1 和 1.0 版，2.0 版也已广泛应用，相信未来几年内就能成为主流版本。很显然，客户端和服务器双方要用同样版本的 HTTP，才能正常通信。

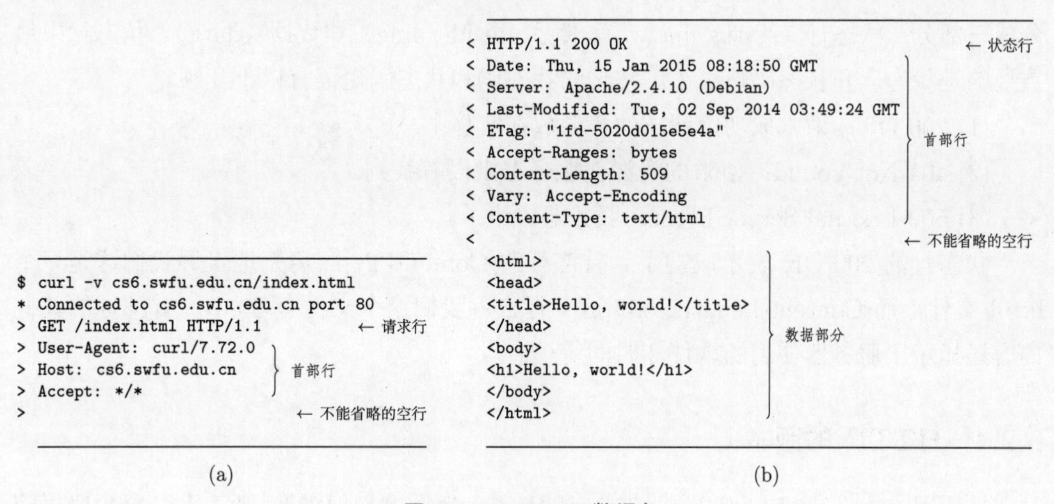

图 6.8 HTTP 数据包

(a) 请求；(b) 回应

请求行中的“GET/index.html”，一目了然，就是个 request，要“把/index.html 文件拿过来”。显然，GET 是客户端发给服务器的指令。常用的指令除了 GET，还有 POST、PUT、PATCH、DELETE、HEAD、TRACE 等。GET 是要从服务器上把文件拿过来，POST 是要把文件放到服务器上去。我们经常会在网页中输入点什么，比如用户名、密码，当我们敲“确定”按钮的时候，发出的就是 POST 指令，于是服务器才会收到你输入的用户名、密码。

请求行与空行之间的部分就是首部行，它的内容可多可少，但一定要和请求相关，于是服务器可以根据用户提供的细节信息，提供更靠谱的服务。比如，图6.8(a) 所示的请求指令是 GET，那么，在 header 里就可以说“Accept: text/html”，意思是我只想看到 HTML 格式的文件。如图6.8(a) 所示，“Accept: */*”，表示什么格式的文件我都愿意接收。另外那两行：

User-Agent: curl/7.72.0 告诉服务器是谁，于是服务器可以根据浏览器的不同对回应做出相应的调整；

Host: cs6.swfu.edu.cn 这一句貌似多余，的确，在 HTTP/2 中已经不需要它了。在 HTTP/1.1 中，它的作用是告诉服务器用户想访问的 host 是哪一个。现在的 Web 服务器大都支持虚拟主机（virtual hosting）功能，一个网站可以有多个域名，访问不同的域名可以看到不同的网页。因此，指明 host 是有必要的。

Curl 是用于分析 HTTP 数据包的小工具，它发出的请求很简单。但是，如果你用 google-chrome 或者 firefox 之类的浏览器来上网，首部行就要丰富得多了。比如：

(1) 如果你只想看到英文文件，那么可以加上“Accept-Language: en”;

(2) 如果你希望服务器不要在处理完请求之后就断开连接，可以“Connection: keep-alive”。

服务器收到 HTTP 请求后，会从自己的硬盘里把用户想要的文件找到，封装在 HTTP 响应数据包中，返回给浏览器，HTTP 响应数据包的格式如图6.8(b) 所示。它也分成三部分：状态行（status line），首部行（header line）和数据（data）。状态行中最重要的是状态码和状态码短语了。常见的状态码和状态码短语有以下几项。

(1) 200 OK：请求成功，请求的资源放在实体中。

(2) 404 Not Found：请求的资源在服务器上没有找到。

(3) 500 Internal Server Error：服务器出错了。

状态行的 200 OK 表示成功了。首部行的 Content-Type 清楚地告诉我们这是一个 html 文件，而 Content-Length: 509 这一行告诉我们这个文件有 509B。首部行的其他内容还显示了服务器使用的软件和时间等信息。

6.2.4 HTTP 的版本

HTTP 最早的版本是 0.9，诞生于 1991 年，作者就是伯纳斯–李本人。整个协议的描述在 *The Original HTTP as defined in 1991* 一文中[2]。这篇文章算是 HTTP 的雏形，描述了建立连接、请求、响应和最后断开连接的过程。

1. HTTP 1.x

在 HTTP 工作组（working group）的领导下，1996 年 1.0 版本的 HTTP 正式发布了。这个版本的协议是在 0.9 版本上增加了一些首部信息以及一些多媒体等方面的东西而形成的。我们现在使用的协议很大程度上就是 1.0 版本确定的。这个版本的 HTTP 目前仍然在使用，而且浏览器也是支持的。

在 20 世纪 90 年代，随着 Web 的蓬勃发展，1.0 版本的不足凸显了出来，越来越不能满足大家的要求了。在 HTTP 工作组的领导下，1997 年新的 1.1 版本的 HTTP 发布了。随后其经过一些改进，于 1999 年形成了正式 1.1 版本的 HTTP。这也是目前使用最为广泛的版本。

相比于 1.0 版本，1.1 版本改进了 HTTP 的性能，默认使用持久连接来传输数据。同时支持将传输内容进行压缩后再发送，这样极大地节省了网络带宽。最后必须提的是 1.1 版本在首部行中加入了 Host 字段。通过不同的 Host 字段，服务器就知道现在访问的是哪个网站了。所以一台服务器就可以同时存放多个网站，不需要一个网站一台服务器了。这种技术称为“虚拟主机”：在服务器上划分一个空间给用户使用，这个空间使用起来像是一台完整的服务器。

2. HTTP/2

2.0 版本的协议来得有些晚，在 2015 年 3 月才正式确认。它最初来源于 2012 年 Google 的 SPDY。为什么会有 HTTP/2 这个版本呢？从版本号来看，这是一次比较大的改进。

在 1996 年发布的，描述 HTTP 1.0 规范的 RFC 1945 只有 60 页，但是描述 HTTP/1.1 规范的 RFC 2616 就一下增长到了 176 页。由此细节可以看出 HTTP/1.1 有点过于庞大和复杂，实际中似乎用不到这么多功能。

相比于 HTTP 1.x，HTTP/2 的主要改进如下。

1) HTTP/2 是二进制协议

在 HTTP 1.x 数据包格式中，可以清楚地看到使用“200 OK”这样的字符来表示请求成功。这种表示方式对我们是比较友好的，很容易看明白。但是对于计算机来说可就没那么好处理了。比如 OK 小写呢？或者 200 这个状态码和 OK 之间有多个空格呢？如果变成用 00 两个比特来表示成功，计算机对请求成功与否的解析就很容易了：检验到数据包的前两个比特是 00，则请求成功。通过二进制的头部来表示成功与否，不但可以解决文本表现形式多样性的困扰，还提高了效率并增强了协议的健壮性。

2) 速度的提升

以前受限于网络的带宽，网页通常以文字为主，图片也相对较少。而现在网页承载的多媒体也越来越多，不但有图片还有音乐视频等。这样导致了单个网页的体积也越来越大。在 HTTP/1.1 中，由于没有充分利用 TCP 的性能和对延迟的敏感，导致这些网页的加载就相对慢些。HTTP/2 通过多路复用等技术，提高了请求的并发性，使得网页的加载更加快。大家可以使用 Chrome 浏览器访问 https://http2.akamai.com/demo 网站。该网站分别采用 HTTP/1.1 和 HTTP/2 来加载一幅由 379 张小图片拼成的地球画面，以此让人直观感受到两个协议的速度差别（如图6.9所示）。

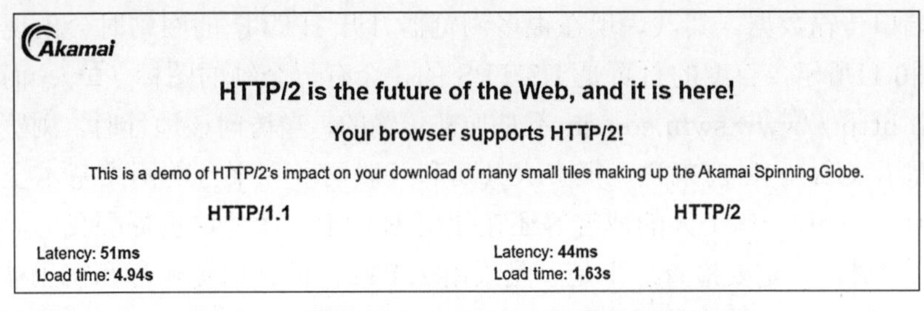

图 6.9 HTTP/1.1 和 HTTP/2 的速度对比

3) 服务端推送

HTTP/1.1 的基本工作是请求—响应方式。这也意味着必须有相应的请求数据包，服务器才能应答请求。整个过程中服务器是不能主动给浏览器发送数据的。这样单向的数据流动在网页聊天，直播互动时特别不方便。要解决类似的问题，在 HTTP/1.1 中一般是通过程序（JavaScript）间隔一段时间后不断发送请求，拉取新的数据来实现的。有了 HTTP/2 的服务器推送就好办了。比如，在网页聊天中，好友的新消息就可以主动发送给我了。

3. HTTPS

从图6.8(b) 所示的例子中可以看出，HTTP 的响应报文中封装的就是 HTML 文本，它是没有加密的。这显然很不安全，比如，利用抓包软件，我们可以轻松抓取富豪的网银登录密码、信用卡号、身份证号等。HTTPS 的诞生解决了这个问题。如图6.10(b) 所示，超文本传输安全协议（HyperText Transfer Protocol Secure，HTTPS）在应用层与传输层之间设计了一个夹层，即安全套接字层（Secure Socket Layer，SSL）或传输层安全协议（Transport Layer Security，TLS），并用它对数据进行加密、解密处理。

应用层/HTTP
传输层/TCP
网络层/IP
链路层/MAC
物理层/PHY

(a)

应用层/HTTP
SSL/TLS
传输层/TCP
网络层/IP
链路层/MAC
物理层/PHY

(b)

图 6.10 HTTP 和 HTTPS 的对比

(a) HTTP；(b) HTTPS

HTTPS 比 HTTP 多了个 secure。HTTPS 也经常被称为 HTTP over TLS 或 HTTP over SSL。SSL/TLS 在 OSI 参考模型的应用层与传输层之间[①]，负责数据的加密、解密工作。SSL 诞生于 1995 年，到 2015 年就光荣退休了。TLS 是 SSL 的升级替代版，从 1999 年开始逐步接手 SSL 的工作。到 2018 年，TLS 已经升级到了 1.3 版。我们现在用的都是 TLS，但老网民们还是习惯性地称其为 SSL。

那么怎么知道网站使用的是 HTTP 还是 HTTPS 呢？首先，普通的网站的 URL 是以 http://开头的，服务器监听在 80 端口。而 HTTPS 加密的网站是以 https://开头的，通过 443 端口传输数据。其次，现在很多浏览器打开 HTTP 的网站时会出现不安全的提示，如图6.11所示，百度的首页是 HTTPS 的，会有一个锁的图标（🔒）；而西南林业大学的网站 http://www.swfu.edu.cn 不是加密传输的，当访问该地址时，浏览器会出现不安全的提示（⚠）。目前来说，很多大公司和互联网各大平台的网站基本全部采用了 HTTPS 通信。只有一些个人的博客等还在使用 HTTP。此外这也提醒我们，当登录网银等重要账户时，一定要检查一下是不是采用 HTTPS 的，以免账号和密码被泄露。

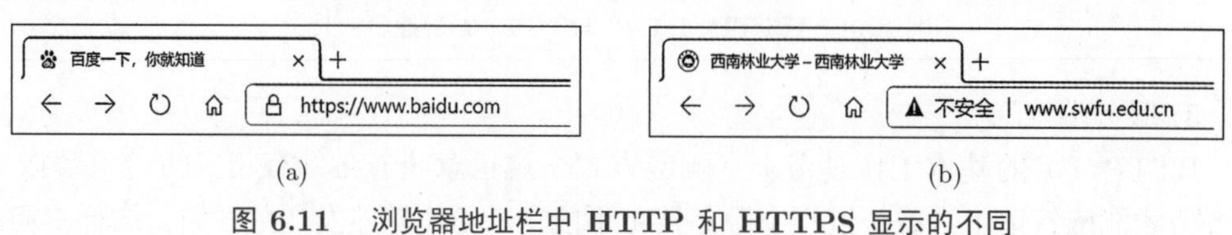

图 6.11 浏览器地址栏中 HTTP 和 HTTPS 显示的不同

(a) HTTPS；(b) HTTP

---

① 实际上，SSL/TLS 在七层模型中的位置颇令人踌躇，因为它兼具表示层、会话层和传输层的一些功能。从软件设计的角度来看，传输层及其以下各层软件通常都被囊括在操作系统内核之中，而应用层网络协议都存在于“应用软件”之中。目前为止，我们还没看到谁把 SSL/TLS 放到操作系统内核里，所以，尽管它具备一些传输层的特征，我们还是更倾向于把它归入“应用软件”的范畴，说它介于应用层与传输层之间。

HTTPS 是怎样对传输内容进行加密的呢？当然是利用某种加密算法对原始信息进行处理，把它变成没人能看懂的东西。当接收方拿到变换的内容后，用相应的解密算法解密之后就可以知晓原来的内容了。还有一个问题，服务器需要和每个用户协商加密算法和密钥，那么如何避免协商过程中发生泄密呢？HTTPS 的解决方案如图6.12所示。

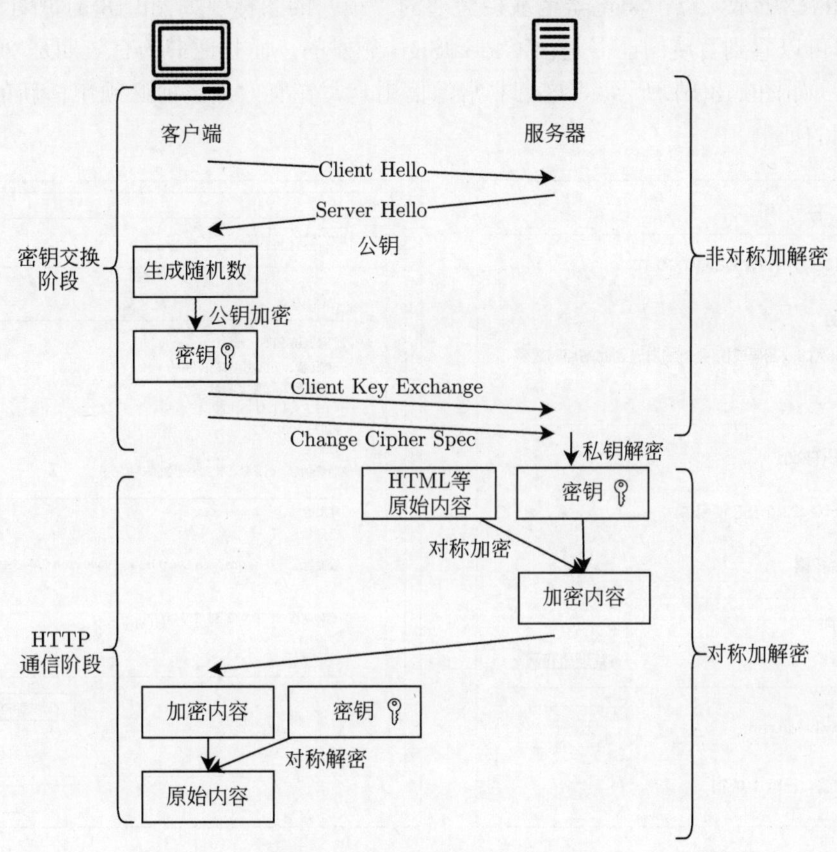

图 6.12　**HTTPS 的工作过程**

整个 HTTPS 加、解密的过程涉及了不少密码学的知识，本书将其简化为两个阶段。

首先是密钥交换阶段，服务器收到客户端的 Hello 握手报文之后，将自己的公钥（public key）通过 Hello 握手报文发送给客户端。客户端生成一个随机数，用服务器的公钥将其加密后，再发给服务器。服务器收到后用自己的私钥（private key）解密后，得到后续通信所需的密钥（客户端生成的随机数）。这个密钥交换的过程用到了非对称加密（asymmetric encryption）。简单来说，非对称加密在加密和解密时采用两个不同的密钥，一个是公钥（public key），另一个是私钥（private key）。公钥是公开的，用于加密；而私钥是不公开的，用于解密。

第二个阶段是 HTTP 的正常通信阶段。客户端和服务器交互的整个过程和普通 HTTP 是一样的，只是对传输内容进行了加密，而且是对称加密（symmetric encryption），即双方采用同一个密钥进行加、解密。采用的密钥就是前面密钥交换阶段所获得的密钥。

最后 HTTPS 还有一个小小的细节：密钥交换阶段中客户端怎么知道服务器的公钥是合法正常的呢？HTTPS 的解决办法是请第三方公证。第三方公证会给每个 HTTPS 的网址颁发一个证书，用于客户端验证。常见的证书颁发机构有比如 VeriSign、Symantec 以及 GlobalSign 等。

如图6.13所示，点击浏览器地址栏旁边的“锁”的图标（如图6.13(a) 所示），选择证书，就可以看到百度的证书是由 GlobalSign 颁发的，而且证书的有效期是 2021 年 7 月 26 日（如图6.13(b) 所示）。这个非常像信用卡，在有效期之前必须申请新的证书来替换过期的证书。

(a)

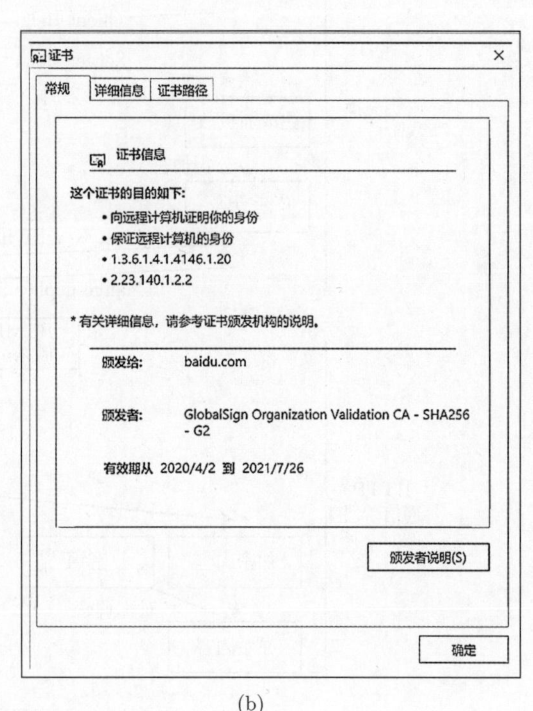

(b)

图 6.13 在浏览器中查看 HTTPS 证书

6.3 域名系统

在第 4 章中我们介绍过，为了便于记忆，IPv4 地址被表示为以“.”分割的 4 个十进制数，比如 192.168.8.8。IPv6 的地址很长，表示为以“:”（冒号）分割的一长串十六进制数，比如：

```
3ffe:ffff:0100:f101:0210:a4ff:fee3:9566
```

这样的表示方式看起来很烦琐，但比起二进制来已经简化了很多。二进制 IP 地址如下所示。

```
IPv4 地址:    11000000101010000000100000001000
IPv6 地址:    0011111111111110111111111111111100000000100000000
              1111000100000001000000100001000010100100111111111
              1111111011100011100101010110 0110
```

计算机中真正用到的 IP 地址都是二进制的，因为机器（也就是 CPU）只认二进制数，而且中间不带任何分隔符。但用户很难在浏览器地址栏里输入这样的地址。为了简化输入，专家们才推出了十进制和十六进制的 IP 地址格式，可是这仍然难以记忆。为了方便用户，专家们很快就又有了新办法：给每个计算机起一个名字，这就是传说中的“域名”。比如 39.129.9.40 的域名就是 cs6.swfu.edu.cn。IP 地址很像人们的身份证号码，而域名就像是人们的名字。一个人只能有一个身份证号，但却可以有多个名字，比如学名、网名、笔名、艺名等。同样，一个计算机的 IP 地址也可以对应多个域名，比如 www.qq.com 和 qq.com 就是同一个服务器的两个名字。所不同的是，现实生活中，我们的身份证号码一般是固定不变的，但名字（理论上讲）却可以经常更改。在网络世界中，服务器的域名因为要众所周知，所以不宜变动，而 IP 地址却可以经常变化。

除了方便记忆，域名的另一个好处是，如果服务器的 IP 地址发生了变化，用户是不必知道，也不受任何影响的。比如，我们的 cs6 服务器，它曾经的 IP 地址是 202.203.132.241。只要“众所周知”的域名不变，地址如何变化都对用户毫无影响，所以也不需要劳神费力地去昭告天下。

有了名字是方便了记忆，但毕竟计算机只认二进制的东西，所以肯定还要有配套措施能把域名翻译成 IP 地址。翻译这种事情，专家们轻车熟路，查字典即可，比如4.3.4节中讲过的 ARP 地址解析，实际上就是用查字典的方式实现的。只不过这字典（ARP 表）是保存在 RAM 里面的，一掉电就没了，所以为了能动态生成、管理 ARP 表，才发明了 ARP。现在，域名与 IP 地址之间的翻译，与 ARP 的工作情形极其类似，而且比 ARP 更简单，因为这个“域名解析表”可以存放在硬盘里，即便关机也不会丢失。其之所以能放在硬盘里，是因为服务器的 IP 地址和域名是不常发生变化的。

如果你用过 Unix 系统，对/etc/hosts 文件应该不会陌生。用 cat 命令来看看它的内容：

```
$ cat /etc/hosts
```

```
------------------------------------------屏幕输出 ------------------------------------------
1  127.0.0.1       localhost
2  39.129.9.40     cs6.swfu.edu.cn      cs6
---------------------------------------------------------------------------------------------
```

这就是一个/etc/hosts 文件，里面只有简简单单的两行。hosts 文件可以有很多行，每一行至少要有两列，第一列是 IP 地址，第二列是与之对应的域名。域名可以有不止一个，于是就有了第三列、第四列……放的都是域名。域名可以自己随便取，如 cs6。当然，自己取的域名肯定都不是“官方的”，官方的域名通常是要花钱买的，比如 cs6.swfu.edu.cn。既然花了钱，那肯定要比非官方域名更好用。的确，如果你的计算机（通常是有公网 IP 的服务器）有一个官方域名，那么世界上任何一台联网的计算机都可以通过这个域名找到你的服务器。反之，如果某个域名是你自己随便给的，如 cs6，那么，只有你自己可以通过这个域名访问到 39.129.9.40 这个服务器。这样可以简化输入。正常情况下，如果要远程登录到 cs6，必须：

```
$ ssh user@cs6.swfu.edu.cn
```

而在/etc/hosts 文件里添加了那条记录之后，只要“ssh user@cs6”就可以了。其实，这里真正用的命令是“mosh cs6”，因为本地和远程两边的用户名一样的话，可以省略不写，而且 mosh 在大多数情况下比 ssh 更好用。

“古代”的域名解析真的就是靠/etc/hosts 文件，一是因为简单，二是因为当年联网的计算机数量有限，hosts 文件的行数也就没有多少。当年，一台计算机如果要联网的话，管理员先要去找 NIC 登记注册，NIC 会给计算机一个公网 IP 和域名。也就是说，NIC 负责维护一个全球共享的 hosts 文件，里面记录了所有联网计算机的信息。各个计算机的管理员要每天去 NIC 的网站下载这个文件的最新版。

20 世纪 80 年代，互联网迅猛发展，网络上的服务器数量暴增，hosts 文件的缺陷就暴露了出来。一方面，文件越来越大，那么文件检索的速度肯定越来越慢。而且文件无限胀大，硬盘也受不了；另一方面，文件更新越来越频繁，大家都去找 NIC 下载、同步，网管们嫌烦，NIC 的服务器也吃不消。是时候该考虑一下像 ARP 那样的数据自动更新机制了。这新机制就是传说中的 DNS。

6.3.1 域名系统的结构

域名系统的组织管理采用的是树状层级结构，如图6.14所示。类似的管理情形我们已经见过不少了，如邮政地址的国家–省–市–区–街道–门牌号分级管理，电话号码的国家号–省区号–局号–机号的分级解析，再如4.6节中讲过的 CIDR 分级路由，以及 Unix 文件系统的目录树，全都是树状分级管理。

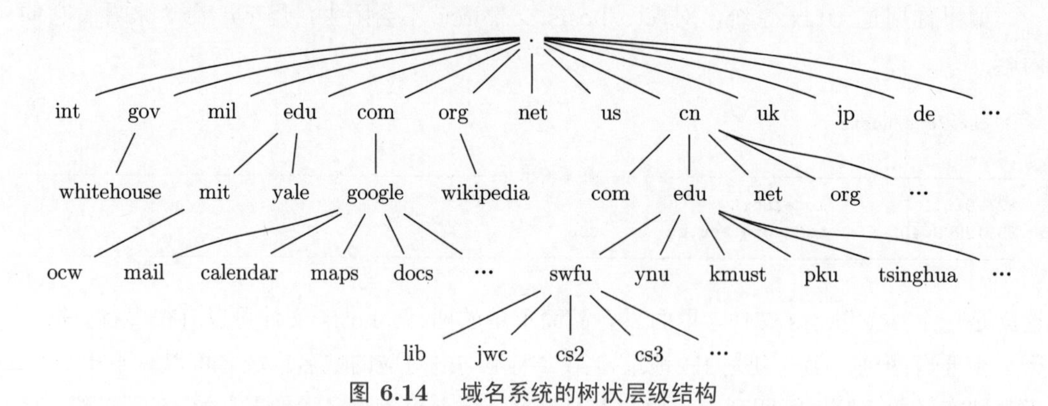

图 6.14 域名系统的树状层级结构

所谓“域名”，顾名思义，当然是“域”的名字。域名树中的每个树叉就是一个域。其中最大的树叉叫顶级域（Top-Level Domain，TLD）。每个顶级域下面会有很多小树叉，也就是二级域。每个二级域下面的小树叉自然就是三级域了。树上的每个节点都有一个标签（label），根节点（root node）的标签就是一个点“ · ”。节点的数量是无限的。但 RFC 1035 中规定，一个域名的总长度不能超过 255 字节（包括标签之间

的“ · ”），而且域名中每个标签的长度至少 1 字节，至多 63 字节[3]。根节点是个例外，它的标签（null label）长度为 0[4]。有了这些限制，你可以自己算算域名最多能有多少级①。

顶级域分两类，一类代表组织机构（generic TLD, gTLD），如 net, org, edu, com 等；另一类代表国家或地区（country code TLD, ccTLD），如 cn, jp, tw, hk, us, uk, de 等。目前 TLD 的数量有 1500 多个。顶级域的域名由 ICANN。统一管理，不能随便玩，但要申请一个二级域名并不困难。找你的 ISP（如中国电信）先查一下你钟情的域名是否已经被人注册了，如果没有，就赶紧花钱买下，浩瀚的互联网宇宙里又诞生了一颗新星……

整棵域名树本质上是一个分布式数据库（distributed database），里面存放的都是关于网络主机的信息，其中最主要的信息自然就是域名和 IP 地址了。理论上讲，我们可以把整棵树的全部域名信息都存放在根节点里，让它响应任何其他节点发来的查询请求。但这种集中式管理分明就是 hosts 文件的翻版，风险大，效率低，万一根节点服务器出了问题，整个互联网就瘫痪了。既然 DNS 系统采用树状层级管理，那么把域名数据库化整为零，分散到各层级当中去，自然顺理成章了。

如图6.15所示，整个域名空间（整棵树）被划分为互不交叉的若干个区域（DNS zone）。一个区域的覆盖范围有多大并不一定，这完全取决于该区域管理者（域管）的想法。域管通常倾向于将管理权限下放，比如，edu.cn 的域管通常会鼓励下属的各个院校搭建自己的域名服务器，管理各自的内部 DNS 工作。edu.cn 就像大领导，只要了解几个直接下属的工作就行了。于是，下面的 swfu, ynu, pku 等大学都自成一域，用自建的 DNS 服务器来管理自己的域。

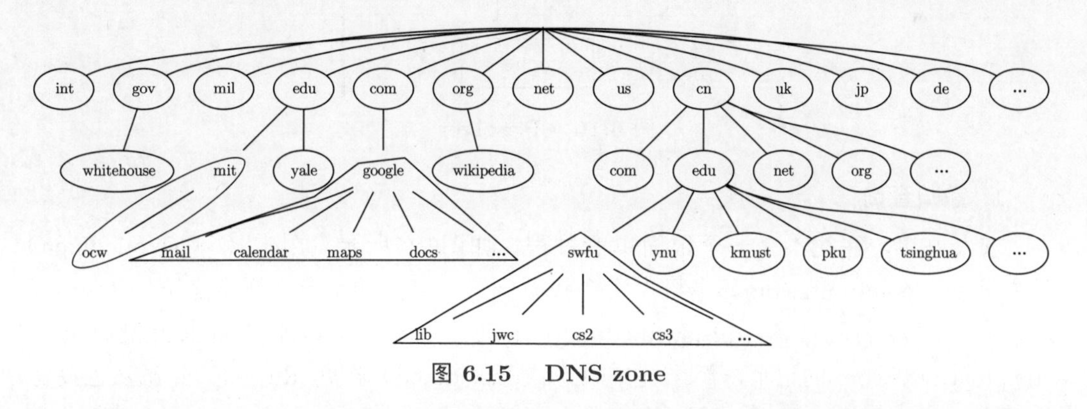

图 6.15 DNS zone

树中的每个节点，毫无疑问，肯定要存放和自己直接相关的 DNS 信息。如此化整为零，就有效解决了集中式数据库（hosts 文件）无限膨胀所造成的问题。但如果我的小数据库（比如 swfu 的 DNS 服务器）里没有用户要找的信息，怎么办？DNS 协议就是为了应付这种情况而设计的，下面就来介绍它的工作原理。

① 127 级，一个无人能企及的深度。

6.3.2 域名解析的过程

前面我们一直在说 DNS 服务器，那么客户端呢？没有。严格说，是没有独立存在的 DNS 客户端软件。为啥？因为没必要，DNS 的工作很简单，无非是找到一个域名对应的 IP 地址而已。所以，DNS 客户端是以功能模块的形式存在于每一个网络应用程序之中的。这个小功能模块叫 Resolver。对编程感兴趣的同学可以打开终端，输入并执行命令：

```
$ man 3 getaddrinfo
$ man 3 getnameinfo
```

看看这些函数的手册。Resolver 的工作大致如图6.16所示。应用程序，如浏览器，要访问某个网址的话，做的第一件事情就是调用 Resolver 里的函数，让它帮忙找到目标域名所对应的 IP 地址。Resolver 秉持“求人不如求己”的原则先去自己的缓存（cache）里找，找不到的话，再去/etc/hosts 文件里找（图6.16中未画出这一步）。实在找不到的话，就只好向远端的 DNS 服务器求助了。

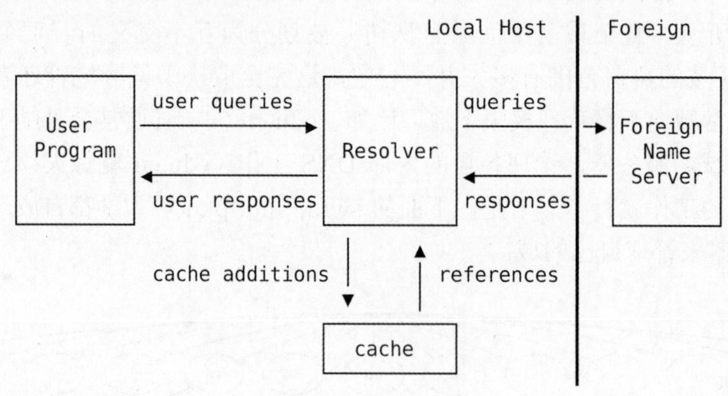

图 6.16 Resolver

1. 递归查询

求人办事，往往不是一个很简单的过程。如图6.17所示，用户（cs6.swfu.edu.cn）要访问 sale.plant.nuts.com。本机上实在找不到这么奇葩的记录，无奈之下，Resolver 只好向本地域名服务器 (dns.swfu.edu.cn) 求助。不幸，本地服务器上也没有关于 sale.plant.nuts.com 的记录，于是，它向上级（dns.edu.cn）求助。dns.edu.cn 虽然也没有关于 sale.plant.nuts.com 的记录，但是它知道这个域名属于 almond.nuts.com 辖下，于是向它发出查询请求。almond.nuts.com 也没有关于 sale.plant.nuts.com 的记录，但是它知道该域名归 pack.plant.nuts.com 管辖，于是向它查询。最终，pack.plant.nuts.com

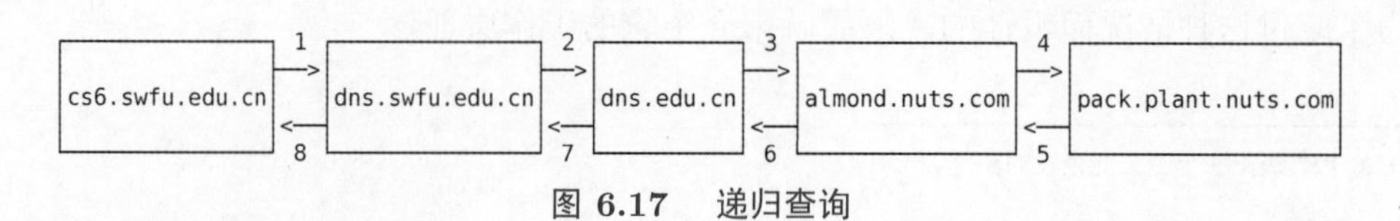

图 6.17 递归查询

从自己的数据库里找到了关于 sale.plant.nuts.com 的记录，于是，答案被依次传送回最初的查询者（cs6）。

很容易看出来这是个递归（recursive）的过程。递归是很常用的编程技术，指一个函数调用它本身。图6.17所示的例子，表面上看，是 A→B→C→D→E，而不是 A→A→A→A→A。并没有函数调用它本身，但本质上还是递归，因为递归的一个重要特性就是层层嵌套。从编程的角度来说，递归的好处是简单，代码少，写一个函数就能不停地使用；坏处是耗内存，函数每调用一次，都要压栈。层层嵌套、层层压栈，很可能造成栈溢出的。图6.17所示的例子虽然不是编程，但也同样存在内存占用的问题。图6.17中参与递归的任意一个服务器，比如 dns.edu.cn，接收到了查询请求之后，如果不能马上回复，那么必然要把这个请求临时缓存下来，然后再去骚扰下一个服务器。在得到答复之前，那一部分内存都要被这个请求占用着，不能释放。如果 dns.edu.cn 工作很忙，同时收到的查询请求很多，那么被临时占用的内存就越大。为了避免内存耗尽的风险，除递归之外，DNS 服务器都支持另外一种查询方式——迭代（Iterative）查询。

2. 迭代查询

图6.18所示是一个“递归 + 迭代”查询的例子。用户（浏览器）向本地服务器查询，采用的是递归方式。而本地服务器对外查询，采用的是迭代方式。本地服务器收到浏览器发来的请求，处理不了，于是将用户请求缓存下来，再去询问上级服务器。上级（dns.edu.cn）也不知道 sale.plant.nuts.com 的 IP 地址，但知道该去问谁。只不过它自己懒得问，于是传给 almond.nuts.com 就完事了。almond 又传给 pack.plant.nuts.com。dns.swfu.edu.cn 被传了若干次之后，终于从 pack 那里得到了答案，并将它发送给用户浏览器。

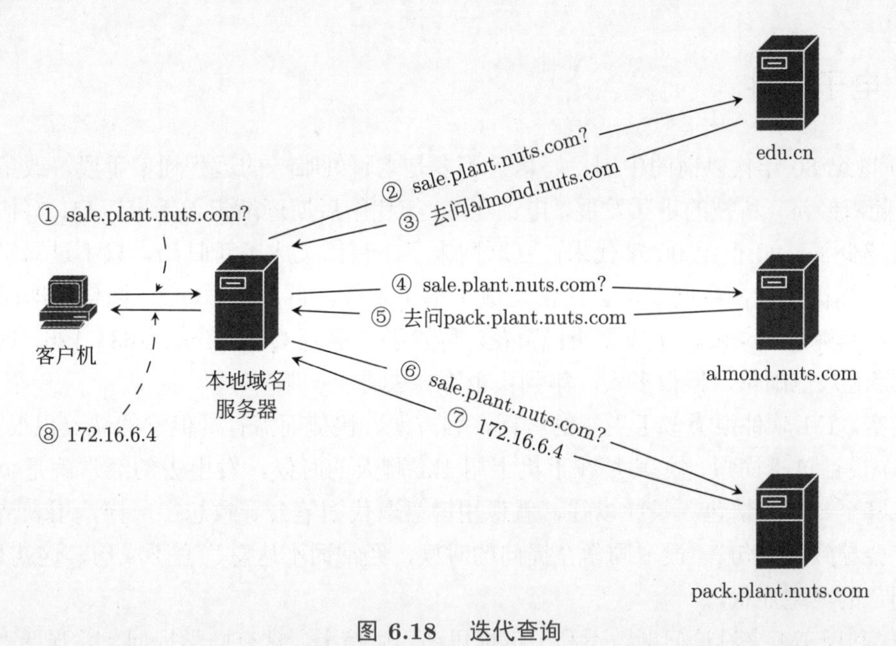

图 6.18　迭代查询

采用迭代查询可以避免递归方式的缺陷，减轻上级服务器的压力，只是本地服务器

（dns.swfu.edu.cn）要做出一些牺牲，不厌其烦地去各衙门上访。但是本地域名服务器通常只负责一个局域网内部的解析请求，与整个因特网比较，工作压力还是非常小的。同时，本地域名服务器通常具有缓存功能，一旦成功解析了一个域名，就会把该域名和其对应的 IP 地址保存在本地，当有其他用户查询同样的域名时，本地域名服务器可以直接把结果发送给它，快速、高效。

3. 根域名服务器

从上面的查询过程，我们可以总结出一条工作经验：凡是不知道的事情，问上级。如此一级一级地问上去，最终肯定要问到“树根”上。可见，根域名服务器是最重要的，它几乎可以解析所有的域名。可以说根域名服务器是整个计算机网络的基础设施之一。在早期全球只有 13 台 IPv4 根域名服务器，这 13 台服务器的名称从 a.root-servers.net 一直到 m.root-servers.net，一个为主根服务器在美国，其余 12 个均为辅根服务器，其中美国 9 个；欧洲 2 个，分别位于英国和瑞典；亚洲 1 个，位于日本。

ICANN 负责把顶级的域名分配给根域名服务器，而早期美国商务部对这份顶级域名清单有最后准驳权。所以国际社会一直在争夺 ICANN 的管理权，主张 ICANN 的联合国化。例如 2005 年，欧盟提出将域名管制权从 ICANN 和美国商务部手中转移到联合国下属的政府间组织当中，即 ITU 领导的“互联网治理工作组”。

借助 IPv6 网络地址分配的机会，我国率先加入了 2015 年 ICANN 提出的“雪人计划”（Yeti DNS Project）中。2016 年在美国、日本、印度、俄罗斯、德国、法国等全球 16 个国家完成 25 台 IPv6 根域名服务器的建设，其中 1 台主根和 3 台辅根部署在中国。“雪人计划”作为一个实验项目，目的并不在于完全改变互联网的运营模式，而在于为真正实现全球互联网的多边共治提供一种解决方案。

6.4 电子邮件

20 世纪 80 年代以前的中国，写信差不多是老百姓唯一的远程通信手段。改革开放之后，随着经济、科技的迅猛发展，电话在 80 年代中后期逐渐走入千家万户，写信的人就越来越少了。20 世纪 90 年代末，互联网来了，写信又成了新时尚，只不过写字的笔换成了计算机键盘，我们发出去的信变成了电子邮件。再后来，QQ、微信等即时通信工具越来越流行，e-mail 又成了明日黄花。尽管手里攥着 QQ、sina、163、126、yahoo、gmail 等七八个邮箱，但很多人一年到头也不会去看上一眼。

其实，IM 软件很类似于当年的电话，因方便、快捷而流行。但它的缺点也很突出。

(1) 说话过于简短，尤其是在手机上用 IM 聊天的时候，发出去的经常就是个把关键词，甚至一串表情包。长此以往，就像用键盘取代钢笔会导致忘字一样，用表情包取代文字会导致“忘句”。很多同学在提问的时候，经常词不达意、言不成句，这就是 IM 重度用户的典型症状。

(2) 利用 IM 来讨论问题，不利于审慎思考。微信上，常有同学提问，并强调“在线等”。事起仓促，答问者无暇深思，只得草草作答。提问者看到答案的字数还不如问题多，满头雾水，又问出若干关键字。如此关键字来，关键字去，满屏刷出的只是“浮躁”二字，有何质量可言？

(3) 聊天记录通常不能永久保存，今天得到的答案，下次需要时就找不到了，不利于知识、经验的积累。

这并不是说 IM 一无是处，不同的工具有不同的应用场景。IM 很适合用来聊家常、打发时间，用来发通知也勉勉强强，但要用来探讨严肃、认真、重要、复杂的问题，就很不合适了。上面那些 IM 的缺点，反过来看，也正好就是 E-mail 的优点，不赘言。

6.4.1 简单邮件传送协议

其实，“收发 e-mail”这个说法在技术上是错误的，至少是不严格的，因为简单邮件传送协议（Simple Mail Transfer Protocol，SMTP）只解决“邮件传输”的问题。这很类似于现实生活中的邮政服务，你把信扔到信筒里，邮递员（邮政系统中的一环）会把它取走，并最终放到收件人的信箱里，邮政服务至此就结束了。也就是说，邮政服务只负责传输邮件。至于你如何把信放到信筒里，是亲自动手，还是请人代劳，收件人如何打开邮箱，何时打开邮箱，如何查看邮件，或不查看邮件，这完全是用户自己的事情，和邮政服务无关。世界上并没有“发送和接收邮件”的邮政服务。

互联网的“上古时代”简单而美好，有个 SMTP，就可以鸿雁传情了。每个 e-mail 用户都是 Unix 用户，而每个 Unix 机器里都有一个 e-mail 服务器。所谓“发邮件”，就是在终端输入命令，把要说的话交给邮件客户端。

```
$ echo I love you | mail my.girlfriend@where.edu
$ # 或者
$ cat long-love-letter | mail whoever@where.com
```

所谓“收邮件”，无非是打开“/var/mail/whoever”文件看一眼。也就是说，收、发这两个动作都是在计算机系统内部完成的，和网络无关。整个工作过程如图6.19所示[5]。

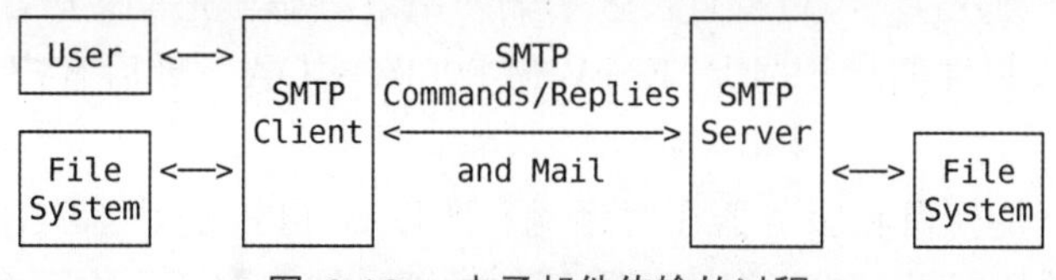

图 6.19　电子邮件传输的过程

现在做个小实验，仔细看看这个简单的邮件传输协议的工作过程。在 Debian GNU/Linux 系统里，打开终端，输入并执行命令。

```
$ nc cs6 smtp
```

然后，就可以利用 SMTP 和 cs6 系统上的 SMTP 服务器说话了。下面就是聊天过程，其中以“C:”开头的行是客户端输入的 SMTP 指令；以“S:”开头的行是服务器的

SMTP 回应。不知道有哪些指令可以先输入 help 向服务器求助。然后，服务器会把它所能听懂的指令都列出来，如下所示。

```
AUTH STARTTLS HELO EHLO MAIL RCPT DATA BDAT NOOP QUIT RSET
HELP
```

只有 12 个指令，而且还是增强型 SMTP（ESMTP），的确是个很简单的协议。

```
S: 220 cs6.swfu.edu.cn ESMTP Exim 4.94 Tue, 22 Dec 2020
   18:02:57 +0800
C: help
S: 214-Commands supported:
S: 214 AUTH STARTTLS HELO EHLO MAIL RCPT DATA BDAT NOOP QUIT
   RSET HELP
C: helo debian
S: 250 cs6.swfu.edu.cn Hello debian [42.245.234.9]
C: mail from:<wx672@debian>
S: 250 OK
C: rcpt to:<wx672@cs6.swfu.edu.cn>
S: 250 Accepted
C: data
S: 354 Enter message, ending with "." on a line by itself
C: Hello from home
C: .
S: 250 OK id=1kreWM-008ROx-QA
C: quit
S: 221 cs6.swfu.edu.cn closing connection
```

在 HELP 之后，客户端又输入 HELO（HELLO 的缩写）指令向服务器打招呼，接着用 MAIL 和 RCPT 指令告诉服务器发件人和收件人是谁。整个过程中服务器的回应采用“状态码”（status code）附加英文解释的形式。接着，客户端使用 DATA 指令表示要开始写邮件的正文了。服务器应答以 354 状态码，并告诉客户端，正文输入完成后，要另起一行，输入“.”，再换行，表示输入结束。在写完正文后，服务器回以 OK，并告诉客户端，该邮件的标识号是 1kreWM-008ROx-QA。最后客户端以 QUIT 指令退出。

整个过程是不是就像和服务器在对话呢？所以 SMTP 的基本工作过程就是客户端和服务器双方通过使用规定的指令进行对话的过程。细心的话，你会发现“发件人”的地址可以是伪造的！SMTP 并不介意 wx672@debian 这个凭空捏造的 e-mail 地址。也就是说，在网络世界里，也是可以发送“匿名信”的。

到这里，这个小实验还没结束。下面，还要远程登录到 cs6 服务器上去看看收件箱里有没有新东西。执行 ssh cs6 mail 命令，看到的输出结果如下：

```
Mail version 8.1.2 01/15/2001. Type ? for help.
"/var/mail/wx672": 1 message
> 1 wx672@debian Tue Dec 22 18:04 15/409
```

```
Message 1:
From wx672@debian Tue Dec 22 18:04:13 2020
Envelope-to: wx672@cs6.swfu.edu.cn
Delivery-date: Tue, 22 Dec 2020 18:04:13 +0800
Content-Length: 16
Lines: 1

Hello from home
```

匿名信收到了。

6.4.2 Webmail

SMTP 的简单是有前提的，首先，你得是个 UNIX 用户；其次，你的 UNIX 系统要装 e-mail 服务器；最后，你的 UNIX 系统需要有个公网 IP。这三个前提条件在“古代”属于“标配”，因为那时候没有个人计算机，大家都是用公家（公司、学校、机关、单位）的 UNIX 系统，公网 IP 和 e-mail 服务器都不用自己操心。但到了 80 年代中后期，PC 机开始普及，就遇到了新问题。PC 机在家里，Unix 在单位，怎么把单位邮箱里的邮件拿到家里来呢？UNIX 用户首先想到的肯定是 telnet，利用它远程登录到单位的 UNIX 系统，自然就可以查看邮件了。这办法真的很不错，但不适用于所有人，因为毕竟不是每个 PC 用户都有 UNIX 账号。实际上，随着互联网的普及，越来越多的家庭有了 PC 机，越来越多的非专业人士变成了网民，而他们甚至都没听说过 UNIX，怎么为他们提供 e-mail 服务呢？于是，基于万维网的电子邮件服务（Webmail）便应运而生了。的确，绝大多数网民没听说过 UNIX，但他们都知道 hotmail.com，gmail.com，mail.yahoo.com，mail.163.com, mail.qq.com 等这些 Webmail 网站，利用它们，打开浏览器就可以方便地收发邮件了。

一个典型的 Webmail 服务器，如图6.20所示。其中 CGI[①]是接口程序，POP3 和 IMAP4 就是所谓“收邮件”的协议，IMAP4 比 POP3 更强大，也更复杂些，通常 Webmail 服务都同时支持这两种协议。后面我们再对它们做详细介绍。现在，先来看看 Webmail 的大致工作流程。

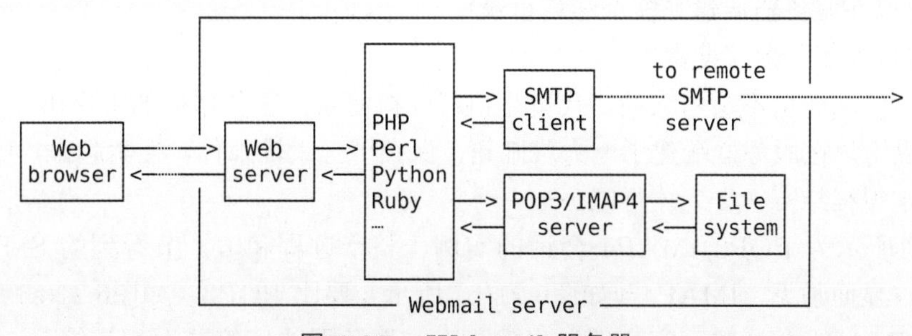

图 6.20 Webmail 服务器

① CGI：Common Gateway Interface，是一个用于把 Web 服务器和后台运行的其他服务（比如数据库、文件系统）联系起来的接口程序模块。通过它，Web 服务器可以更方便地利用系统资源为用户提供更丰富的服务。理论上讲，CGI 程序可以用随便哪个编程语言来写。目前来看，PHP、Python、Ruby 程序比较流行。

用户打开浏览器访问 Webmail，如 gmail.com，输入用户名、密码之后，Web 服务器会自动调用 CGI 程序向后台的 POP3 或者 IMAP4 服务器发出查询指令。服务器遵命去文件系统里查找，看看有没有新邮件，然后把查询结果反馈给客户端（也就是 CGI 程序）。CGI 程序依据反馈结果临时生成一个页面，交给前台的 Web 服务器。Web 服务器再把它发送给浏览器，收件箱（Inbox）的页面就展现在用户眼前了，里面通常会列出若干新邮件的标题。

当用户单击某个新邮件标题的时候，一个 HTTP 请求又被发送给远端的 Web 服务器。Web 服务器把这个请求交给 CGI 程序，于是 CGI 程序又向 POP3/IMAP4 服务器发话“把某邮件的内容找给我”。POP3/IMAP4 服务器又去文件系统里读取该邮件的内容，并交给 CGI 程序。CGI 把邮件内容包装在一个新页面里，交给前台的 Web 服务器。Web 服务器把它发给浏览器，于是用户看到了邮件正文的页面。

当用户收到邮件后需要回复时，可以单击“回复”按钮。Web 服务器会迅速调用 CGI 程序，生成一个撰写邮件的页面。注意，这一步没有 POP3/IMAP4 什么事。当用户写完正文按下“发送”按钮后，Web 服务器收到命令，赶紧调用 CGI 程序，向 SMTP 服务器发出连接请求。三次握手之后，把这封信从 25 号端口发了出去。CGI 程序生成一个“发送成功”的页面交给 Web 服务器，进而发送给浏览器。

6.4.3 POP3/IMAP4

由以上过程可知，POP3/IMAP4 的工作并不复杂，无非是从客户端（通常是 CGI 程序）接收指令，然后依照指令对文件系统里的特定文件（邮件）进行列表、统计、读取、删除等操作[6-7]。

POP3 相对简单，功能也略嫌粗陋。与之相比，IMAP4 要高大上一些，提供了更丰富的功能，例如：

(1) 支持离线操作；

(2) 多个客户端可以同时访问同一个邮箱；

(3) 可以选择性地只获取邮件的一部分；

(4) 邮件的状态信息可以保存在服务器端；

(5) 可以在服务器端建立多个邮箱目录；

(6) 可以在服务器端搜索等。

但是这些功能也不是白来的，代价是协议变得复杂，服务器端的工作压力加大。想想看，如果用户在服务器端建了一大堆邮箱，保存了一大堆邮件，搜索起来，硬盘狂转，服务器一定得很结实（贵）才行吧……

图6.21所示为 POP3/IMAP4 会话的实例。整个过程和 6.4 节看到的 SMTP 会话十分类似。显而易见，IMAP4（如图6.21(b) 所示）要比 POP3（如图6.21(a) 所示）复杂些。在 IMAP4 会话中，客户端发出的指令与服务器的应答前面都带编号，如 a001, a002 等，这是因为 IMAP4 允许多个客户端同时访问同一邮箱，而且还支持离线操作，那么就要考虑，如何有序管理大量因离线而被延迟的信息，以及如何区分不同客户端与服务器之间的会话等。

```
$ nc cs6 110
  +OK Dovecot ready.
C: user myusername
S: +OK
C: pass mypassword
S: +OK Logged in.
C: stat
S: +OK 3 459
C: retr 1
S: +OK 146 octets
   The full text of message
   1
C: dele 1
S: +OK message # 1 deleted
C: retr 2
S: +OK 155 octets
   The full text of message
   2
C: dele 2
S: +OK message # 2 deleted
C: retr 3
S: +OK 158 octets
   The full text of message
   3
C: dele 3
S: +OK message # 3 deleted
C: quit
S: +OK Logging out.
```

(a)

```
$ nc cs6 143
  * OK Dovecot ready.
C: a001 login myusername mypassword
S: a001 OK Logged in.
C: a002 select inbox
S: * FLAGS (/Answered /Flagged /Deleted /Seen /Draft)
S: * OK [PERMANENTFLAGS (/Answered /Flagged /Deleted
   /Seen /Draft /*)] Flags permitted.
S: * 15 EXISTS
S: * 0 RECENT
S: * OK [UIDVALIDITY 1174505444] UIDs valid
S: * OK [UIDNEXT 184] Predicted next UID
S: a002 OK [READ-WRITE] Select completed.
C: a004 fetch 1 full
S: * 1 FETCH (FLAGS (/Seen) INTERNALDATE "16-Oct-2011
   22:40:55 +0800" …)
S: a004 OK Fetch completed.
C: a006 fetch 1 body[text]
S: * 1 FETCH (BODY[TEXT] 55
S: hello, there!
S: )
S: a006 OK Fetch completed.
C: a007 logout
S: * BYE Logging out
S: a007 OK Logout completed.
```

(b)

图 6.21 POP3/IMAP4 会话

(a) POP3；(b) IMAP4

要考虑的问题还很多，有兴趣的同学可以去查阅 RFC 3501。

6.4.4 电子邮件的数据包格式和多用途互联网邮件扩展

电子邮件的数据包格式也像 HTTP 的数据包格式一样分成两部分：头部和邮件实体。两者通过一个空行分开。头部由很多行组成，其中的 From 和 To 行是必需的。类似于表明邮件标题的 Subject 行是可有可无的。

```
From: "xiaohong" <xiaohong@qq.com>
To: "xiaoming" <xiaoming@sina.com>
Subject: a testing email
Date: Wed, 17 May 2019 9:08:29 -0400
Message-ID: <96xu7XD1N.xiaohong@qq.com>

This is a testing email.
```

细心的读者可能会发现，在与 SMTP 邮件服务器交互时是不能输入中文的。这是由于 SMTP 只支持 7 比特的 ASCII 编码。但是为什么我们发送的邮件不仅可以有中文，还能发送图片，甚至视频呢？这里就必须说到 Base64 编码了，它会将中文、图片这些内容以二进制的字节序列数据编码成只包含 ASCII 字符序列的文本。所以无论是中文还是图片，经过编码后都成了 7 比特 ASCII 编码能表示的内容，符合 SMTP 的要求。但是一封图文并茂的邮件到了接收端就成了一堆 ASCII 字符，Windows 用户只感觉自己的计算机收到了病毒。

所以问题来了，怎么知道哪些字符代表文字，哪些字符代表图片呢？这时，多用途互联网邮件扩展（Multipurpose Internet Mail Extensions，MIME）就发挥作用了。简单来讲，MIME 会明确地指出哪些字符是文字，哪些字符是图片。区分之后，将它们反编码，就可以还原出原来的内容了。

有了 MIME，一封邮件的数据包就会是下面的样子。其中在头部加入了重要的两行：MIME-Version 行和 Content-Type。MIME-Version 的值是 1.0，表明采用的是 1.0 版本。Content-Type 行有两个值，用分号分割。multipart/mixed 表示邮件内容包含多个部分。boundary=String 表示各部分之间用“String”这几个字符来分割。当然，这里的“String”可以是随便什么字符。

```
From: "xiaohong" <xiaohong@qq.com>
To: "xiaoming" <xiaoming@sina.com>
Subject: a testing email
Date: Wed, 17 May 2019 9:08:29 -0400
Message-ID: <96xu7XD1N.xiaohong@qq.com>
MIME-Version: 1.0
Content-Type: multipart/mixed; boundary=--Boundary-String--

--Boundary-String--
Content-Type: text/plain

This is a testing email.

--Boundary-String--
Content-Type: image/jpeg
Content-Transfer-Encoding: base64

PGh0bWw+CiAgPGhlYWQ+CiAgPC9oZWFkPgogIDxib2R5Pgog
ICAgPHA+VGhpcyBpcyB0aGUgYm9keSBvZiB0aGUgbWVzc2Fn
ZS48L3A+CiAgPC9ib2R5Pgo8L2h0bWw+Cg==
```

有了分割的边界（--Boundary-String--），就不难看出整个邮件有两部分：一部分是文本，另一部分是一张图片。它们是通过 Content-Type 来指明的。我们来仔细看一下图片部分。Content-Type 的值 image/jpeg 告诉我们这是一张 JPEG 格式的图片，同时 Content-Transfer-Encoding 告诉我们这张图片是用 Base64 编码的。这两行过后再空一行，就是这张图片 Base64 编码后的 ASCII 字符了。

6.5 DHCP

通常学院机房就是整个中国社会的缩影——老龄化严重。于是，为了与频繁的掉线做斗争，同学最先记住的就是以下两个命令。

```
$ ip a
$ sudo dhclient
```

前一个命令是 ip address show 的简写，用来查看 IP 地址。当无法获取 IP 地址时，就输入并执行后一个命令，找 DHCP 服务器要一个新的。DHCP，用于自动分配 IP 地址、网关路由器、DNS 服务器等网络配置信息，以便计算机可以连接到网络并进行通信。

6.5.1 DHCP 的工作过程

如图6.22所示，DHCP 服务器的工作过程可以分成四步。

1. DHCP DISCOVER

当一台计算机连接到一个新的网络，它可以利用 DHCP DISCOVER 数据包来询问本网络中谁是 DHCP 服务器。显然，这必须是一个广播问询，目标地址是 255.255.255.255，因为它还不知道服务器在哪儿。那么，源地址呢？很显然，还没有，但是没有源地址就无法填写“信封”，写不了信封，就无法封装数据包。前面在 4.2.2 节中，说过全 0 的 IP 地址，代表“这个网络上的这个主机”，现在正是要用到它的时候了。源地址写 0.0.0.0 就好。

2. DHCP OFFER

DHCP DISCOVER 这个广播数据包会被本网络中的所有计算机收到，当然包括 DHCP 服务器。于是，服务器就会回应一个 DHCP OFFER 数据包，告诉人家自己的 IP 地址。同时，这个数据包中也包含了准备分配给那台计算机的 IP 地址。

3. DHCP REQUEST

在上一步的响应数据包中已经包含了 DHCP 服务器分配的 IP 地址，现在要再次敲定一下。于是客户端，也就是新加入网络的计算机，会发送 DHCP REQUEST 数据包给服务器，说“我就使用这个 IP 了，没问题吧？”。

4. DHCP ACK

最后 DHCP 服务器会确认这个请求，说“好的，这个 IP 就给你用，限时 3600s。”

在这个例子中，我们做了些简化，只描述了 IP 地址的分配过程。在最后一个 DHCP ACK 数据包中还包含有网关、子网掩码和 DNS 服务器等信息[8]。

6.5.2 DHCP 数据包在网络层和链路层的广播

在 DHCP 工作的过程中，第一个 DHCP DISCOVER 数据包是广播发送的，目的地址是 255.255.255.255，为什么不是 192.169.0.255 呢？因为这台计算机启动后还不知道自己是在 192.169.0.0 还是 172.16.1.0，或者其他的什么网络中，所以只能采用 255.255.255.255 作为目的地址了。

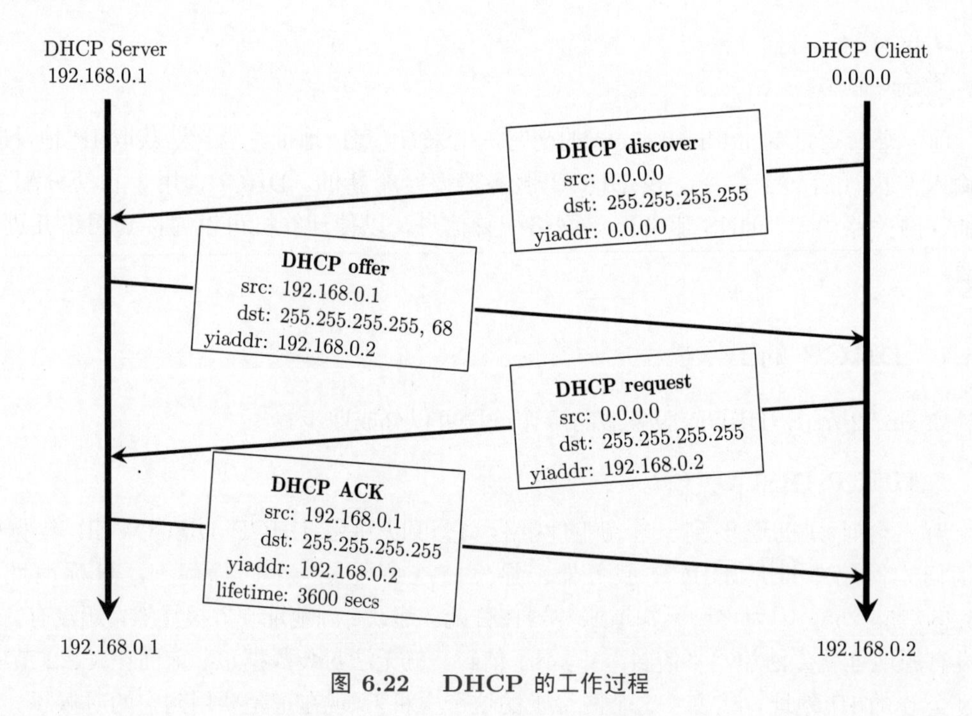

图 6.22 DHCP 的工作过程

计算机有了 IP 地址和网络掩码之后，才可以通过两者相与，算出网络地址，进而在网络地址的基础上，将主机比特全部置 1，就有了类似于 192.169.0.255 这样的广播地址。这种广播地址称为子网广播地址。如果主机不知道它所在网络的网络掩码和自己的 IP 地址，就无法进行上述运算。这时若要进行广播，就要使用 255.255.255.255 这个地址了，它称为受限广播地址。

第 4 章除了广播，也提到过组播。组播是想让某些人听到，而不是所有人。DHCP 中采用组播不是更好吗？DHCP DISCOVER 数据包只需要 DHCP 服务器收到就行了。

从表6.1可以看出，组播地址主要是用于路由器的管理。例如，224.0.0.1 是向所有主机（也就是 PC 手机这些终端设备）“广播”，224.0.0.2 是所有组播路由器的地址。

表 6.1 组播地址分类

起始地址	结束地址	用途
224.0.0.0	224.0.0.255	预留组播地址，主要提供给路由协议使用
224.0.1.0	238.255.255.255	分配给网络中所有设备的全网通用组播地址
239.0.0.0	239.255.255.255	本地管理组播地址，仅在特定的本地范围内有效

DHCP 功能比较简单，所以在家庭这样的小型网络环境中，网关路由器就自带了 DHCP 功能。而在大型的网络中，DHCP 都由特定的服务器来提供。这两种场景中，一个是由主机提供地址分配，一个是由路由器来提供地址分配。而组播地址中对路由器和主机使用不同的组播地址，所以组播地址都不太适合 DHCP 使用。

从网络的七层架构中不难看出，DHCP 中的广播数据包会从网络层进入到链路层。和网络层一样，在链路层也需要完成广播功能。链路层和物理层是紧密不可分的，传输介质的不一样，就会有不同的链路层协议。所以在不同的链路层协议中，广播的方式是不太一样的。这里以最常见的以太网为例，来说明链路层广播是如何工作的。

类比网络层的广播方式，首先链路层也需要一个能代表全体终端设备的地址。二层广播的目的 MAC 地址是 FF-FF-FF-FF-FF-FF，每个比特位都是 1。通过前面的知识不难看出，交换机在接收到这样的数据帧时，会将这个数据向交换机的每一个端口都发送一遍，从而实现广播。

6.6 BitTorrent

相信不少同学都体验过 BT 下载的快捷。其实除了下载电影，P2P 还有很多其他应用，比如现在被炒得火热的区块链（Blockchain），黑客必备的 Tor，国内流行的 PPLive 在线视频服务等，都离不开 P2P 技术。虽然与 C/S 架构相比，采用 P2P 架构的网络应用还不算太多，但 P2P 数据流量早在十多年前就已超过了互联网总流量的 60%，其中绝大部分流量都是 BT 下载产生的。BT 下载之所以快捷，是因为用户可以同时和几十、上百、甚至上千台计算机建立连接，从这些计算机上同时下载电影的不同部分。试想把一部电影切割成 500 个小段（chunk），散布到 500 个计算机上，然后用户从这 500 台计算机上同时下载这 500 个 chunk，“秒杀”便不再是传说。这个用户下载的同时，也为其他用户提供上传。大家都是下载自己还没有的 chunks，同时把已有的部分上传给其他人。BitTorrent 就是这样一个互利、互惠、互助的，或大或小的，P2P 网络。现在，我们来看看 BT 下载过程中所要克服的一些细节问题。

在 Linux 命令行完成 BT 下载只需要两个命令，以下载 Debian 安装盘的.iso 文件为例：

```
$ wget http://mirrors.163.com/debian-cd/current/amd64/bt-cd/debian-10.7.0
  -amd64-netinst.iso.torrent
$ aria2c debian-10.7.0-amd64-netinst.iso.torrent
```

第一个命令是下载 Torrent 文件[①]；第二个命令是通过 aria2c 加入一个 BT 组群（swarm），下载想要的文件。Torrent 文件里存放的是关于这个 BT 组群的细节信息。输入并执行下面这条命令就可以看到这个 Torrent 文件的内容：

```
$ aria2c -S debian-10.7.0-amd64-netinst.iso.torrent
```

屏幕输出

```
1 >>> Printing the contents of file 'debian-10.7.0-amd64-netinst.iso.torrent'...
2 *** BitTorrent File Information ***
3 Comment: "Debian CD from cdimage.debian.org"
4 Creation Date: Sat, 05 Dec 2020 12:43:52 GMT
5 Mode: single
6 * Announce: http://bttracker.debian.org:6969/announce
7 Info Hash: cb6ecbc1853e57124937757967abad3fd136fe57
```

① Torrent 文件经常被翻译成“种子文件”，笔者认为是不恰当的。Torrent 的字面意思是“激流，暴雨”，BitTorrent 自然就是网络上的比特洪流。BT 下载的确用到了种子（seed）一词，但说的并不是这个文件，而是文件上传者（uploader）。

```
 8  Piece Length: 256KiB
 9  The Number of Pieces: 1344
10  Total Length: 336MiB (352,321,536)
11  Name: debian-10.7.0-amd64-netinst.iso
12  Magnet URI: magnet:?xt=urn:btih:CB6ECBC1853E57124937757967ABAD3FD136FE57&dn=
13  debian-10.7.0-amd64-netinst.iso&tr=http%3A%2F%2Fbttracker.debian.org%
14  3A6969%2Fannounce
15  Files:
16  idx|path/length
17  ===+===========================================
18  1|./debian-10.7.0-amd64-netinst.iso
19  |336MiB (352,321,536)
20  ---+-------------------------------------------
```

这文件中有些东西是一眼就能看明白的，例如：

(1) Name: debian-10.7.0-amd64-netinst.iso，文件名；

(2) Total Length: 336MB (352,321,536)，文件大小是 336MB；

(3) The Number of Pieces: 1344，这文件被切割成了 1344 段；

(4) Piece Length: 256KB，每一段的大小都是 256KB，不仅每一段都一样大，而且每一段都有个独一无二的名字。

除此之外，还有一些看不懂但并不影响理解 BT 工作过程的信息，可以暂时忽略它们。输入第二条命令之后，aria2c 先去拜访 tracker，也就是文件中 Announce 这一行给出的 URL。Tracker 是个服务器，它是这个 BT 组群的管理者，负责记录组群中所有成员（peer）的信息。拜访它，自然就是找它注册登记，加入 swarm。同理，如果谁退群，tracker 也要把它的记录注销掉。

既然进了群，当然要先认识一下群里的朋友们。如图6.23所示，群里除了 tracker，还有其他来下载该.iso 文件的群友（peer）。组群里通常有一两个特殊的 peer，叫 seeder，它们保存有完整的.iso 文件。组群里的 tracker 和 seeder 就是所谓“铁打的营盘”，其他 peer 就是“流水的兵”。理论上讲，seeder 不是 100% 必需的，前提是 ISO 文件的所有 chunk 在组群里都能找到。但是，建群之初总要有个把 seeder，至少播种（存在）几天，在生根发芽（组群壮大）之后，它们就可以退休了。

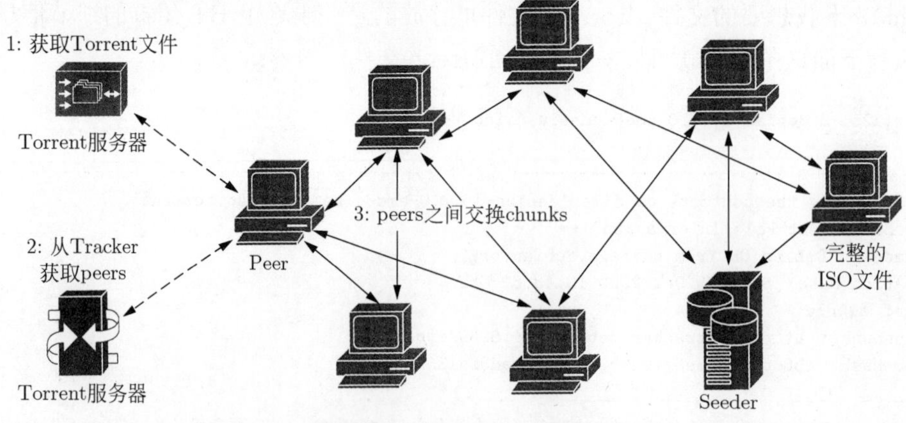

图 6.23　BitTorrent 网络

向 tracker 注册之后，它会随机地给用户介绍若干朋友，也就是给用户几个或几十个 IP 地址，成为用户的邻居（neighbor）。一个 swarm 里很可能有成千上万个 peer，都介绍给用户，用户会应付不过来。往后 tracker 也会把用户介绍给新加入的 peer，于是用户的 neighborhood 很快会扩大的。当然了，老邻居肯定也有搬走的。是加入的多，还是退出的多？这主要取决于用户要下载的文件流行度如何。无论如何，马上和邻居们建立 TCP 连接，开始下载吧。

如果要下载的那部分大家都没有怎么办？这实质上是一个“如何保持均衡”的问题，也就是说，在 BT 网络中要有一种机制，能让文件的所有 chunk 尽量均匀地被大家下载，避免出现某些 chunk 大家都有，另一些 chunk 谁也没有的情况。如果采用一种简单粗暴的算法，就会遭遇这样的尴尬。比如，大家按同样的顺序，都从第一个 chunk 开始下载，那么后果是，大家都去求助于 seeder，因为它手里有文件的所有部分。这样，seeder 再也不要指望退休了，即便它不崩溃，其他人的下载速度肯定也奇慢无比，因为这根本不是 P2P 网络，而纯粹就是个 peer 与 seeder 之间的 C/S 网络。幸好 BT 开发者没有使用这种简单粗暴的算法。组群中的 peer 之间除了上传/下载，还会相互通气，告诉邻居们自己手里有哪些 chunk，于是大家会选择优先下载那些组群里稀有的 chunk。于是很快，稀有的 chunk 就不再稀有了。

同时，为了杜绝“只索取，不奉献”的现象，BT 有一套“奖勤罚懒”政策，谁提供下载，就优先向谁提供上传；从谁那里下载速度最快，就优先向谁提供上传。如果发现有谁“只吃不吐”（leecher），就断了与它的连接（choked）。但这样有可能形成一个内部友好的封闭的小圈子，对新群友不甚有利。于是，peer 都会偶尔去尝试一下陌生的群友，为新加入的群友提供机会。

通常，下载结束之后 peer 不会立即退群。作为一个文明、友善的良民，秉着“我获益，我回馈”的原则，peer 会继续提供上传，直到上传量与下载量相等了，才会断开连接。

6.7 习题

一、选择题

1. （ ）域名表示商业应用。

   A. com　　B. edu　　C. mit　　D. gov

2. 域名 localhost 指向（ ）。

   A. 本机　　B. 网关　　C. 路由器　　D. 交换机

3. 关于电子邮件说法不正确的是（ ）。

   A. 电子邮件使用 MIME 格式进行发送
   B. 电子邮件可以使用 SMTP 发送
   C. 接收电子邮件可以使用 POP3
   D. 电子邮件中的图片、视频只能使用二进制文件进行发送

4. 域名解析可以使用（　）命令。

A. nslookup　B. ssh　C. telnet　D. rdp

5. URL 中不包含（　）。

A. 主机　B. 路径　C. 用户　D. 协议

6. 与 http://cs6.swfu.edu.cn/index.html 这个 URL 不等价的写法是（　）。

A. http://cs6.swfu.edu.cn　B. cs6.swfu.edu.cn/index.html

C. cs6.swfu.edu.cn　D. https://cs6.swfu.edu.cn/index.html

7. HTTP 的默认端口是（　）。

A. 21　B. 23　C. 25　D. 80

8. DNS 迭代查询时，客户端要发送（　）次查询请求。

A. 1　B. 2　C. 3　D. 不确定

9. 下面说法正确的是（　）。

A. HTTP 只能传输 HTML 文件　B. 电子邮件可以使用 HTTP

C. HTTP2 速度比较快　D. 域名可以随便编写

10. 关于 DHCP 服务的说法正确的是（　）。

A. 如果本地网络没有 DHCP 服务器，则 DHCP 服务可以穿透路由器发送给全球的根服务器

B. DHCP 请求不能穿过路由器

C. DHCP 请求数据不能穿过交换机

D. DHCP 请求到的 IP 地址可以一直使用，没有过期时间限制

二、简答题

1. 在 CS 架构中浏览器可以认为是客户端，那么还有哪些应用程序也可以认为是客户端？Microsoft Office 可以认为是客户端吗？

2. 域名是不能重复的，如果可以重复，会发生什么事情？

3. 如果 DNS 解析一直不成功，将会怎么样？

4. DNS 每次解析的结果是一样的吗？为什么？

5. 如果用 nslookup 命令查找一个不存在的域名会怎么样？

6. 在 SMTP 交互的过程中，如果输入了错误的指令将会怎样？

7. 在本章 SMTP 交互的例子中，指令的顺序是 HELO、MAIL FROM、MAIL TO... 试想一下，如果不按照这个顺序将会是怎样的？

8. 如果 DHCP 服务器没有 IP 地址可以分配了，该怎么办？

9. 如果有人冒充 DHCP 服务器，将会发生什么事情？

6.8　参考资料

6.8　参考资料

第 7 章 网络安全

本章要点

(1) 了解计算机网络完全的目标。
(2) 掌握网络安全面临的威胁。
(3) 掌握简单的数据加密原理。
(4) 了解对称加密和非对称加密算法。
(5) 了解数字签名的作用。
(6) 了解数字签名的原理介绍。
(7) 了解防火墙的工作原理。
(8) 了解中间人攻击原理。

计算机网络安全指为了防范网络中的硬件、软件和数据被偶然或者恶意攻击或破坏而制定的措施的总和[1-3]。现代化办公对网络的依赖度较高，一旦办公网络被非法攻击，就会导致办公中断。严重时攻击者还有可能窃取公司的商业秘密给公司造成商业损失。了解威胁网络安全的常见手段和危害，学习网络安全知识，提高网络安全意识和安全防护能力，有助于保护个人隐私和提高公司网络安全。

网络安全的主要目标是保证网络信息系统的可靠性、保密性、完整性、可控性和不可否认性。其中可靠性指系统能够在规定的时间内完成规定的功能，网络系统能够正常运行是可靠性的基本要求。保密性指信息只能被有权用户访问，信息加密是实现保密性的重要方法。完整性指非授权用户不能修改、删除或者破坏数据。可控性指系统能够根据网络状态通知信息的发送过程。不可否认性指通信双方不能否认自己的操作或发送的数据，数字签名是实现不可否认性的主要方法。

网络安全包括硬件、软件和数据安全，其中硬件安全主要依靠人员管理和设备管理措施实现，软件安全主要通过病毒检测和防范软件实现。本章内容主要讨论网络中传输的数据安全。能够破坏网络数据安全的攻击都称为网络威胁，了解网络威胁的主要特征能够为正确选择防范方法提供依据。

7.1 网络威胁

威胁计算机网络安全的攻击方法分为被动攻击和主动攻击两大类。被动攻击指不需要破坏目标主机，利用网络传输协议的漏洞直接截获/偷听通信数据的攻击行为。攻击者利用嗅探软件直接截获网络中的数据，在未经授权的情况下解析数据包，非法获取数据中的敏感信息是被动攻击的主要形式。主动攻击指利用工具中断通信、篡改数据或者伪造数据的攻击行为。常见的攻击行为包括窃听、篡改、拒绝服务和恶意程序四种，如图7.1所示。其中，窃听是被动攻击，篡改、拦截和恶意程序是主动攻击。

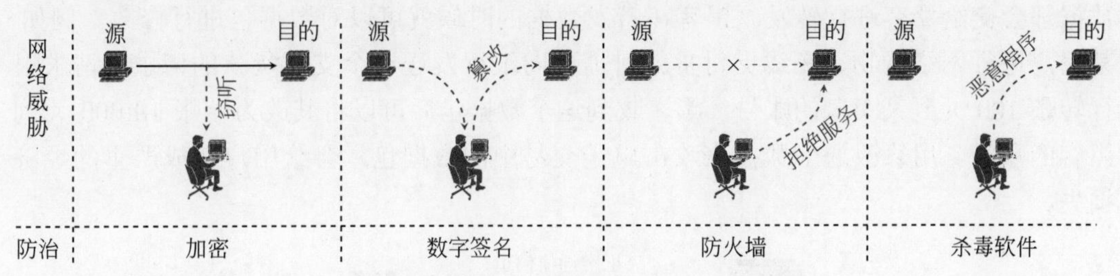

图 7.1　网络威胁和防治方法

1. 窃听

窃听指利用嗅探工具非法读取他人通信数据的行为。正常情况下，计算机收到数据包后需要核对数据包中的目的 MAC 地址和 IP 地址，只有数据包中目的 MAC 地址和 IP 地址与自己的地址相符，主机才会接收和解析数据。如果数据包中的目的 MAC 和 IP 与自己的地址不相符，主机就会丢弃该数据包。但是，一些特殊的软件工具可以跳过这个限制，解析和查看所有收到的数据包。

如果涉及商业秘密的通信被他人窃听，就会给企业或者公司带来巨大的经济损失。例如, 某公司库存的玉米数量不够，公司董事们决定提高价格大量收购玉米。如果该信息被黑客窃听，黑客可以提前低价囤积玉米，造成市场玉米短缺的假象，然后故意高价卖给公司，给公司的利益造成损失。黑客通过控制交换机或者路由器，就能够轻松地窃听局域网中的数据。通信数据被窃听时，正常的通信过程几乎不会受到干扰，所以这种攻击行为隐蔽性很强，很难被发现。

普通网线中传输的是变化的电信号，其周围会产生变化的磁场。一些磁信号检测仪能够探测信道磁场变化，利用磁场的变化可以反推导线中电压的变化，进而解析出信道中的数据。基于变化的磁场窃听数据不需要破坏信道，非常隐蔽，几乎不能被发现。为了保护网线中的数据，可以使用带有屏蔽层的网线来降低信道周围磁场强度，降低信号被窃听的风险；也可以对通信数据进行加密，即使窃听者窃听了信号，也无法读懂数据中的内容，同样可以达到保护数据安全的目的。

2. 篡改

篡改指攻击者拦截双方通信数据并对数据内容进行篡改的攻击行为。篡改攻击中，通信双方都能发送和接收数据，双方都会认为连接正常。但是，数据在传输过程中会被攻击者拦截并篡改。篡改攻击会给用户带来非常大的损失，例如，在网络支付过程中，客户需要给店家支付货款，他向银行发送信息“请支付 X 元给 A”。如果网络支付通信数据被黑客篡改为“请支付 X 元给 B”，如果银行没有检测到这个篡改行为，认为这个就是客户的指令，执行了这个转账操作。那么本该转给 A 的钱将会被错误地转给 B，会给交易双方带来财产损失，也会让人们质疑在线交易的可靠性和安全性。

利用中间人攻击可以篡改网络中的数据包，其工作原理如图7.2所示。正常情况下，用户主机和服务器之间使用虚线所示的信道通信。黑客利用 ARP 攻击方法攻击网络，把自己变成用户主机和服务器通信之间的转发器，之后用户和服务器之间的所有通信数据都会交给黑客进行转发。黑客在转发数据的时候就可以对数据包进行修改。例如，某用户进行网络购物，在线支付货款时需要向银行发送一个支付货款的请求，请求银行转账 100 元到某卖家的账号，黑客收到这个数据包后可以将其改为转账 10 000 元到黑客的账号。用篡改通信数据来攻击电子交易中的数据包，会给用户造成严重的经济损失。

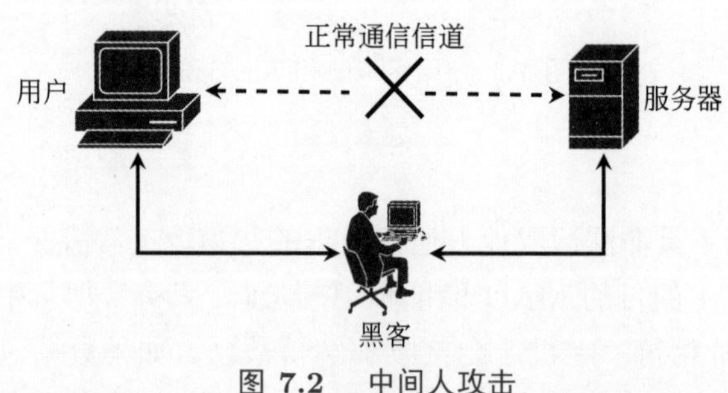

图 7.2　中间人攻击

数据加密是防止交易数据被篡改、保证网络交易安全最有效的方法。采用数字证书对服务器进行认证，则用户主机收到数据后可以对服务器的身份进行验证，及时发现篡改的数据。在电子交易过程中，银行和用户之间的通信都是经过加密的，黑客很难破解和伪造。即使黑客伪造了数据包，用户端计算机还需要对数据中的数字签名进行验证，一旦发现数字签名中的身份不符，就认为该数据不可信，直接丢弃该数据包，然后终止交易，避免给用户带来经济损失。目前我们在进行网络购物时，都使用 HTTPS 协议进行通信，该协议就是一种使用数字签名加密数据的安全通信协议，能够有效地防止数据被篡改，保证交易的安全性。

3. 拒绝服务（Denial of Service, DoS）攻击

拒绝服务攻击指黑客给目标主机发送大量的访问请求，使得目标计算机在短时间内收到大量的数据包，造成目标主机网络阻塞。目标主机收到数据包后，需要对数据包进行错误校验和地址检查等操作，如果收到的数据太多，目标主机就会因为工作太累而进入僵死状态。一旦服务器进入僵死状态，就无法为正常的访问请求提供服务，拒绝所有的访问请求，因此这类攻击服务被称为拒绝服务攻击。拒绝服务攻击的主要特点是在短时间发送大量的数据包使得目标主机无法招架，主要特点和洪水相似：时间短，数量大，因此又称洪水攻击[4]。

分布式拒绝服务（Distributed Denial of Service, DDoS）攻击是更高级的 DoS 攻击。黑客控制大量主机同时对目标主机发起 DoS 攻击，攻击包数量巨大，可以在很短的时间内瘫痪目标主机。DDoS 攻击原理如图7.3所示。黑客先控制网络中的其他主机，被控制的主机称为傀儡机①。当傀儡机的数量达到一定程度时，黑客可以控制这些傀儡

① 傀儡机：指被黑客控制，执行黑客命令的计算机，又称“肉鸡”。

机同时向目标发起 DoS 攻击。DoS 攻击中攻击者使用一台计算机完成攻击操作，而在 DDoS 攻击过程中攻击者控制多台计算机同时攻击目标计算机。DDoS 是最容易成功的一种网络攻击方法，目前还没有有效的防治方法。

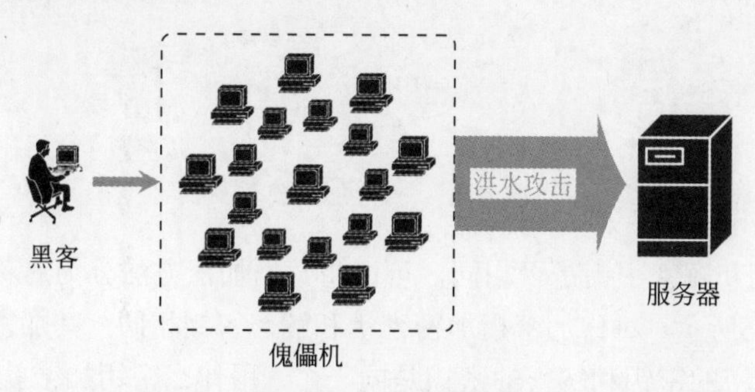

图 7.3　DDoS 攻击

黑客主要通过特洛伊木马程序（trojan horse）把网络中的主机变成傀儡机。特洛伊木马源于公元前十二世纪希腊和特洛伊之间的一场战争。当时，希腊军队花了很长时间都不能攻克特洛伊人的城堡，于是希腊人假装撤兵离开，并且在战场留下了一个巨大的木马。特洛伊人把木马当作胜利的纪念品拉进了自己的城堡。到了晚上，隐藏在木马中的士兵悄悄地打开了城门，通知城外希腊军队冲入城中，攻克了特洛伊城。特洛伊木马病毒的特点是木马隐藏在其他软件中，病毒不主动攻击计算机，而是由用户自己安装到计算机中。

特洛伊木马病毒是一种隐藏在其他软件中的病毒，它随着宿主软件的启动一起启动，然后偷偷执行一些恶意代码，窃取或者破坏计算机系统[5-6]。系统感染网络特洛伊木马病毒后，会启动一个远程控制的端口，黑客通过连接这个端口可以控制计算机执行任何命令。一些黑客会在软件中植入木马，然后放在网站上提供下载使用。例如，黑客在 Office 软件中植入特洛伊木马，用户以为自己下载的是 Office，一旦打开运行，木马病毒就会被激活，然后，黑客就可以通过木马端口控制用户的计算机。

7.2　数据加密

数据加密的目的是保护数据不被非法阅读，它是网络中使用最广的一种安全技术。数据加密后的密文通常是一串毫无语法意义的字符串，不能直接阅读和理解。即使数据被黑客截获，他也看不懂数据中内容，无法得到有用的信息。加密基本原理是把明文数据按某种规则转换为一段无法读懂的“密文”。加密后的数据只有使用正确的密钥才能还原出数据的原始内容。

数据加密的一般过程如图7.4所示。发送方需要发送的信息是“你好”，利用密钥对要传输的数据明文进行加密，生成密文“#?0.@9”，生成后的密文不符合语法规则，不能直接阅读和理解。接收方收到密文“#?0.@9”后使用解密函数从密文中还原出原来的数据“你好”。在这个通信过程中，发送端发送的是明文“你好”，接收端收到的也是明文“你好”，但是，信道中传输的数据是“#?0.@9”。即使数据在传输过程中被窃听，黑客也只能得到密文“#?0.@9”，由于该密文不具备可读性，黑客无法获取数据中的原始信息。

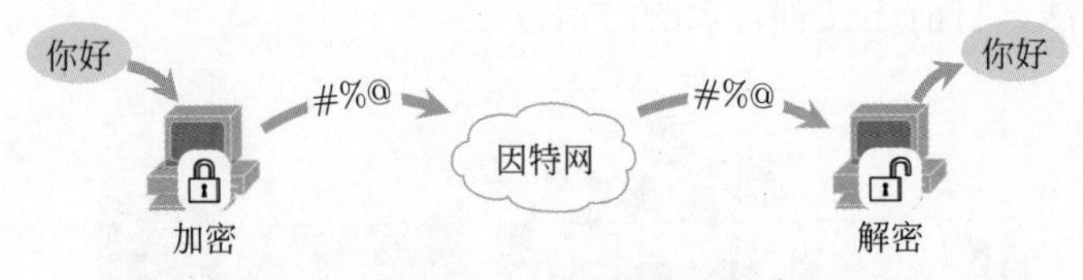

图 7.4　一般加密模型

根据加密密钥和解密密钥是否相同，可以将数据加密方法分为对称加密和非对称加密两大类。如图7.5所示，对称加密指加密密钥和解密密钥相同，其加密和解密的原理如图7.5(a) 所示，加密的密钥和解密的密钥是同一个，用什么密钥加密就用什么密钥解密。这类算法容易理解，加密解密过程相对简单，使用最为广泛。非对称加密方法指加密密钥和解密密钥不同的加密方法，又称公私钥加密算法，其工作原理如图7.5(b) 所示，加密的密钥和解密的密钥不同，加密后的数据只能使用另外一个密钥才能打开。这类算法的计算过程复杂，不用担心密码泄露，安全性高，该方法主要在电子商务和在线交易过程中。

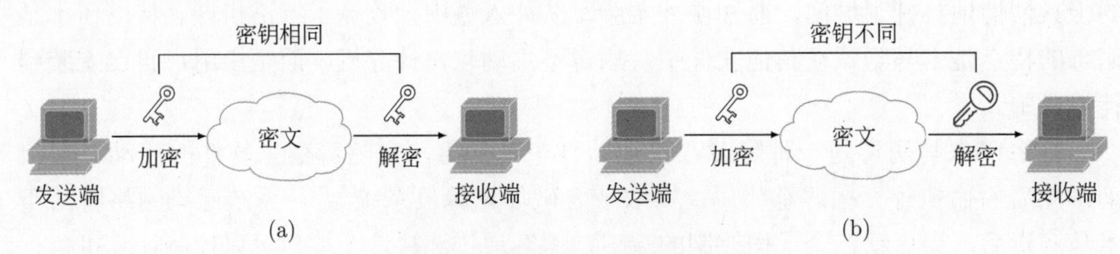

图 7.5　对称加密与非对称加密

(a) 对称加密；(b) 非对称加密

7.2.1　对称加密

换位加密是对称加密算法中相对简单，容易理解的算法。其基本思想是调换数据的位置，使数据看起来杂乱，毫无意义。换位加密前后数据的长度不变，只是排列的顺序发生了变化。常见换位加密方法有普通换位加密，环状换位加密和柱形换位加密。

1. 普通换位加密

普通换位加密按照一定规则对数据中字符进行乱序处理，使之成为一个新的组合。例如，数据字符串为 RAINDROP，密码是 ABCD，加密后的密文是 RDARIONP。加密时先把数据和密码分别排列成 2 行（当密码的长度比数据短时，循环排列密码直至和数据的长度一致），如图7.6(a) 所示。图7.6(a) 中第一行为明文，第二行为密码 ABCD 重复两次后的效果。第二行字符长度和第一行字符长度一致，接着统计密码各字符对应的数据。密码字符 A 依次对应了字符 A 和 D，就在映射表中增加一行记录（A，（A，D））。密码字符 B 依次对应了字符 A 和 R，就在映射表中增加一行记录（B，（A，R）)，以此类推，分别找出 A，B，C，D 对应的数据，完整的映射结果如图7.6(b) 所示。

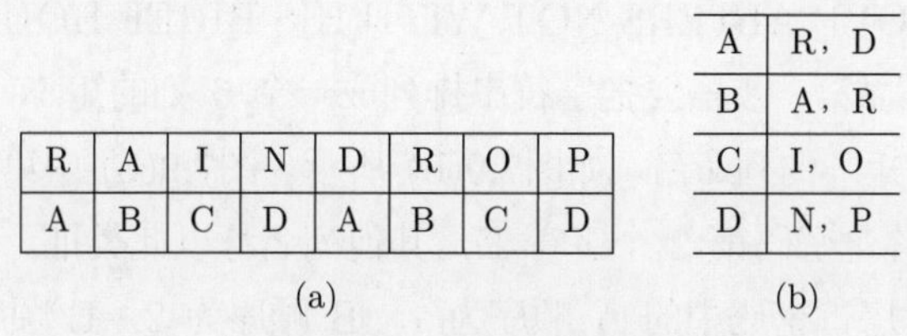

R	A	I	N	D	R	O	P
A	B	C	D	A	B	C	D

(a)

A	R，D
B	A，R
C	I，O
D	N，P

(b)

图 7.6　普通换位加密

(a) 重复密码值明文的长度；(b) 密文映射

完成密文映射以后，再按照密码字符的顺序把图7.6(b) 中的数据从左到右，从上到下排列，得到密文是 RDARIONP。原文长度为 8 个字符，密文长度也是 8 个字符，原文和密文长度相同、字符相同、字符出现的频次也相同，只有字符的排列顺序不同。

2. 环状换位加密

环状换位加密按照环状顺序对明文中的字符进行重新排列构成密文。环状换位加密的密钥比较特殊，其中包含环状遍历的起始位置和遍历方向。加密先把明文数据排列成一个矩阵，然后按照指定的方向对矩阵中的字符进行遍历，按照遍历顺序构成字符串就是加密后的密文。

例如，明文是 LOVE ALTERS NOT WITH HIS BRIEF HOURS AND WE。密码指定遍历开始位置是右上角，方向是顺时针方向。加密时先将明文排成三行形成一个矩形，如图7.7所示。

L O V E A L T E R
S N O T W I T H H
I S B R I E F H O
O U R S A N D W E

图 7.7　环状换位加密

环状换位加密的原理如图7.8所示，遍历的开始位置是矩阵的右上角，遍历方向为顺时针方向。按照图7.8中箭头所示的顺序对矩阵进行遍历，最后得到的密文是 RHOEWDNASRUOISLOVEALTEHHFEIRBSNOTWIT。

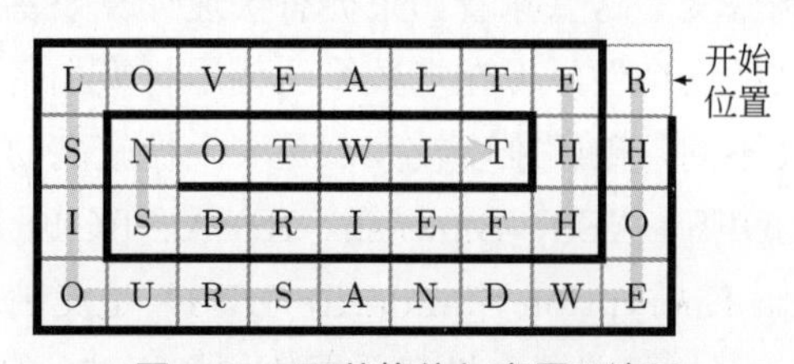

图 7.8　环状换位加密原理演示

3. 柱形换位加密

柱形换位按照密码字符顺序对明文进行换位加密。加密时先把数据排列成指定列数的矩阵，列的数量与密码的长度保持一致，然后按照顺序提取矩阵中的字符形成新的密文。

例如，给定数据 LOVE ALTERS NOT WITH HIS BRIEF HOURS，密码 ZEBRAS。因为密码长度是 6，所以第一步需要把字符串排列成一个 6 列的矩阵，如图7.9所示。把密码作为矩阵的标题，为矩阵的列命名，如图7.9(b) 所示。图7.9(b) 中第 1 列名称是密码第 1 个字符 Z，第 2 列名称是密码第 2 个字符 E，其他列名称以此类推。然后按照字母表顺序给密码中的字符进行排序，密码中的 A 顺序为 1，B 顺序为 2，E 顺序为 3，R 顺序为 4，S 顺序为 5，Z 顺序为 6，记为 {(Z，6)，(E，3)，(B，2)，(R，4)，(A，1)，(S，5)}。

L	O	V	E	A	L
T	E	R	S	N	O
T	W	I	T	H	H
I	S	B	R	I	E
F	H	O	U	R	S

(a)

Z	E	B	R	A	S
L	O	V	E	A	L
T	E	R	S	N	O
T	W	I	T	H	H
I	S	B	R	I	E
F	H	O	U	R	S

(b)

Z	E	B	R	A	S
6	3	2	4	1	5
L	O	V	E	A	L
T	E	R	S	N	O
T	W	I	T	H	H
I	S	B	R	I	E
F	H	O	U	R	S

(c)

图 7.9　柱形换位

(a) 原始数据；(b) 密码列标题；(c) 列标题排序

按照排序后的顺序标记矩阵中的列名称，如图7.9(c) 所示，横线上面是密码字符和排序。其中第 1 列的（Z，6）表示，列名称是 Z，排序为 6。第 5 列的（A，1）表示，列名称是 A，排序为 1。

最后，按列排序依次读取各列的字符并组合，得到的字符串就是密文。示例中，首先遍历顺序号为 1 的列（A 列），得到字符串 ANHIR，然后遍历顺序号为 2 的列（B 列），得到字符串 VRIBO，其他列依次遍历。最后得到密文 ANHIR VRIBO OEWSH ESTRU LOHES LTTIF。

7.2.2　常见对称加密算法

换位加密技术原理简单，理解容易，但是换位加密只是对数据进行了乱序，对密文进行排列组合一定能得到原文。这意味着如果拥有快速计算设备，就有可能在短时间内破解密文。为了提高密文的安全性，现在多数算法使用替换加密代替换位加密。替换加密后的密文其字符与原文不同，破解难度较大，是安全性较高的一类加密算法。常见的对称加密算法有 DES、3DES、AES、Blowfish、IDEA、RC4、RC5、RC6。

数据加密标准（Data Encryption Standard，DES）是美国政府 1977 年 1 月颁布的，该算法由 IBM 公司设计，是美国非机密数据的加密标准。但是，因为这个算法包含一些机密不公开的代码，所以被怀疑其内部含美国国家安全局（NSA）的后门，受到质疑和争议[7]。DES 现在已经不再是一种安全的加密算法，因为它使用密码长度只有 56 位，密码相对较短，利用高性能计算机破解比较容易。1999 年 1 月，distributed.net 与电子前哨基金会合作，在 22h15min 内即公开破解了一个 DES 密钥，证明该算法的安全性比较脆弱。3DES 是 DES 算法的改进，它使用 3 个不同的密码对数据进行三次加

密，通过增加 DES 的密钥长度来增加暴力破解的难度，提高了算法的安全性。2001 年，科学家推出了新的加密算法高级加密标准（Advanced Encryption Standard，AES），进一步提高了加密的安全性，该加密算法的安全性比 DES 和 3DES 都高。AES 算法是一种公开透明的加密算法，其加密过程复杂，破解难度大。目前，该算法已成为对称密钥加密中流行的算法之一。2003 年 6 月，美国政府认为该算法能够满足美国政府传递机密文件的安全需要，宣布 AES 可以用于加密机密文件[8]。

Blowfish 是一种开源算法，所有人都可以使用 Blowfish 算法，没有任何限制。该算法在不降低安全性的前提下提高了加密速度。Blowfish 算法使用多次循环计算加密数据，增加破解难度。到目前为止，没有发现有效地破解方法。Blowfish 通常建议对数据进行 16 轮次计算，如果加密轮次较少，数据被破解的可能性就比较大[9]。

国际数据加密算法（International Data Encryption Algorithm，IDEA）由研究员 Xuejia Lai 和 James L. Massey 在苏黎世的 ETH 开发，其专利权归瑞士公司 Ascom Systec 所有。IDEA 密钥长度为 128 比特，安全性高于 DES 算法。RC 系列算法是 Ronald L. Rivest 为 RSA 公司设计的一系列密码算法，其中，RC4 算法是一个密钥长度可变的面向字节流的加密算法，算法执行速度快[10]。RC5 是对 RC4 的升级，该算法中的分组长度、密钥长度、加密迭代轮数均可变，进一步提升了算法的安全性[11]。RC6 是 RC5 的升级，该算法使用循环移位方法增强了抵抗攻击的能力[12]。

7.2.3 非对称加密

非对称加密系统必须使用两个不同的密钥，一个用来加密，另一个用来解密。其因为加密密钥和解密密钥不同，所以被称为非对称加密算法。实际应用中一个密钥对外公开称为公钥，另一个自己保留称为私钥，因此这类方法又称公私钥加密算法。常见的公私钥加密算法有: RSA、ElGamal、背包加密和椭圆曲线加密（Elliptic Curve Cryptography，ECC）。其中，RSA 算法在安全传输、电子商务、银行交易等业务中已经被广泛地使用。到目前为止，该加密算法虽然经历了各种攻击，但是未被完全攻破，是最安全的非对称加密算法。

RSA 算法的名字以三位发明者：Ronald L. Rivest, Adi Shamir 和 Leonard Adleman[13] 的姓氏命名。2002 年他们被授予图灵奖（Turing Award）①。图7.10是三位作者在实验室的合影。

Ronald L. Rivest，1947 年出生于美国纽约。1969 年从耶鲁大学获得数学学士学位，1974 年从斯坦福大学获得计算机科学博士学位，任职于麻省理工学院（MIT）计算机系，从事计算机理论的研究。除了参与研发 RAS 算法之外，他也是 RC2, RC4,RC5,RC，MD2，MD4 和 MD5 加密哈希 (hash) 函数的发明者。

---

① 图灵奖：设立于 1966 年，它是以英国数学天才 Alan Turing 先生的名字命名的，Alan Turing 先生对早期的计算理论和实践做出了突出的贡献。图灵奖是美国计算机协会在计算机技术方面所授予的最高奖项，被誉为计算机界的诺贝尔奖。

图 7.10　RSA group

注：左起：Adi **S**hamir，Ronald L. **R**ivest，Leonard **A**dleman

Adi Shamir 出生在以色列的特拉维夫，1973 年在特拉维夫大学获得数学专业学士学位，1975 年和 1977 年在以色列魏兹曼科学研究院分别获得计算机科学专业硕士和博士学位。1977—1980 年他在麻省理工学院开展研究工作。2006 年，Adi Shamir 博士受邀担任巴黎高等师范学院的教授。2002 年 Shamir 博士同 Rivest 和 Adleman 一起被授予计算机领域的"诺贝尔奖"——图灵奖（Turing Award）。2008 年，Shamir 博士获得了计算机科学以色列国家奖[14]。2018 年当选为英国皇家学会外籍院士，2019 年当选为美国国家科学院外籍院士[15]。

Leonard Adleman，1945 年出生于美国加利福尼亚，硕士和博士均就读于加利福尼亚大学伯克利分校，1968 年获得计算机硕士学位，1976 年获得电子工程和计算机科学博士学位（EECS）。他是"计算机病毒"这个词的发明者。1983 年，Adleman 的学生 Fred Cohen①在实验课中编写了一段可以感染计算机文件的代码，该代码可以通过软盘在计算机之间传播。Adleman 给这个程序命名为"计算机病毒"。1994 年，发表论文《组合问题解的分子计算》介绍了 DNA 作为计算系统的研究。2002 年，Adleman 和他的研究小组利用 DNA 计算解决了一个"非平凡"问题。他是最初发现 Adleman-Pomerance-Rumely 素数测试者之一，该算法能够确定一个数是否为素数[16]。2006 年，阿德曼被评为美国文理科学院院士。

式(7.1)演示了 RSA 公私钥加密解密过程，其中公钥是 3，私钥是 7，计算公私密钥时产生的中间数是 33。发送方保存私钥 7 和中间数 33，接收方保存公钥 23 和中间数 33。需要发送的数据是 2，发送数据时，发送方首先计算 $2^7/33=3\cdots29$，然后发送余数 29 给对方。接收方收到数据后计算 $29^3/33=24389\cdots2$，得到的余数 2 就是解密后的数据。

① Fred Cohen, in his 1984 paper, Experiments with Computer Viruses credited Adleman with coining the term "computer virus".

数据　私钥　加密后数据

$$\text{发送端：}\quad 2^{7}/33=3\cdots 29$$
$$\text{接收端：}\quad 29^{3}/33=24389\cdots 2 \tag{7.1}$$

公钥　解密后数据

7.2.4 数字签名

数字签名是非对称加密算法在网络中的一个典型应用，用来对数据的来源和完整性进行保护。数字签名模拟人类的纸质签名，其本质都是在文件中附加一个特殊的、具有标识性的符号，用来证明该文件的来源。数字签名的主要功能有两个，一个是报文鉴别，用来识别发送者的身份。另一个是确保数据包的完整性，检测该数据是否被他人篡改。

数字签名使用一种特殊的、用来表示用户身份的字符串，该字符串称为电子签章。数字签名的过程如图7.11所示，在发送数据之前，发送方首先计算数据的 hash[①]值，然后用私钥加密该 hash 值，得到 hash 的密文。该加密后的 hash 值称为数字签名。最后把数字签名附加在数据后面组成新的数据，这个数据就是签名后的数据。实际发送的是签名后的数据，数字签名和数据必须匹配使用，不能分开使用。

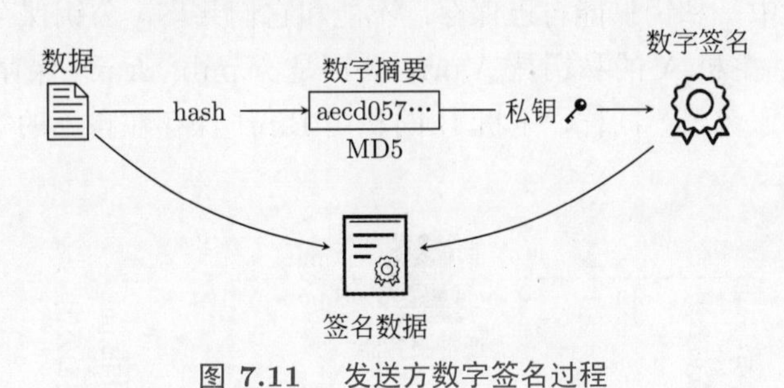

图 7.11　发送方数字签名过程

数字摘要的 hash 值通常使用 MD5 算法计算和提取，MD5 是由美国密码学家 Ronald L. Rivest 发明的。任何数据经过 MD5 计算后都能得到一个 128 比特 hash 值，理论上文件不同，计算得到的 MD5 值就不同，即使只有一个比特的差异，MD5 码也不相同。

MD5 不仅可以提取文本文件的 hash 值，也可以提取其他任意类型文件的 hash 值。下面这个例子中演示了使用 md5 命令，计算文件 MD5 码的效果。其中，第一个例子用来计算一个文本文件 async-serial-2.tex 的 MD5，第二个例子用来计算图片 yb.jpg 的 MD5。

```
$ md5 async-serial-2.tex
  MD5 (async-serial-2.tex) = aecd05703ab5d8555f9a9f8fc870eade

$ md5 yb.jpg
  MD5 (yb.jpg) = e5821f347eaeac36f0ff424e17dfa92c
```

① hash：一种数据处理技术，能够处理任意长度字符最后得到固定长度的压缩数据。

接收方收到数据后从报文中分离数据和数字证书，然后分两个主要步骤进行计算和比对，如图7.12所示。第 1 步（图7.12所示上面分支）使用发送方的公钥解密数字签名得到发送方的数字摘要，为了表示方便，称其为数字摘要 1。如果解密不成功，则发送者的公钥无法打开数据，说明该数据不是发送者发送，或者数据被中途篡改，接收方将直接丢弃该数据。

第 2 步（图7.12所示下面分支）使用 MD5 算法再次计算数据的 hash 值，这个 hash 值称为数字摘要 2。最后比较数字摘要 1 和数字摘要 2，如果它们相同，则认为数据是真正的发送者发送，且数据没有被篡改。如果不相同则认为数据被非法篡改，丢弃数据。

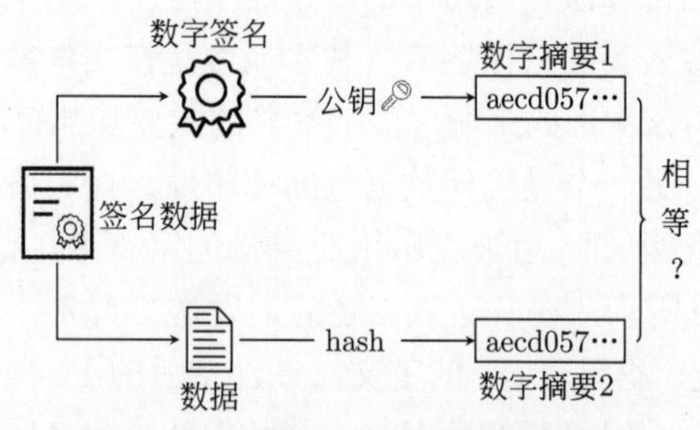

图 7.12　接收方数字签名验证过程

在公私钥系统中，私钥只能自己保存，不能和它们共享，公钥保存在可信的服务器中。如图7.13所示。主机 A 的私钥是 A.pri，公钥是 A.pub，A.pri 保存在自己的主机中，A.pub 保存在证书服务器。同样，主机 B 的私钥 B.pri 保存在自己的主机中，B.pub 保存在证书服务器。

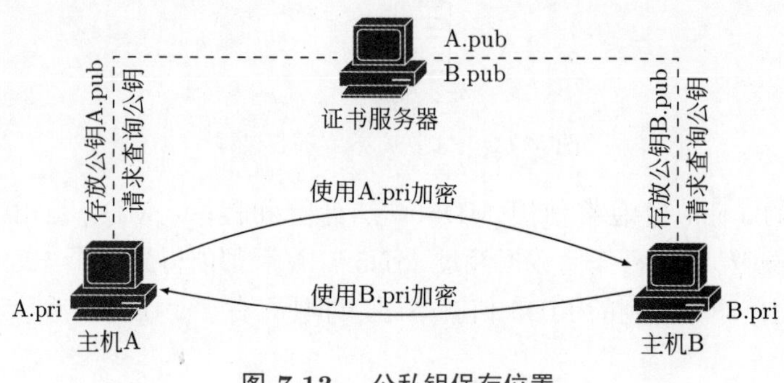

图 7.13　公私钥保存位置

当主机 A 和主机 B 进行通信时，使用 A.pri 对数据进行数字签名，然后发送给主机 B。主机 B 收到数据后，向证书服务器查询主机 A 的公钥，然后使用 A.pub 进行解密验证。如果通过，则说明该数据就是主机 A 发送的，如果验证没有通过，则说明数据不是主机 A 发送的。

公私钥通信系统中要求证书服务器必须可信，如果证书服务器中的证书被非法替换，就会出现安全漏洞。假设，服务器中的 A.pub 被替换成了 X.pub 的内容，即 A.pub=X.pub。那么主机 X 就是把自己伪造成主机 A 向主机 B 发送信息。如果主机 B 是银行交易服务器，A 是银行的客户，那么 X 就可以伪造身份盗取 A 的存款。这个例子说明证书服务器一旦出现问题，就会出现安全漏洞。为了提高证书服务器的安全性，证书服务器一般由政府专门机构管理。为了防止伪造证书服务器，服务器的地址都是固定在操作系统的内核中的，用户无法修改。

管理证书的机构是证书授权中心 (Certificate Authority，CA)，类似我们国家的公安局，负责对用户的身份进行审核，然后给每个用户制作一个身份证。主机的公私钥需要向 CA 机构申请，审核通过后，CA 会为主机生成一个公钥和一个私钥。私钥由主机自己保管，公钥有 CA 机构保管。当其他主机需要确认某一个主机的身份时，它就向 CA 查询对方的公钥然后进行签名确认。例如，主机 X 收到了一个自称主机 Y 的签名数据，它想检查对方到底是不是 Y。主机 X 会向 CA 请求 Y 的公钥。CA 收到查询请求后把 Y 的公钥 Y.pub 发送给 X，X 用 Y.pub 验证签名数据，如果验证通过，那么就认为对方的确是 Y。

7.3 防火墙

防火墙 (Firewall) 是一类网络安全方案的统称，它可以是一个设备，也可以是一套软件[17-18]，它可以运行在专用的硬件设备中，也可以是独立软件，安装在操作系统中。防火墙通常放置内网和外网之间，它按照管理员事先定义的规则对进出网络的数据进行过滤，拒绝非法数据包进入内网。一些防火墙还具有识别网络攻击行为的能力，能够阻止外部黑客对内部计算机的攻击，保护内部主机安全[19-21]。

防火墙基本工作原理如图7.14所示。图7.14左侧是内部局域网 LAN，右侧是外网/广域网，防火墙处在外网和内网之间，是内网和外网之间的通道。外网中的数据进入局域网时必须经过防火墙，防火墙按照过滤规则对经过的数据包进行检测。如果数据包中没有非法内容，就让其通过。如果数据包中有非法数据或者恶意代码，防火墙就阻止数据/丢弃数据，避免内部主机被攻击。内部主机访问广域网资源，访问请求同样要经过防火墙，如果防火墙认为目的主机存在安全隐患，它就阻止（丢弃）该访问请求，以免用户被非法网站诱导、上当受骗，保护内部主机安全。

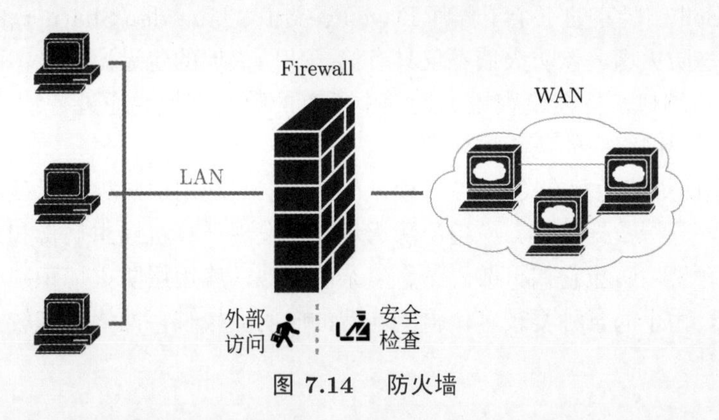

图 7.14 防火墙

按照安装方式防火墙可以分为单机防火墙和网络防火墙两大类。单机防火墙主要运行在个人计算机上，用来监控本地计算机的网络数据，保护本地计算机安全。单机防火墙通常是软件防火墙，是安装在计算机上的软件，如 Windows 自带的防火墙、国内的

360 防火墙和瑞星防火墙等。防火墙软件运行后，会监控经过网卡的每个数据包，对数据包中的内容进行分析，一旦发现有非法数据就丢弃并报警。单机防火墙适合普通用户使用，用来保护个人资料安全。

网络防火墙通常是一款硬件设备，运行在内网和外网的连接处，用来过滤进入局域网的数据包。和个人防火墙类似，网络防火墙也是按照规则过滤数据包的。不同之处是，网络防火墙使用专门的硬件检查数据，处理数据的速度比个人防火墙更快，检查的内容比个人防火墙更多，检测能力更强。

按照数据处理方式，防火墙可以分为包过滤防火墙、状态检测防火墙和应用层防火墙三大类。其中包过滤防火墙主要基于 OSI 网络层的 IP 地址过滤数据包。状态检测防火墙可以基于访问状态（链接次数，流量）过滤数据。应用层防火墙可以基于应用层数据过滤数据。

(1) 包过滤防火墙基于数据包中的 IP 地址对数据进行过滤，是防火墙最常见的工作方式。1998 年，DEC 公司 ①的工程师发表了第 1 份关于防火墙的文章，2002 年，Bell Labs 的 Bill Cheswick 和 Steve Bellovin 开发了第 1 个基于包过滤的防火墙[22]。数据包到达防火墙后，防火墙打开数据包读取数据包中的源 IP 地址、目的 IP 地址，源端口号和目的端口号等包头信息，然后基于管理员设定的过滤规则对数据包进行阻止或放行。

包过滤防火墙原理简单，程序易于实现，但是过滤规则需要人工维护，维护成本较高。如果网络中的服务器/主机的 IP 地址发生了变化，就需要管理员及时地更新过滤规则。如果没有及时更新规则适应网络变化，网络中的主机将无法正常访问。

(2) 链路状态检测防火墙通过跟踪网络连接的过程，统计链接的流量，分析连接行为，判断网络行为是否安全。这类防火墙可以发现更多网络危险行为[23]。链路状态防火墙工作在 OSI 参考模型的底层，计算量小，执行效率高。链路状态检测防火墙对数据包进行统计，分析在指定的一段时间内的通信数量，阻止不正常的访问。这种策略能够避免大量的无效连接占用过多的网络资源，可以很好地降低 DoS 和 DDoS 攻击的风险。

1990 年，Bell 实验室的三个工程师 Dave Presotto, Janardan Sharma, Kshitij Nigam 开发了链路状态防火墙。该防火墙不仅具有第一代防火墙的包过滤功能，而且能够记录通信双方的通信端口，持续检查通过过程中所有的数据交换。通过持续、累积的监测，可以更及时地发现网络中的危险访问[23]。

(3) 应用层防火墙运行在 OSI 参考模型的应用层。应用层防火墙拦截数据后，会对数据进行解封，分析数据内容。应用层防火墙可以发现计算机蠕虫病毒和木马病毒的通信数据，及时预警，防止它们扩散。结合复杂的算法，应用层防火墙识别非法数据的能力更强，但是，由于病毒种类较多，检测花费的时间会较长，网络时延较大，因此通常用来做事后统计。

---

① DEC 公司：Digital Equipment Corporation，美国数字设备公司。

7.4 网络攻击

7.4.1 ARP 攻击

ARP 是 TCP/IP 栈中的网络层协议，它负责查询 IP 地址对应的 MAC 地址（详见4.3.4节）。ARP 使用广播通信在局域网中查询 MAC 地址，收到回复后会进行缓存，提供后续发送数据使用。ARP 没有身份认证机制，不会对 ARP 回复者的身份进行检查，这一安全漏洞会被黑客用来攻击计算机和网关路由器的 ARP 地址表。

主机接收到 ARP 广播后，都会查看数据包中的源 IP 地址和源 MAC 地址，并将其存入自己的 ARP 表中。黑客可以假装自己是网关路由器，伪造 ARP 广播包，数据包中的源 IP 地址是路由器的 IP 地址，源 MAC 地址是黑客主机地址，然后向网络发送大量的 ARP 伪造数据包。局域网中的主机接收到该广播包后，会把这个伪造的 IP 与 MAC 地址的对应关系保存起来，以后访问外部网络时，就会把数据发送给黑客主机。

ARP 攻击时，黑客主机不断地向局域网广播“我是网关，我是网关……”，对局域网中的主机不断地进行洗脑。由于 ARP 没有身份认证机制，因此对黑客的洗脑说教深信不疑，把黑客主机当成了网关路由器。一旦主机把这个错误的 IP 和 MAC 的对应关系保存到自己的 MAC 地址表，之后对外发送数据时，就会把数据发给黑客主机。通过这种方式黑客把自己伪装成局域网路由器，可以非常轻松地窃取通信内容，甚至对通信内容进行篡改。

ARP 攻击原理如图7.15所示，攻击者 Hacker、PC0 和 PC1 同在一个局域网中。Hacker 想要截获 PC0 的通信数据，首先会伪造大量 ARP 广播包，包中的 IP 是网关的 IP，MAC 是黑客的 MAC。这个广播包等于告诉大家：“我就是网关路由器”。Hacker 会在短时间内发送大量的 ARP 广播包，PC0 收到广播后认为 Hacker 就是网关，把这个错误的地址存入自己的 ARP 表。

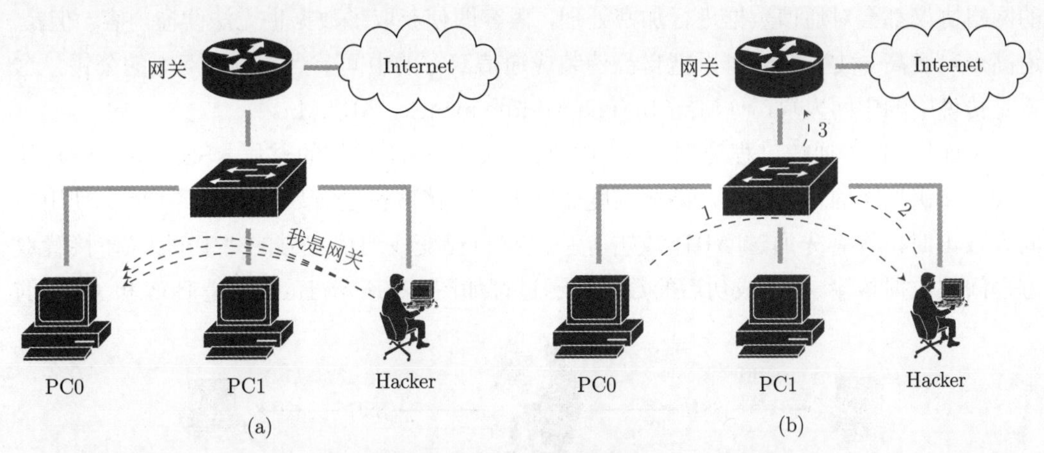

图 7.15　ARP 攻击

(a) 洪水攻击，发送大量虚假的 ARP 回应包；(b) 数据窃听，转发数据给正常的网关，让 PC0 不易觉察。同时复制一份数据用来提取关键信息

注：不需要在被攻击主机上安装病毒软件，攻击行为非常隐蔽

一旦主机 PC0 被黑客的 ARP 欺骗，错把黑客的 MAC 当成网关的 MAC 地址，当它访问外网时，黑客就能轻松地获取通信数据。例如，当 PC0 访问微软 bing 网站时，PC0 请求数据包中的目的 IP 地址是 bing 服务器的 IP 地址，目的 MAC 地址是黑客 Hacker 的地址。由于局域网依靠 MAC 地址转发数据，因此该数据包会转发给黑客，黑客利用特殊软件可以查看数据内容，然后在转发给真正的网关。在这个攻击过程中，主机 PC0 可以和 bing 服务器正常通信，但是所有的通信都会经过黑客主机，黑客可以轻松地查看通信数据，甚至可以篡改数据中的内容。

利用软件 Arpsproof 可以轻松地完成 ARP 攻击，一般几秒就可以完成攻击。ARP 攻击成功后，PC0 会把所有与外部通信的数据都发给 Hacker，如图7.15(b) 所示。Hacker 只需要静静地等待，就可以轻松地窃取到 PC0 与外网的通信数据。Hacker 可以利用 Sniffer，Wireshark 和 ethercap 等特殊软件筛选出数据中的用户名、密码等敏感信息。为了持续地窃听更多的通信数据，黑客主机在收到数据后还需要把数据转发给真正的网关，由网关再转交给目的主机，完成通信过程。目的主机回复数据时，会按照从哪里来，到哪里去的原则，先把数据交给网关，网关把数据转给 Hacker，Hacker 查看后再转发给 PC0。在这个攻击过程中，PC0 能够发送数据，也能够收到回复，它认为网络是畅通的，因此很难发现自己已被窃听攻击。

ARP 攻击非常隐蔽，不容易被发现。由于所有的局域网都在使用 ARP，不能避免通信被窃听。因此，在陌生的网络环境中最好不要输入自己的敏感信息，尽量使用加密通信协议访问网络资源。使用加密方式通信后，即使黑客窃听到了数据，他也无法获取其中的真正信息，可以保护个人信息安全。

7.4.2 中间人攻击

由于 ARP 本身的设计缺陷，ARP 攻击轻而易举。为了保护网络通信安全，大多数的网络协议都会对通信数据进行加密处理，黑客即使获取了数据也无法读懂内容。但是，道高一尺魔高一丈，黑客可以把自己伪装成通信双方的中间节点，骗取双方的公钥，这就是传说中的中间人攻击（Man-In-The-Middle attack，MITM）。

下面以 SSH 通信过程为例，介绍中间人攻击 SSH 通信的过程。SSH 就是一种使用公、私钥加密的通信协议，破解难度非常大，直接破解通信数据几乎不可能。使用中间人攻击时，黑客先通过 ARP 攻击等手段将自己变成通信双方的“中间人”，接管双方之间的数据传输。攻击成功后的数据发送过程如图7.16所示，Hacker 是 Bob 和 Alice 的

图 7.16 中间人攻击

数据转发站，它同时伪造了 2 个身份。对 Bob 发送数据时，hacker 说他是 Alice，对 Alice 发送数据时，hacker 说他是 Bob，他同时欺骗 Bob 和 Alice。

SSH（Secure Shell Protocol）是一种加密远程登录协议，用于取代古老的 Telnet 协议。在 Unix/Linux 平台，它被广泛用于远程服务器管理。正常情况下，客户端和服务器之间的通信过程如图7.17所示。

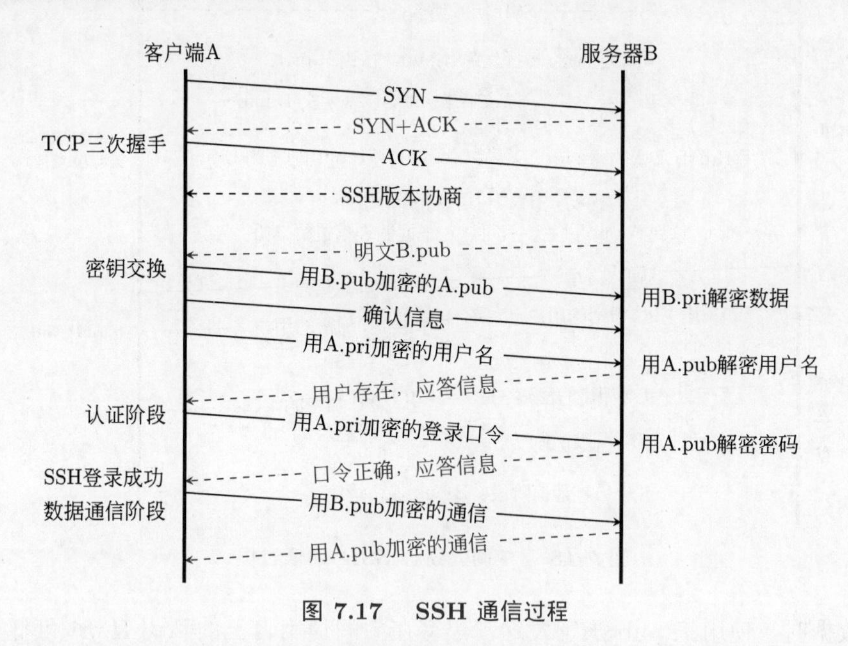

图 7.17 SSH 通信过程

客户端 A 发起三次握手，与服务器 B 建立了 TCP 连接。然后，B 会把自己的公钥 B.pub 明文发送给 A。A 利用收到的 B.pub 加密自己的公钥 A.pub，并将加密后的 A.pub 发送给 B。B 收到 A.pub 之后，利用自己的私钥 B.pri 将其解密。至此，双方完成了密钥交换的过程。

在上述交换密钥的过程中，只有 B.pub 是通过明文传输的，之后的所有数据传输都是加密的。因此，黑客采用传统的窃听方法只能获得 B.pub，而得不到 A.pub。客户端 A 在登录服务器时所发送的用户名和密码都是用自己的私钥 A.pri 加密的。黑客没有 A 的公钥，因此无法窃取 A 的用户名和密码。

在中间人攻击过程中，黑客偷换公钥过程如图7.18所示。首先，中间人要生成自己的公钥 H.pub 和私钥 H.pri。然后，中间人拦截服务器 B 发送给客户端 A 的公钥 B.pub，并用自己的公钥 H.pub 替换掉 B.pub，发送给 A。A 利用收到的 H.pub 加密自己的公钥 A.pub，并发送给中间人。中间人利用自己的私钥 H.pri 解密收到的 A.pub。然后使用之前截获的服务器公钥 B.pub 加密自己的 H.pub，并发送给 B。B 收到加密的 H.pub 后，用自己的私钥 B.pri 对其校验。因为该数据包是用 B.pub 加密的，因此校验无误。

显然，在这个过程中客户机 A 和服务器 B 并不知道中间黑客的存在，他们都以为收到的 H.pub 就是对方的公钥。当 A 给 B 发送数据时，使用 H.pub 加法发送，黑客在中间使用自己的私钥 H.pri 可打开查看，然后使用 B.pub 重新加密发送给 B。当 B 给

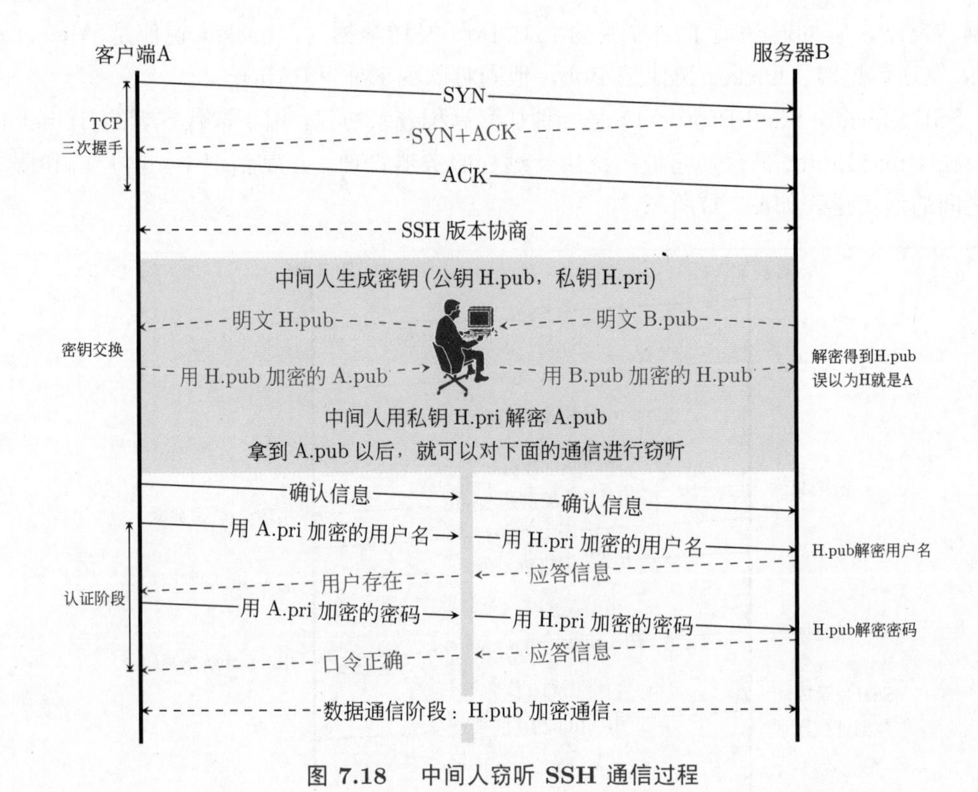

图 7.18　中间人窃听 SSH 通信过程

A 发送数据时，使用 H.pub 加密发送，黑客在中间使用自己的私钥 H.pri 可打开查看，然后使用 A.pub 重新加密发送给 A。中间人攻击是一种非常隐蔽的攻击行为，它不会断开双方通信，因此通信双方很难发现。

7.5　计算机病毒

计算机病毒是威胁网络安全的另一大因素。它是人为制造的、有破坏性、又有传染性和潜伏性的破坏计算机系统的程序。为了增加隐蔽性，病毒通常寄生在其他可执行程序上，当宿主程序运行时它会随着一起运行，然后扫描计算机中的文件系统，感染系统中的其他文件，从而达到自我繁殖的目的[24]。多数计算机病毒会占用系统硬盘资源、内存资源或者 CPU 资源，导致系统运行缓慢甚至崩溃。计算机感染病毒后通常会出现系统莫名其妙的死机、突然重启、磁盘占用突然增加、系统运行缓慢或者设备工作异常等现象[25]。常见的计算机病毒主要分为寄生型、内存驻留型、引导扇区型和多态型病毒[26]，目前多数计算机病毒都是网络木马病毒，会在系统中开启一个后门程序，攻击者可以通过后门远程登录系统并控制系统。

1987 年，弗雷德·科恩（Fred Cohen）发表了第一篇关于计算机病毒的论文 *Computer Viruses–Theory and Experiments*[27]，第一次提出了关于“计算机病毒”的概念。早在 1983 年，当他还是南加州大学工程学院 (现为维特比工程学院) 的一名学生时，他在伦纳德·阿德曼（Leonard Adleman）的课堂上编写了一个寄生应用程序，该程序能够夺取计算机控制权，是最早的计算机病毒。之后，他对程序进行了完善，为程序增加了自我赋值功能，让程序具有了“感染”计算机的能力，可以从一台机器传播到另一台机器。这个程序可以隐藏在一个更大的合法程序中，通过软盘自动感染计算机。Adleman 给这个程序起名为“计算机病毒”。

(1) 寄生型病毒是一种感染可执行文件的程序，它会感染可执行程序，把自己附加在宿主文件后面，当宿主文件启动运行时，病毒就随着启动。一些寄生型病毒还设定了逻辑炸弹，平时不发作，只在满足条件的时候发作，很难被发现，具有很强的隐蔽性。

(2) 驻留型病毒感染计算机后，会把代码存储在内存（RAM）中，它会一直处于激活状态，系统关时它又会把自己写回磁盘，这类病毒使用磁盘查杀方式很难发现。“黑色星期五”是一个非常著名的内存驻留型病毒，它驻留内存后会扫描并感染系统中的 COM 型文件和 EXE 型文件等可执行文件，它的感染速度特别快，大约半小时就能感染整个系统中的所有可执行文件。该病毒会严重降低系统运行速度，中毒后系统运行速度降至原来的 1/10 左右，系统运行速度缓慢。

(3) 引导扇区病毒会修改硬盘引导扇区中的数据，把自己藏在硬盘的引导扇区中。当系统启动时，病毒程序代码就会被激活，被激活后它还会把自己复制到内存中，然后通过网络传播，攻击其他计算机系统。这种病毒代码在磁盘的引导扇区，内存查杀和磁盘查杀工具都难以将其彻底清除。强行删除引导扇区病毒还有可能导致操作系统不能启动。

(4) 多态病毒每次感染文件后都会改变自己的形态，躲避病毒软件的检测。多态病毒逃避检测的方法主要有两种，第 1 种是使用不固定的密钥或者随机数加密病毒代码；第 2 种是在病毒运行的过程中，使用功能类似的代码替换自己部分代码，从而改变病毒的 hash 特征，躲避杀毒软件检测。多态型病毒主要是针对查毒软件而设计的，检测和查杀比较困难。

7.5.1 常见病毒

计算机病毒从诞生那天开始，就不断地升级，带来的危害也越来越大。历史上带来危害较大的病毒有 CIH、爱虫、冲击波和熊猫烧香病毒。这些病毒传播速度快、破坏性大，给社会带来了较大的负面影响。

CIH 病毒由一位名叫陈（C）盈（I）豪（H）的台湾大学生编写，该病毒在 1998 年的 4 月 26 日（CIH 的生日）开始爆发。病毒破坏性极大，能够破坏硬盘数据，还可以破坏主板的 BIOS 程序，使系统无法开机[28]。该病毒造成的全球损失估计约 5 亿美元。

2000 年 5 月，一种叫作爱虫（I Love You）的计算机病毒开始在全球传播，短短的一两天内就侵袭了 100 多万台计算机，造成了上百亿美元的损失[29]。该病毒会通过 Outlook 电子邮件系统向计算机地址簿中的所有用户发送电子邮件，邮件的主题就是“I Love You”。只要用户打开了这封邮件，病毒就会感染系统，然后再次通过 Outlook 向外发送带有病毒的电子邮件。计算机系统感染爱虫病毒后，由于它不停地搜索邮件用户，读写硬盘，因此计算机硬盘灯会不停地闪烁，系统速度显著变慢，同时，磁盘中还会出现大量的扩展名为 vbs 的文件。该病毒造成的全球损失估计约 100 亿美元。

2003 年 8 月，冲击波（Blaster）病毒在网络爆发，这种病毒利用 Windows 操作系统漏洞对主机进行攻击。冲击波病毒会在 Windows 的注册表中写入一个启动项，系统每次启动时病毒都会随着启动。该病毒会自动关闭操作系统，让用户无法正常使用 Windows 计算机，导致所有依赖计算机的工作都不能正常进行[30]。该病毒利用网络不断地自动传播，在很短的时间内造成全球大量主机受到感染。当时，只要主机连接了 Internet，很快就会被该病毒攻击，重装系统也不能解决问题。2004 年 3 月 12 日，18 岁的杰弗里·李·帕森 (Jeffrey Lee Parson) 因制造了冲击波病毒蠕虫的 B 变种而被捕，2005 年 1 月，被判处 18 个月监禁。

2006 年，中国湖北武汉市娲石技术学校的李俊（1982 年生，湖北武汉人，2007 年因编写计算机病毒被判 4 年有期徒刑）编写“熊猫烧香”在网络上开始传播。在短短的 2 个月里，病毒感染了大量的门户网站，击溃了很多的数据系统，给上百万人带来了无法估量的损失。中毒后，用户计算机会出现蓝屏、频繁重启系统、数据文件被破坏等症状。该病毒会删除扩展名为 gho 的系统备份文件，使系统无法从 ghost 备份中恢复系统；会感染可执行文件，当被感染的可执行文件启动时，病毒会随着启动。会自动连接到因特网站下载病毒代码并执行[31]，该病毒造成全球损失上亿美元。

2017 年，网络中出现了一种勒索病毒，该病毒通过邮件和网页传播。用户阅读带有病毒的邮件时，该病毒会自动下载并运行。用户单击被黑客控制的网站中的诱惑性广告时，病毒也会自动下载并运行。勒索病毒会搜索计算机系统中的重要文件并对这些重要文件进行加密，让用户无法使用，并在计算机屏幕显示勒索信息，要求被害者使用比特币购买密码。该病毒袭击了全球 150 多个国家的网络基础设施，包括学校、社区、企业和个人计算机，严重影响了人们的工作、学习和生活。

7.5.2 安全防范

根据瑞星网络安全公司 2021 年提供的报告，国内用户遭受的网络攻击主要包括木马、蠕虫。最多的攻击手段是利用微软的 Office 漏洞实施攻击，然后是利用 Windows 的远程管理漏洞进行攻击，利用网络打印服务漏洞进行攻击。2020 年，利用漏洞进行攻击的比例为 52%。2021 年，利用操作系统或者软件的漏洞进行的行为约占 67%，与以往相比，利用漏洞进行攻击的行为明显增多。报告也指出恶意网站是传播病毒的主要途径，美国是恶意网站最多的国家，中国同样存在大量的恶意网站。中国的恶意网站主要分布在河南省、北京市和广东省。预防这类攻击的主要方法是及时升级操作系统或及时安装软件补丁、开启系统防火墙、不访问钓鱼网站和保护密码安全。

1. 升级软件

当操作系统出现漏洞后，微软公司会及时地对系统漏洞进行修复，封堵漏洞、抵御病毒攻击、保护未被感染的计算机。及时升级操作系统，安装系统补丁可以有效地提升系统的安全性。如果使用 Windows 系统，推荐开启操作系统的自动更新功能，可以及时收到微软的更新服务，及时预防病毒攻击。MS Office 是常用办公软件，也是病毒攻击的主要对象。MS Office 文档经常在不同的计算机之间进行传播，通过 MS Office 传播的病毒通常比较隐蔽，很难发现。及时升级 MS Office 软件能够预防被 MS Office 病毒攻击。

2. 避免病毒网站

多数的木马病毒都是通过钓鱼网站传播的，因此尽量不要访问带有病毒的网站。病毒网站通常具有一些共同的特点，例如，网站上有很多图片，且飘来飘去。或者网站有大量的闪烁的广告图片，这些网站很可能就是病毒网站。网站放置大量的链接目的就是引诱用户点击。有些网站还会检测用户的鼠标位置，带有病毒连接的图片会自动移动到用户鼠标所在的位置，用户稍不注意就会误点。一旦用户单击了图片，计算机就会自动下载病毒。对于有大量广告图片的网站一定要提高警惕。

中奖类网站是病毒传播的主要场所。这些网站上显示“恭喜你中奖了”的信息，诱惑用户在指定时间内完成个人信息登记，领取奖品。一些缺乏判断力的用户，经不住诱惑，天真地认为天上真的会掉馅饼，会表格填写，从而泄露自己的个人信息。有些网站为了让用户相信他们的骗局，在网站上还会伪造中奖名单，伪造中奖者的感言等，降低用户的警惕心。

软件下载网站是病毒的另一个集散地。2021 年中国国内提供软件下载的网站几乎都捆绑了木马。用户下载 A 软件时，明明单击的是 A 软件的下载链接，但是下载的却不是 A，而是一个下载器。运行下载器后，它会在系统中捆绑下载一大堆垃圾软件，使人防不胜防。为了避开这类病毒陷阱，下载软件时尽量去软件官方网站下载，不要在所谓下载中心下载，避免感染病毒。

3. 保护密码安全

密码是保护个人隐私最重要的钥匙，一旦泄露，个人资料就会很容易被窃取。使用复杂的密码，增加黑客破解难度可以有效地保护个人隐私安全。为了保护密码安全通常建议做到以下几点。

第一，使用复杂的密码。现代计算机使用的加密技术通常都比较复杂，理论上没有直接破解的可能，只能通过穷举的方式进行暴力破解。只要密码长度够长，就能避免黑客在短时间暴力破解密码。如果密码中使用了字母大小写、数字、特殊符合等组合，破解所需的时间还会极大增加。键盘上的数字、小写字母、大写字母和特殊符号共有 94 个，如果密码长度为 5 个字符长度，那么该密码组合有 95^5 个。如果普通的计算机进行暴力破解，计算机每秒钟能够测试 1 万个密码，暴力破解这个长度为 5 的密码需要 8.5 天才能完成。如果密码长度增加到 8 个字符，暴力破解需要 1.9 万年才能完成[32]。

增加密码长度虽然有利于保护密码，但是不利于人脑记忆。推荐使用联想记忆法从古诗中选择一句话当作密码，比较容易记忆。例如，飞流直下三千尺，可以使用这句话的全拼 feiliuzhixiasanqianchi 作为密码，这个密码足够长。也可以替换密码中的汉字“三”为数字“3”，使用数字表示，密码变成 feiliuzhixia3qianchi，或者使用拼音首字母作为密码：flzx3qc。或者使用五笔的建序组成密码:nifgdtn。除了使用古诗作为密码外，还可以使用其他容易记忆的句子进行联想记忆，例如，我家住在 39 栋，我家里有 3 只黄色的猫，2020 年我考上了大学等。

第二，不要泄露重要密码。由于暴力破解密码很困难，现在多数黑客都放弃了暴力破解而使用字典进行破解。攻击者收集人们经常使用的密码制作一个密码字典，破解时只测试使用字典中的密码，不是测试所有的字符组合，极大地减少测试的次数。在这种情况下，不论密码有多么复杂，一旦泄露出现在字典中，就会被很快地破解。

很多网站要求用户注册后才能访问网站中的资源，如果这些用户注册信息被黑客窃取制作成密码字典，那么个人信息就非常不安全。2012 年，某全球知名社交网站 Facebook 密码遭泄露，650 万条未加密的密码泄露。2016 年某全球互联网站被攻击，上亿用户密码泄露；2019 年美国某知名图形图像和排版软件网站被攻击，750 万用户密码泄露[33]。2021 年中国软件评测中心发表白皮书，其中显示 2019 年国内知名的程序员网站 CSDN 数据库被攻破，大约有 600 万条用户密码被泄露。泄露的密码都没有采用加密方式存储，都是明文存储，黑客可以直接用作破解字典。这些网络事故表明，不论网站规模有多大，都不要轻易相信它们的安全性。不要在这些网站中使用自己的重要密码。

为了保护重要密码不泄露，最好准备多个密码。例如，临时访问小网站时使用普通密码 123456，或者 admin123，或者 Admin123，或者 Admin@123。这些密码容易记忆，已经在黑客字典里面了，对自己也不重要，只是临时使用一下，即使泄露了，对自己也不会造成影响。切记，重要密码不要在其他网站使用，例如，银行密码不要在 B 站、微博、论坛等普通网站使用。

不要在网络中共享自己的密码。现在人们都使用移动设备上网。有一种 WiFi 密码共享软件，它可以破解周围 WiFi 密码，免费增 WiFi 上网。这类软件会把别人的密码分享给你，也会把你的密码分享给其他人，存在密码泄露风险。这是一个甜美的馅饼，表面上破解了别人的网络 WiFi，但是个人的隐私密码不知不觉地被软件收集，给自己的密码带来的安全隐患。虽然有些软件声明他们不会非法收集用户密码用作非法的事情，但是如果他们网站被黑客攻击，密码同样会泄露，密码安全仍是得不到保障。因此，建议不要被小利益诱惑，随意共享自己的密码。

7.6 习题

一、选择题

1. 下列行为不属于网络攻击的是（　）。

A. 连续不停 Ping 某台主机　　B. 发送带病毒和木马的电子邮件
C. 向多个邮箱群发一封电子邮件　　D. 暴力破解服务器密码

2. 包过滤防火墙通过（　）来确定数据包是否能通过。

A. 路由表　　B. ARP 表　　C. NAT 表　　D. 过滤规则

3. 目前在网络上流行的“熊猫烧香”病毒属于（ ）类型的病毒。

A. 目录　　B. 引导区　　C. 蠕虫　　D. DOS

4. DES 是一种（ ）算法。

A. 共享密钥　　B. 公开密钥　　C. 报文摘要　　D. 访问控制

5. 多态病毒指的是（ ）的计算机病毒。

A. 可在反病毒检测时隐藏自己　　B. 每次感染都会改变自己
C. 可以通过不同的渠道进行传播　　D. 可以根据不同环境造成不同破坏

6. （ ）无法有效防御 DDoS 攻击。

A. 根据 IP 地址对数据包进行过滤　　B. 为系统访问提供更高级别的身份认证
C. 安装防病毒软件　　D. 使用工具软件检测不正常的高流量

二、选择填空

数字证书采用公钥体制进行加密和解密。每个用户有一个私钥，用它进行__1__；同时每个用户还有一个公钥，用于__2__。X.509 标准规定，数字证书由__3__发放，将其放入公共目录中，以供用户访问。X.509 数字证书中的签名字段是指__4__。如果用户 UA 从 A 地的发证机构取得了证书，用户 UB 从 B 地的发证机构取得了证书，那么__5__。

1. A. 解密和验证　　B. 解密和签名　　（ ）
   C. 加密和签名　　D. 加密和验证

2. A. 解密和验证　　B. 解密和签名　　（ ）
   C. 加密和签名　　D. 加密和验证

3. A. 密钥分发中心　　B. 证书授权中心　　（ ）
   C. 国际电信联盟　　D. 当地政府

4. A. 用户对自己证书的签名　　B. 用户对发送报文的签名　　（ ）
   C. 发证机构对用户证书的签名　　D. 发证机构对发送报文的签名

5. A. UA 可使用自己的证书直接与 UB 进行安全通信　　（ ）
   B. UA 通过一个证书链可以与 UB 进行安全通信
   C. UA 和 UB 还须向对方的发证机构申请证书，才能进行安全通信
   D. UA 和 UB 都要向国家发证机构申请证书，才能进行安全通信

三、简答题

1. 网络面临的威胁有哪几种？如何防范？
2. 试述对称加密和非对称加密的区别。
3. 数字签名有什么作用？
4. 试述防火墙的作用及其与杀毒软件的异同点。

5. 字符串“pleaseGiveMeAnAnple”，密码“dream”。试用换位加密计算密文。
6. 状态监控防火墙与包过滤防火墙有什么异同？

7.7 参考资料

7.7 参考资料

附录A

常用网络命令

A.1 网络命令的使用环境

毋庸置疑，用键盘输入命令是一件很酷的事情，如图 A.1所示，在命令行（CLI）敲键如飞能直接激发一个网管的成就感与满足感。常用的系统是 Linux。

```
    What gives people feelings of power?

  Money

Status

Using CLI in front of your girlfriend!
```

图 A.1 Feelings of power

又听到有同学抱怨："干嘛非要敲命令？鼠标多方便啊"。首先，就日常计算机操作而言，键盘是不可或缺的，而鼠标就像拐杖，只是一个辅助设备。其次，"方便"是个很主观的看法，我们身边的绝大多数计算机用户都离不开鼠标，因为它方便。但 Emacs 或者 Vim 的粉丝们基本上完全抛开了鼠标，这也是因为方便。

为什么非要用命令行？第一，因为它是经典，从 UNIX 诞生之日起至今，50 余年长盛不衰，绝对经典！我们为什么要学经典的东西？因为省事，学一样东西能用 50 多年。

第二，命令行对服务器管理至关重要。服务器有图形界面是服务器的不幸，为什么？一是因为安全。图形界面是一款庞大的软件，软件越庞大，缺陷就越多，系统的安全性、稳定性就越差；二是为了性能，庞大的图形界面软件势必要消耗掉可观的系统资源，拖累系统性能。为什么 Windows 和苹果操作系统不适合用作服务器？因为它们把图形界面放到了操作系统内核里，无法卸载。所以，尽管它们在个人计算机市场上独霸一方，却不得不把服务器市场拱手让给不依赖于图形界面，因而安全性更好，性能更优秀的 Debian，Redhat，Ubuntu，Fedora，CentOS，OpenSUSE 等 Linux 和 UNIX 系统。

第三，使用命令行可以大大提高服务器和网络管理的效率。服务器几乎都是要通过网络远程管理的。而远程桌面的数据传输量要远远大于命令行的数据传输量。举例而言，如果要列出目录里的内容，用命令行的话，只需要l s ↵三个键，把 3 字节传输到远端服务器就行了。收到的回应也不过就是几十、几百字节的目录内容而已。如果要用远程桌面列出目录内容的话，往来传输的都是以 KB（千字节）为单位的一幅幅图片，传输量将是命令行方式的成百上千倍。服务器和网络的性能都要被这个“鼠标版的业余网管”给毁掉了。抛开图形界面，拥抱命令行，这是服务器的天然选择，自然也应该是网络和服务器管理员的天然选择。

第四，命令行比任何图形用户界面（GUI）软件都强大。命令行是一个工具箱，里面有数不清的小工具。用户选择不同的小工具可以完成不同的小任务，这就是 UNIX 系统的设计原则——做一件事情，并把它做好（Do one thing, and do it well）。用小工具完成小任务，谈何强大？UNIX 的设计者当然也看到了这一点，于是他们为用户提供了把若干小工具搭建成一个大工具的机制，这个机制就是“编程”，具体讲就是命令行编程（shell scripting）。命令行不仅仅是个工具箱，它还是一门严肃而强大的编程语言，在这门语言里，“工具箱”就成了“函数库”，小工具就成了小函数。编程，对于我们这些计科专业的学生来说，不就是把现成的函数摞起来嘛，有什么难的？你见过有谁把几个 GUI 软件摞起来吗？不言自明，GUI 软件的可扩展性极其有限，而命令行的可扩展性是无穷的。

A.2 常用网络命令简介

Linux 系统提供了丰富的网络命令，事实上，稍微“高级”一点的网络管理员都是用 Linux 系统工作的。在 Debian/Ubuntu 系统中，通常可以用快捷键⊞+t直接打开终端。Windows 10/11 系统提供了 Linux 子系统 WSL，通过 WSL 安装 Linux 子系统后，可以在 Windows 中使用 Linux 的网络命令。下面的各节主要使用 DebianGNU/Linux 系统来演示网络命令，偶尔也会提及一些 Windows 命令。

A.2.1 ip

ip 是一个“全能”网络命令，在 Linux 平台，用户可以用它来查看、设置本机的 IP 地址、MAC 地址、ARP 表、路由表等。没找到 ip 命令？那么用户需要安装 iproute2 软件包。当然，也可以继续用 ifconfig、arp、route 等传统命令来完成同样的工作，前提是用户安装了 net-tools 软件包。

```
@ sudo apt install iproute2 net-tools # 安装
```

安装好上述软件包之后，就可以尝试下列命令了。

```
$ man ifconfig    # 查阅命令手册
$ man ip
$ man arp
$ man route
$ ip address      # 查看IP地址、MAC地址
```

```
$ ifconfig
$ ip neighbor    # 查看ARP表
$ arp -a
$ ip route       # 查看路由表
$ route
```

A.2.2 IP 地址的查看与配置

ipconfig、ifconfig、ip address 这三个命令的功用基本相同，都用来查看、设置本机的 IP 地址。其中，ipconfig 是 Windows 系统自带的网络命令，无须安装即可使用；ifconfig 和 ip address 都是 Linux 平台的命令。下面给出一些例子。

1. ipconfig

```
ipconfig /? # 显示帮助信息
```

```
----------------------------------屏幕输出----------------------------------
1 选项:
2 /?                 显示此帮助信息
3 /all               显示完整配置信息
4 /release           释放指定适配器的IPv4地址
5 /release6          释放指定适配器的IPv6地址
6 /renew             更新指定适配器的IPv4地址
7 /renew6            更新指定适配器的IPv6地址
8 /flushdns          清除DNS解析程序缓存
-----------------------------------------------------------------------------
```

```
ipconfig /all  # 显示详细的网卡信息
```

```
----------------------------------屏幕输出----------------------------------
1  Ethernet adapter: 本地连接
2
3  Connection-specific DNS Suffix:
4  Description . . . . . . : Realtek RTL8168/8111 PCI-E
5  Physical Address. . . . : 03-2D-7A-71-A8-D6     <- MAC地址
6  DHCP Enabled. . . . . . : Yes
7  IP Address. . . . . . . : 192.168.90.114        <- IP地址
8  Subnet Mask . . . . . . : 255.255.255.0         <- 子网掩码
9  Default Gateway . . . . : 192.168.90.254        <- 网关IP地址
10 DHCP Server. . . . . .  : 192.168.90.88
11 DNS Servers . . . . . . : 221.5.88.88
12 Lease Obtained. . . . . : 2021年4月16号8:13:54
13 Lease Expires . . . . . : 2021年4月16号10:13:54
-----------------------------------------------------------------------------
```

2. ifconfig

```
$ man ifconfig  # 查阅命令手册
$ ifconfig -a  # 查看网卡信息
```

```
---------------------------------------屏幕输出 ---------------------------------------
1  lo: flags=73<UP,LOOPBACK,RUNNING>  mtu 65536
2      inet 127.0.0.1 netmask 255.0.0.0
3      inet6 ::1 prefixlen 128 scopeid 0x10<host>
4      loop txqueuelen 1000 (Local Loopback)
5      RX packets 105422 bytes 182976512 (174.5 MiB)
6      RX errors 0 dropped 0 overruns 0 frame 0
7      TX packets 105422 bytes 182976512 (174.5 MiB)
8      TX errors 0 dropped 0 overruns 0 carrier 0
9      collisions 0
10
11 wlp1s0: flags=4163<UP,BROADCAST,RUNNING,MULTICAST> mtu 1500
12         inet 192.168.1.4 netmask 255.255.255.0
13         broadcast 192.168.1.255
14         inet6 2409:8a6c:61:9b60:6634:d041:930:5fb3
15         prefixlen 64 scopeid 0x0<global>
16         inet6 fe80::d82f:f797:44fa:8cb5 prefixlen 64
17         scopeid 0x20<link>
18         ether 38:ba:f8:15:e2:a8 txqueuelen 1000 (Ether)
19         RX packets 229370 bytes 194455584 (185.4 MiB)
20         RX errors 0 dropped 1 overruns 0 frame 0
21         TX packets 106339 bytes 12027583 (11.4 MiB)
22         TX errors 0 dropped 0 overruns 0 carrier 0
23         collisions 0
-----------------------------------------------------------------------------------------
```

3. ip address

ip 是 Linux 平台上网络命令中的“新一代”，支持针对 IP 地址、路由表、ARP 表的各种操作。在这里只是粗略了解一下针对 IP 地址的操作。

```
$ ip address help   # 列出所有针对IP地址的操作
---------------------------------------屏幕输出 ---------------------------------------
1  Usage: ip address { add|change|replace } IFADDR dev IFNAME [ LIFETIME ]
2                  [ CONFFLAG-LIST ]
3         ip address del IFADDR dev IFNAME [mngtmpaddr]
4         ip address { save|flush } [ dev IFNAME ] [ scope SCOPE-ID ]
5                  [ to PREFIX ] [ FLAG-LIST ] [ label LABEL ] [up]
6         ip address [ show [ dev IFNAME ] [ scope SCOPE-ID ] [ master DEVICE ]
7                        [ nomaster ] [ type TYPE ] [ to PREFIX ]
8                        [ FLAG-LIST ] [ label LABEL ] [up] [ vrf NAME ]
9                        [ proto ADDRPROTO ] ]
10        ip address { showdump|restore }
11 IFADDR := PREFIX | ADDR peer PREFIX
12           [ broadcast ADDR ] [ anycast ADDR ] [ label IFNAME ]
13           [ proto ADDRPROTO ] [ scope SCOPE-ID ] [ metric METRIC ]
14 SCOPE-ID := [ host | link | global | NUMBER ]
15 FLAG-LIST := [ FLAG-LIST ] FLAG
16 FLAG := [ permanent | dynamic | secondary | primary | [-]tentative |
```

```
17             [-]deprecated | [-]dadfailed | temporary |CONFFLAG-LIST ]
18 CONFFLAG-LIST := [ CONFFLAG-LIST ] CONFFLAG
19 CONFFLAG := [ home | nodad | mngtmpaddr | noprefixroute | autojoin ]
20 LIFETIME := [ valid_lft LFT ] [ preferred_lft LFT ]
21 LFT := forever | SECONDS
22 ADDRPROTO := [ NAME | NUMBER ]
23 TYPE := { amt | bareudp | bond | bond_slave | bridge | bridge_slave | dsa |
24         dummy | erspan | geneve | gre | gretap | gtp | ifb | ip6erspan |
25         ip6gre | ip6gretap | ip6tnl | ipip | ipoib | ipvlan | ipvtap |
26         macsec | macvlan | macvtap | netdevsim | nlmon | rmnet | sit |
27         team | team_slave | vcan | veth | vlan | vrf | vti | vxcan |
28         vxlan | wwan | xfrm | virt_wifi }
```

作为初学者，没必要了解这么多东西。最常用的也就是下面这条命令。

```
$ ip a   # 查看 IP 地址
```

```
---------------------------------------屏幕输出 ---------------------------------------
1  1: lo: <LOOPBACK,UP,LOWER_UP> mtu 65536 qdisc noqueue state UNKNOWN
2        group default qlen 1000
3     link/loopback 00:00:00:00:00:00 brd 00:00:00:00:00:00
4     inet 127.0.0.1/8 scope host lo
5        valid_lft forever preferred_lft forever
6     inet6 ::1/128 scope host
7        valid_lft forever preferred_lft forever
8  2: wlp1s0: <BROADCAST,MULTICAST,UP,LOWER_UP> mtu 1500
9        qdisc noqueue state UP group default qlen 1000
10    link/ether 38:ba:f8:15:e2:a8 brd ff:ff:ff:ff:ff:ff
11    inet 192.168.1.4/24 brd 192.168.1.255 scope global
12       noprefixroute wlp1s0 valid_lft forever preferred_lft forever
13    inet6 2409:8a6c:61:9b60:6634:d041:930:5fb3/64
14       scope global dynamic noprefixroute valid_lft 2158sec
15       preferred_lft 2158sec
16    inet6 fe80::d82f:f797:44fa:8cb5/64 scope link
17       noprefixroute valid_lft forever preferred_lft forever
```

“ip address”可以简写为“ip a”，才 3 个字母，比“ifconfig”要容易写，因此应该尽量多地用 ip 命令。

A.2.3 ARP 表的查看与配置

1. arp

arp 是 Windows 系统自带的网络命令，无须安装即可使用。在 Debian GNU/Linux 系统里，需要安装 net-tools 软件包（详见A.2.1节）。该命令用于查看、更新本机的 ARP 表。ARP 表中记录了本局域网中 IP 地址和 MAC 地址的对应关系。

```
$ arp -a  # 查看ARP表
```

```
-----------------------------------------屏幕输出 ------------------------------------------------
1 ? (192.168.1.1) at a8:74:84:3d:7b:5e [ether] on wlp1s0
2 ? (192.168.1.6) at b4:81:07:86:e0:8b [ether] on wlp1s0
---------------------------------------------------------------------------------------------------
```

使用参数“-a”可以查看本机中所有的 ARP 记录，其中第 1 行记录表示 IP 地址为 192.168.1.1 的设备的 MAC 地址是 a8:74:84:3d:7b:5e，该记录是从网口 wlp1s0 学习到的，该设备支持以太网协议（ether）。

2. ip neighbor

如果你打算与时俱进的话，就该忘掉 arp 命令，学着适应 ip 命令。相较于 arp，ip neighbor 提供了更多的功能。

```
$ ip neighbor help   # 帮助信息
$ ip n h             # 上一条命令的懒人版
```

```
-----------------------------------------屏幕输出 ------------------------------------------------
1  Usage: ip neigh { add | del | change | replace }
2          { ADDR [ lladdr LLADDR ] [ nud STATE ] proxy ADDR }
3          [ dev DEV ] [ router ] [ use ] [ managed ]
4          [ extern_learn ] [ protocol PROTO ]
5
6          ip neigh { show | flush } [ proxy ] [ to PREFIX ]
7          [ dev DEV ] [ nud STATE ] [ vrf NAME ] [ nomaster ]
8          ip neigh get { ADDR | proxy ADDR } dev DEV
9
10 STATE := { delay | failed | incomplete | noarp | none |
11            permanent | probe | reachable | stale }
---------------------------------------------------------------------------------------------------
```

作为初学者，至少你该会最简单的。

```
$ ip n   # 查看 ARP 表
```

```
-----------------------------------------屏幕输出 ------------------------------------------------
1 192.168.1.1 dev wlp1s0 lladdr a8:74:84:3d:7b:5e REACHABLE
2 192.168.1.6 dev wlp1s0 lladdr b4:81:07:86:e0:8b STALE
3 fe80::1 dev wlp1s0 lladdr a8:74:84:3d:7b:5e router STALE
---------------------------------------------------------------------------------------------------
```

A.2.4 路由表的查看与配置

1. route

route 是 Windows 系统自带的网络命令，无须安装即可使用。在 Debian GNU/Linux 系统里，需要安装 net-tools 软件包（详见A.2.1节）。该命令用于查看、更新本机的路由表。

```
$ route   # 查看路由表
```

```
----------------------------------------屏幕输出 ----------------------------------------
1  Kernel IP routing table
2  Destination    Gateway     Genmask          Flags   Metric   Iface
3  10.6.0.0       *           255.255.255.0    U       0        eth1
4  192.168.1.0    *           255.255.255.0    U       0        eth1
5  default        10.6.0.2    0.0.0.0          UG      0        eth1
-----------------------------------------------------------------------------------------
```

上面路由表中最后一行，default 表示默认路由，eth1 是 Linux 系统主机中的网卡编号。

2. ip route

和前面一样，为了与时俱进，应该尽量多用 ip route 来操作路由表。

```
$ ip r h   # 查看命令帮助
$ ip r     # 查看路由表
```

```
----------------------------------------屏幕输出 ----------------------------------------
1  default via 192.168.1.1 dev wlp1s0 proto dhcp metric 600
2  192.168.1.0/24 dev wlp1s0 proto kernel scope link
3                src 192.168.1.4 metric 600
-----------------------------------------------------------------------------------------
```

A.2.5 ping

ping 是 Windows 系统自带的网络命令，无须安装即可使用。在 Debian GNU/Linux 系统里，需要安装 iputils-ping 软件包。

```
@ sudo apt install iputils-ping  # 安装
```

ping 命令用于测试网络连通性能。例如，要检查本机到 www.163.com 之间的链路状态，可以使用下面这条命令。

```
$ ping -c 4 www.163.com
```

```
----------------------------------------屏幕输出 ----------------------------------------
1  PING z163picipv6.v.bsgslb.cn (36.147.15.28): 56 data bytes
2  64 bytes from 36.147.15.28: icmp_seq=0 ttl=58 time=8.267 ms
3  64 bytes from 36.147.15.28: icmp_seq=1 ttl=58 time=9.101 ms
4  64 bytes from 36.147.15.28: icmp_seq=2 ttl=58 time=10.037 ms
5  64 bytes from 36.147.15.28: icmp_seq=3 ttl=58 time=10.363 ms
6
7  --- z163picipv6.v.bsgslb.cn ping statistics ---
8  4 packets transmitted, 4 packets received, 0.0% packet loss
9  rtt min/avg/max/stddev = 8.267/9.442/10.363/0.821 ms
-----------------------------------------------------------------------------------------
```

最后一行输出中的 rtt 是指从“发送请求”到“收到回应”往返一趟所花费的时间。ping

命令同样可以用来解析域名对应的 IP 地址，输出结果的第 1 行中可以看到目标服务器 www.163.com 的 IP 地址。

A.2.6 SSH

SSH 是 Linux 中用来登录远程服务器的一个工具。目前 Windows 10/11 也默认安装了该工具，低版本的 Windows 需要用户自己下载安装。SSH 采用加密通信，数据不容易被窃听，安全性高，目前是远程管理服务器的最佳选择。在命令行直接输入命令 ssh 可以查看工具的使用方法。

```
$ ssh   # 帮助信息
```

```
--------------------------------------屏幕输出 --------------------------------------------
1  usage: ssh [-46AaCfGgKkMNnqsTtVvXxYy] [-B bind_interface]
2           [-b bind_address] [-c cipher_spec]
3           [-D [bind_address:]port][-D [bind_address:]port]
4           [-E log_file] [-e escape_char] [-F configfile]
5           [-I pkcs11] [-i identity_file]
6           [-J [user@]host[:port]] [-L address]
7           [-l login_name] [-m mac_spec] [-O ctl_cmd]
8           [-o option] [-p port] [-Q query_option]
9           [-R address] [-S ctl_path] [-W host:port]
10          [-w local_tun[:remote_tun]] destination [command]
---------------------------------------------------------------------------------------------
```

登录服务器 cs.swfu.edu.cn (218.194.100.11) 时，使用以下命令。

```
$ ssh username@cs.swfu.edu.cn
$ ssh username@218.194.100.11     # 也可以指明IP地址
```

SSH 工具包中有一个子命令 scp 用来在本地机器和服务器之间复制文件。下面是几个例子。

```
$ scp test.txt user@218.194.100.11:     # 从本地复制到远端
$ scp user@218.194.100.11:test.txt .    # 从远端复制到本机
```

A.3 高阶命令

所谓“高阶命令”，就是系统里通常不预装，普通用户不太使用，而管理员必会的一些命令。这些命令都是开源软件，通常既有 Linux 版，也有 Windows 版。Windows 用户需要自己去网上下载、安装。Linux 用户比较省事，直接输入命令安装就可以了。

A.3.1 了解域名信息（host, dig）

命令 host 和 dig 用来解析域名信息，其中包括域名对应的 IP 地址，回应服务器地

址，查询时间和 DNS 记录的类型等信息。安装软件包 bind9-host, bind9-dnsutils:

```
sudo apt install bind9-host bind9-dnsutils   # 安装
```

然后，

```
$ man host   # 查看命令手册
$ man dig
$ host -a www.163.com   # 查看详细域名信息
$ dig www.163.com
```

屏幕输出

```
1  ; <<>> DiG 9.10.6 <<>> www.163.com
2  ;; global options: +cmd
3  ;; Got answer:
4  ;; ->>HEADER<<- opcode: QUERY, status: NOERROR, id: 46320
5  ;; flags: qr rd ra; QUERY: 1, ANSWER: 7, AUTHORITY: 0,
6     ADDITIONAL: 0
7
8  ;; QUESTION SECTION:
9  www.163.com.    IN A
10
11 ;; ANSWER SECTION:
12 www.163.com.               636    IN    CNAME    www.163.com.163jiasu.com.
13 www.163.com.163jiasu.com.  636    IN    CNAME    www.163.com.bsgslb.cn.
14 www.163.com.bsgslb.cn.     636    IN    CNAME    z163picipv6.v.bsgslb.cn.
15 z163picipv6.v.bsgslb.cn.   636    IN    A        36.147.15.26
16
17 ;; Query time: 11 msec
18 ;; SERVER: 192.168.3.1#53(192.168.3.1)
19 ;; WHEN: Fri Apr 15 22:43:51 CST 2022
20 ;; MSG SIZE rcvd: 191
```

在上面的屏幕输出中，可以看到 A 和 CNAME 两种类型的 DNS 记录，其中 A 表示域名所对应的 IPv4 地址，CNAME 表示域名解析工作将由另一个 DNS 服务器来完成。在第 14 行可以看到查询到的 IP 地址。关于 DNS 的更多介绍，详见6.3 节。

A.3.2 查看网络连接信息（ss, netstat, lsof）

1. ss, netstat

命令 ss 和 netstat 被用来查看本机的网络连接信息。相较于 netstat，ss 算是新生事物，它与 ip 同在 iproute2 软件包内。而 netstat 与 ifconfig、arp、route 等若干网络命令里的“老前辈”同在 net-tools 软件包内。如果你还没装好上述软件包，那么现在就可以输入以下命令。

```
sudo apt install iproute2 net-tools   # 安装
```

然后可以试试：

```
$ man ss             # 查看命令手册
$ man netstat
$ ss                 # 系统网络连接概览
$ netstat
$ ss -4ant           # 只列出基于IPv4的TCP连接
$ netstat -4ant
$ ss -4ant "( sport = 3333 or dport = 3333 )"   # 只列出和 3333 端口相关的 TCP 连接
```

在上面的示例中，参数“-a”表示显示所有的网络连接；“-n”表示 IP 地址和端口使用数字形式显示；“-4”表示 IPv4；“-t”表示 TCP；“-4ant”是多个参数的简洁写法。“sport”代表源端口（source port）；“dport”代表目标端口（destination port）。

下面是 netstat -an 命令的输出信息，共有 6 列，其中包含本地 IP 地址、端口号、远端 IP 地址、远端的端口、使用的协议和链路状态。其中的第 3 行表示本机（127.0.0.1）的 1080 端口和本机的 54937 端口之间有数据连接，其中的 tcp4 表示该连接使用 IPv4 协议进行数据通信，状态 ESTABLISHED 表示链路已经建立。第 4 行中的外部地址（foreign address）和本地地址（local address）刚好和第 3 行相反，这两条记录显示的是同一条 TCP 连接的两个方向（第 10、第 11 行；第 12、第 13 行；第 14、第 15 行也是同样情形）。这也证明 TCP 连接是双向收发的，也就是所谓全双工的。

```
$ netstat -an
```

```
----------------------------------------屏幕输出----------------------------------------
1  Active Internet connections (including servers)
2  Proto  Recv-Q  Send-Q  Local Address          Foreign Address          (state)
3  tcp4   0       0       127.0.0.1.1080         127.0.0.1.54937          ESTABLISHED
4  tcp4   0       0       127.0.0.1.54937        127.0.0.1.1080           ESTABLISHED
5  tcp4   0       0       127.0.0.1.36807        127.0.0.1.54933          FIN_WAIT_2
6  tcp4   0       0       127.0.0.1.54933        127.0.0.1.36807          CLOSE_WAIT
7  tcp4   0       0       127.0.0.1.36807        127.0.0.1.54930          FIN_WAIT_2
8  tcp4   0       0       127.0.0.1.54930        127.0.0.1.36807          CLOSE_WAIT
9  tcp4   0       0       192.168.3.231.54923    183.240.217.244.443      ESTABLISHED
10 tcp4   0       0       127.0.0.1.1080         127.0.0.1.54922          ESTABLISHED
11 tcp4   0       0       127.0.0.1.54922        127.0.0.1.1080           ESTABLISHED
12 tcp4   0       0       127.0.0.1.7890         127.0.0.1.54920          ESTABLISHED
13 tcp4   0       0       127.0.0.1.54920        127.0.0.1.7890           ESTABLISHED
14 tcp4   0       0       127.0.0.1.1080         127.0.0.1.54919          ESTABLISHED
15 tcp4   0       0       127.0.0.1.54919        127.0.0.1.1080           ESTABLISHED
-----------------------------------------------------------------------------------------
```

2. lsof

UNIX 有一条很著名的设计哲学——在 UNIX 中，一切都是文件。文本文件、命令、图片、视频、音频等当然是文件，除此之外，声卡、网卡、显卡、键盘、鼠标、硬盘、软盘、光盘、U 盘等硬件设备也是文件，不难想象，网管所感兴趣的网络 socket 也是文件。lsof 命令，顾名思义，就是要 list open files，当然也可以用来查看网络连接的信息。如果你的 Linux 系统里没有 lsof，就输入以下命令。

```
sudo apt install lsof    # 安装
```

然后试试：

```
$ man lsof          # 查阅命令手册
$ lsof -i           # 列出系统里的全部网络连接
$ lsof -i:1080      # 查看本机使用1080端口的进程信息
$ lsof -i@183.232.230.91:5002   # 查看本机与183.232.230.91:5002 (rfe) 之间的连接
```

```
----------------------------------------屏幕输出 -----------------------------------------------
1 COMMAND    PID   USER    FD       TYPE   DEVICE SIZE/OFF   NODE    NAME
2 ClashX     464   syk     23u      IPv4 0x1e6e4001d16fa7f   0t0     TCP
3          192.168.3.231:55035->183.232.230.91:rfe (ESTABLISHED)
4 ClashX     464   syk     27u      IPv4 0x1e6e4001d16c7b7   0t0     TCP
5          192.168.3.231:55141->183.232.230.91:rfe (ESTABLISHED)
6 ClashX     464   syk     29u      IPv4 0x1e6e4001d1704a7   0t0     TCP
7          192.168.3.231:55046->183.232.230.91:rfe (ESTABLISHED)
8 ClashX     464   syk     34u      IPv4 0x1e6e400246a6057   0t0     TCP
9          192.168.3.231:55172->183.232.230.91:rfe (ESTABLISHED)
-------------------------------------------------------------------------------------------------
```

A.3.3 网络命令里的“瑞士军刀”（netcat）

netcat 顾名思义，就是用于网络的“cat”。这个 cat 可不是猫，而是英文 con**cat**enate 的简写。UNIX 系统有一个很著名的设计原则——Do one thing, and do it well。cat 就是这一设计原则的经典范例，它简单而强大，虽然只做 concatenation（把文件摞起来输出到屏幕上）这一件事，却做得淋漓尽致，可以用来完成很多任务，所以它被誉为 UNIX 命令行的“瑞士军刀”。

比如：

```
$ cat > hello.c            # 创建一个新文件hello.c（把STDIN摞起来，输出给一个新文件hello.c）
$ cat hello.c              # 浏览hello.c的内容（把hello.c摞起来，输出到屏幕上）
$ cat hello.c > hi.c       # 为hello.c做一个备份hi.c（把hello.c摞起来，输出到新文件hi.c）
$ cat hello.c hi.c >> hellox2.c      # 将hello.c和hi.c摞起来，累加到hellox2.c的末尾
```

说回到 netcat，它是网络命令里的“瑞士军刀”。如果你的系统里找不到它，就输入以下命令。

```
@ sudo apt install netcat-openbsd   # 安装
```

然后试试：

```
$ man nc   # 查阅命令手册
```

后面的示例都采用下面这个简单的网络拓扑：

```
IP: 10.10.9.9 Client ←   → Server IP: 10.10.10.10
Port: N/A                        Port: 3333
```

```
### 实现简单的网络聊天，分三步走：
1. # 服务器端，监听本机的3333端口
   $ nc -l 3333
```

```
2. # 客户端，和服务器的3333端口建立TCP连接
   $ nc 10.10.10.10 3333
3. # 开始聊天

### 远程文件传输，分两步走:
1. # 服务器端，将hello.c输出到3333端口
   $ cat hello.c | nc -l 3333
2. 客户端，连接服务器的3333端口，将传输过来的数据存入hello.c
   $ nc 10.10.10.10 3333 > hello.c

### 远程目录备份，分两步走:
1. # 服务器端，将/path/to/mywork/目录打包后输出到3333端口
   $ tar zcf - /path/to/mywork/ | nc -l 3333
2. # 客户端，连接服务器的3333端口，并将收到的数据解压缩
   $ nc 10.10.10.10 3333 | tar zxf -

### 远程备份整个硬盘分区（/dev/sda3），分两步走:
1. # 服务器端，将硬盘分区压缩并输出到3333端口
   $ dd if=/dev/sda3 | gzip -9 | nc -l 3333
2. # 客户端，连接服务器的3333端口，并将接收到的数据存入文件sda3.img.gz
   $ nc 10.10.10.10 3333 | pv -b > sda3.img.gz
```

A.3.4 抓取数据包（tcpdump）

tcpdump 是一款小巧而强大的数据包截取工具。

```
sudo apt install tcpdump   # 安装
```

然后可以试试:

```
$ man tcpdump                          # 查阅命令手册
$ sudo tcpdump -i eth0                 # 查看所有经过网卡eth0的数据包
$ sudo tcpdump src 192.168.3.20        # 抓取源地址为192.168.3.20的数据包
$ sudo tcpdump dst 192.168.3.20        # 抓取目标地址为192.168.3.20的数据包
```

1. 抓取三次握手的数据包

现在，我们用 nc 和 tcpdump 来做个抓包实验。如图A.2(a) 所示，我们利用万能的 tmux 打开了 4 个终端窗口，依次在各窗口中输入下列命令。

```
1. # 在下面的大窗口里用tcpdump抓包
   $ sudo tcpdump -i lo port 3333
2. # 在中间的长条窗口里利用watch和ss来实时监测TCP连接的状态
   $ watch -t -n.1 'ss -4ant "( sport == 3333 or dport == 3333 )"'
3. # 在左上窗口里用nc起一个服务器，监听3333端口
   $ nc -4l 3333
4. # 在右上窗口里用nc起一个客户端，连接本机的3333端口
   $nc -4 localhost 3333}
```

命令有点长，如果你没输错的话，应该能看到如图A.2(b) 所示的结果。图A.2(b) 中，在下面的 tcpdump 窗口里，可以清晰地看到 3 个数据包，第一个包里的“[S]”表

示 SYN 比特置 1，是客户端向服务器发起的连接请求；第二个包里的“[S.]”表示 SYN 和 ACK 比特都置 1，这是服务器给客户端的回应，它接受客户端的连接请求，同时向客户端请求连接；第三个包里的“[.]”表示 ACK 比特置 1，这是客户端针对服务器的连接请求的肯定回答。这时，如果中断客户端与服务器之间的连接，也就是在客户端或者服务器窗口中按 Ctrl + c，那么在下面的 tcpdump 和 watch 窗口中会产生怎样的变化呢？这个小问题留给读者自己去实验。

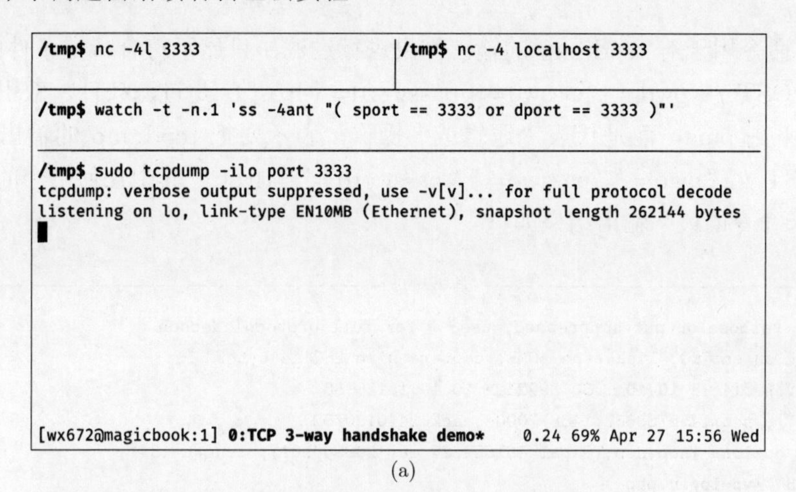

(a)

```
/tmp$ nc -4l 3333                        /tmp$ nc -4 localhost 3333

State  Recv-Q Send-Q Local Address:Port  Peer Address:Port Process
LISTEN 0      1            0.0.0.0:3333       0.0.0.0:*
ESTAB  0      0          127.0.0.1:3333     127.0.0.1:50094
ESTAB  0      0          127.0.0.1:50094    127.0.0.1:3333

tcpdump: verbose output suppressed, use -v[v]... for full protocol decode
listening on lo, link-type EN10MB (Ethernet), snapshot length 262144 bytes
16:03:29.823897 IP localhost.50094 > localhost.3333: Flags [S], seq 798081847,
win 65495, options [mss 65495,sackOK,TS val 1881158202 ecr 0,nop,wscale 7], len
gth 0
16:03:29.823909 IP localhost.3333 > localhost.50094: Flags [S.], seq 1228639733
, ack 798081848, win 65483, options [mss 65495,sackOK,TS val 1881158202 ecr 188
1158202,nop,wscale 7], length 0
16:03:29.823918 IP localhost.50094 > localhost.3333: Flags [.], ack 1, win 512,
 options [nop,nop,TS val 1881158202 ecr 1881158202], length 0

[wx672@magicbook:1] 0:TCP 3-way handshake demo*      0.02 69% Apr 27 16:05 Wed
```

(b)

图 A.2 tcpdump 抓包实验

(a) 命令；(b) 输出结果

2. 抓取特定条件的数据包

UNIX 为用户提供了一个强大的命令行“工具箱”，里面有成千上万的小工具，而每个小工具都是 Do one thing, and do it well。如果我需要一个大工具呢？UNIX 为此专门提供了把若干小工具组合成大工具的机制，其中之一就是著名的 pipe（管道），在命令行记作“|”，就是键盘右侧的竖杠键，通常和反斜杠在同一个键位上。下面就是一个简单的 pipe 应用示例：

```
$ ps aux | wc -l
```

利用 pipe 把"ps aux"和"wc -l"这两个命令组合成了一个新命令，其功用就是计算出系统中的进程个数。同样，我们也可以利用 pipe 把 tcpdump 和其他命令组合，以抓取符合特定条件的数据包。例如，下面的命令就是把 tcpdump 和 egrep 组合起来，以提取数据包中的用户名和密码。

```
$ sudo tcpdump -Anls0 | egrep -i \
  "POST / | pwd= | passwd= | password= | Host:"
```

egrep 命令用于对 tcpdump 的输出结果进行过滤，只显示符合特定条件的数据行。字符串"POST / | pwd= | passwd= | password= | Host:"是过滤条件，双引号中的四个"|"并不是 pipe，而是代表"逻辑或"操作，表示要把 tcpdump 的输出信息中包含了"POST /""pwd=""passwd=""password=""Host:"其中任何一个的行过滤出来。这条长命令的最终输出结果如下。

屏幕输出

```
1  tcpdump: verbose output suppressed, use -v for full protocol decode
2  listening on enp7s0, link-type 10MB, capture size 262144 bytes
3  11:25:54.799014 IP 10.10.1.30.39224 > 10.10.1.125.80:
4  Flags [P.], seq 1458768667:1458770008, ack 2440130792,
5  win 704, options [nop,nop,TS val 461552632 ecr 208900561], length 1341:
6  HTTP: POST /wp-login.php
7  HTTP/1.1.....s..POST /wp-login.php HTTP/1.1
8  Host: dev.example.com
9  .....s..log=admin&pwd=notmypassword&wp-submit=Log+In&redirect_to=
10 http%3A %2F %2Fdev.example.com%2Fwp-admin%2F&testcookie=1
```

pipe 是把若干小工具组合成大工具的常用机制之一。另一个常用机制就是 shell 编程（shell scripting），比如下面这段小程序，它把 cd、tmux、nc、watch、ss、sudo、tcpdump 这几个命令组合起来，生成了一个大工具（shell 程序），用于完成图A.2所示的抓包实验。

```
1  #!/bin/bash
2
3  cd /tmp
4
5  tmux rename-window "TCP 3-way handshake demo"
6  tmux split-window -v
7  tmux split-window -v
8
9  tmux select-pane -t 0
10 tmux resize-pane -U 30
11
12 tmux send-keys C-l "nc -4l 3333"
13
14 tmux split-window -h
15
```

```
16 tmux select-pane -t 1
17 tmux send-keys C-l "nc -4 localhost 3333"
18
19 tmux select-pane -t 2
20 tmux resize-pane -U 8
21 tmux send-keys C-l "watch -t -n.1 'ss -4ant \"( sport == 3333 or dport == 3333 )\"'" C-m
22
23 tmux select-pane -t 3
24 tmux send-keys C-l "sudo tcpdump -ilo port 3333" C-m
```

A.3.5 端口扫描（nmap）

nmap 是用来扫描网络端口的命令行工具，用它可以探测局域网中的主机 IP 地址、开放的端口、推断局域网主机的操作系统。

```
@ sudo apt install nmap   # 安装
$ nmap 192.168.3.0/24   # 扫描该网段中的所有 IP 地址
```

```
---------------------------------------屏幕输出 ---------------------------------------
1  Starting Nmap 5.51 ( http://nmap.org ) at 2016-12-29 10:21 CST
2  Nmap scan report for 192.168.3.1 Host is up (0.020s latency).
3  Not shown: 997 closed ports
4  PORT       STATE     SERVICE
5  23/tcp     open      telnet
6  6666/tcp   open      irc
7  8888/tcp   open      sun-answerbook
8
9  Nmap scan report for 192.168.3.2 Host is up (0.012s latency).
10 Not shown: 997 closed ports
11 PORT       STATE     SERVICE
12 21/tcp     filtered  ftp
13 22/tcp     filtered  ssh
14 23/tcp     open      telnet
```

上面的屏幕输出显示，在 192.168.3.0/24 网段发现了两台主机 IP 地址分别是 192.168.3.1 和 192.168.3.2，前者开放了 23, 6666, 8888 端口；后者开放了 21, 22, 23 端口。

使用 nmap 也可以扫描指定主机，看它开放了哪些端口。下面命令中的参数“-p 1-65536”表示扫描目标主机的所有端口（1~65535）。

```
$ nmap 192.168.3.161 -p 1-65535   # 扫描所有端口
```

```
---------------------------------------屏幕输出 ---------------------------------------
1  Starting Nmap 5.51 ( http://nmap.org ) at 2021-4-20 10:11 CST
2  Nmap scan report for 192.168.3.161 Host is up (0.00017s latency).
3  Not shown: 65531 closed ports
```

```
4  PORT        STATE   SERVICE
5  22/tcp      open    ssh
6  111/tcp     open    rpcbind
7  873/tcp     open    rsync
8  13306/tcp   open    unknown
9  MAC Address: 0F:2C:39:56:DE:46 (VMware)
10
11 Nmap done: 1 IP address (1 host up) scanned in 2.49 seconds
```

从输出结果可见，该主机开放了 22, 11, 873, 13306 等 4 个端口。

A.3.6 子网计算

为了让小学算数不及格的同学也能当上网络管理员，好心人开发出了“子网计算器”，比如 ipcalc、sipcalc、subnetcalc 等。以 ipcalc 为例，输入以下命令。

```
sudo apt install ipcalc   # 安装
```

202.203.132.242 显然是个 C 类 IP 地址，隶属于 202.203.132.0/24 这个 C 类网络。现在，我们想从 8 个主机比特中拿出两个进行子网划分，于是输入以下命令。

```
$ ipcalc 202.203.132.242/26
```

```
---------------------------------------屏幕输出 ---------------------------------------
1  Address:     202.203.132.242         11001010.11001011.10000100.11 110010
2  Netmask:     255.255.255.192 = 26    11111111.11111111.11111111.11 000000
3  Wildcard:    0.0.0.63                00000000.00000000.00000000.00 111111
4  =>
5  Network:     202.203.132.192/26      11001010.11001011.10000100.11 000000
6  HostMin:     202.203.132.193         11001010.11001011.10000100.11 000001
7  HostMax:     202.203.132.254         11001010.11001011.10000100.11 111110
8  Broadcast:   202.203.132.255         11001010.11001011.10000100.11 111111
9  Hosts/Net:   62                      Class C
```

从上面输出信息中可以看出，202.203.132.242 隶属于 202.203.132.192/26 子网。该子网的网络地址是 202.203.132.192 ，广播地址是 202.203.132.255。可用的主机 IP 地址范围从 202.203.132.193 到 202.203.132.254，除去子网的网络地址和广播地址，共有 $2^6 - 2 = 62$ 个可用 IP 地址。